トランスジェニック動物の開発

Development of Transgenic Animals

結城 惇 著

シーエムシー

普及版刊行にあたって

トランスジェニック技術は，大腸菌を受容体として出発した組換えＤＮＡ分野の究極的な技術と考えられる。大腸菌から枯草菌，カビ，酵母，動植物の培養細胞と発展してきた技術は，ついに動物個体をも遺伝子操作の対象とした。

最初のトランスジェニック動物の報告が出てから１０年が経過し，動物種も実験動物から家畜にまで広がって，もはや動物個体を遺伝子操作によって改造できることには疑いはない。

トランスジェニック技術の適用範囲も，生命の探求への利用から，医薬品開発や毒物試験のためのモデル動物の開発，家畜の育種，生理活性物質の大量生産系としての動物など，実用面への適用も活発になっている。今後，医農工各方面で新しい適用方法が開発されて行くと同時に，より簡便で，より効率的な技術の開発も進むだろう。

トランスジェニック技術をいち早く医薬品工業へ利用し，ファームアニマルの基礎作りに貢献したPharmaceutical Proteins社のターンバル博士は，「なるべく多くの機関が，それぞれ独自の目的でトランスジェニック動物の開発をすすめ，迅速に成果を交換すれば，果実の収穫は早まるだろう」と，秘密主義に陥りがちな傾向をいましめ，各方面の協力によりトランスジェニック技術を実用に供することを目指していた。

ここに，トランスジェニック動物の最初の報告者ゴードン博士はもちろん，社会的，論理的問題にまで踏み込んで新しい分野を開拓してきたアメリカの研究者に敬意を表し，また，早くから日本でトランスジェニック動物の研究を始め，すでに世界的な成果を発表されている先生方の努力にも敬意を表する。そして，この書が，より多くの研究開発プロジェクトの出発につながれば幸いに思う。

最後に，論文や討論を通じて情報を提供された多くの方々，日常の研究活動を通じてお世話になった雪印乳業の方々，無理難題を処理してくれた糸井歩氏をはじめとする㈱シーエムシーの方々，また私設秘書の妻，恵に心から感謝します。

１９９０年２月

結城　惇

（編集部注）

なお，本書は１９９０年『トランスジェニック動物の開発と利用』として刊行したものであるが，このたび普及版を発行するに当たり，内容は当時のものに何ら手を加えていないことをご了承願いたい。

（２００１年６月）

普及版刊行にあたって

[illegible]

[illegible]

[illegible]

[illegible]

[illegible]

[illegible]

[illegible]

（編集注）

[illegible]

（２００１年６月）

目　　次

【第Ⅰ編　総　　論】

第1章　はじめに　— トランスジェニック動物の誕生と変遷 —

第2章　トランスジェニック動物の利用価値

【第Ⅱ編　開発技術】

第3章　動物個体へのＤＮＡ導入法

第4章　トランスジーン（導入DNA）とその発現

第5章　遺伝子発現制御系

【第Ⅲ編　応　　用】

第６章　研究・試験への応用

第７章 物質生産への応用

— 遺伝子産物生産工場としてのトランスジェニック動物 —

第８章　家畜育種への応用

第９章　課　　題

【第Ⅳ編　動向・資料】

第10章　研究開発企業とその動向

第11章　特　　許

第12章　組み換えＤＮＡ実験のガイドライン

第Ⅰ編　総　　論

第1章　はじめに ―トランスジェニック動物の誕生と変遷―

1　トランスジェニック動物の誕生

1980年，アメリカのJon Gordonら[1)]は，組み換え体DNAをもつ2匹のマウスの作出を報告した。

Jon Gordonらは，SV 40プロモーターに発現制御されたヘルペスウイルスのチミジンキナーゼ（TK）遺伝子（図1・1）を，マウス受精卵の前核にガラス針で直接注入し，この受精卵を雌の卵管に戻して個体にまで発生させる方法で，78匹の子マウスを得た。これらのマウスのDNAを抽出して調べたところ，2匹のマウスの染色体に，注入した組み換え体DNAが組み込まれていた。

導入された外来遺伝子（トランスジーン）は，マウス染色体と挙動を共にした。すなわち，このトランスジーンは，細胞分裂にしたがってすべての体細胞に分布し，さらに，メンデルの法則に従って子孫に伝わった。

これら2匹のマウスが，動物個体に，クローン化されたDNAを導入する，いわゆるトランスジェニック技術の最初の成功例となった。

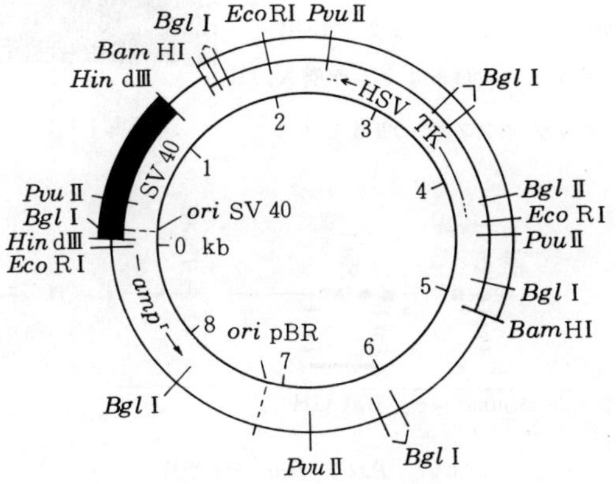

図1・1　最初のトランスジェニックマウスに導入された組み換えDNA[1)]

2　トランスジェニック技術の発展

1970年代に開発された組み換えDNA技術の利点は，天然では得られない遺伝子の組み合わせを試験管内でつくれること，その結果，類縁関係のない生物種の遺伝子を他の生物で発現させること，たとえば，ヒトの遺伝子を大量増殖可能なバクテリアで発現させることが可能なことにある。

組み換えDNA技術は，大きく分けて，試験管内でのDNA操作と，DNAを受容体細胞に導入して生きた生体成分として機能させること，の2つの部分からなる。

最初のトランスジェニックマウスの成功は，組み換えDNAの受容体を，単細胞から動物個体に発展させたが，その後，トランスジーンが動物個体で遺伝子として機能し，さらには，トランスジーンの産物であるタンパク質が，動物個体内で機能することが示されたことにより，トランスジェニック技術の基本は確立された。これをもっともわかりやすく示したのが，スーパーマウス（写真1・1）だった。

ペンシルバニア大学のRalph Brinsterのグループは，1982年，ラットの成長ホルモン遺伝子を導入したトランスジェニックマウスについて報告した[2)]。

この遺伝子は，マウスのメタロチオネイン遺伝子の制御部分によって制御されるように設計されていたため（図1・2），マウス個体の多くの臓器，とくに肝臓で発現した。血中には，導入したラット成長ホルモン遺伝子の産物であるラット成長ホルモンが，多いものでは，通常動物の800倍もの濃度で検出された。さらには，このラット成長ホルモンが働き，これらのトランスジェニックマウスは，通常マウス

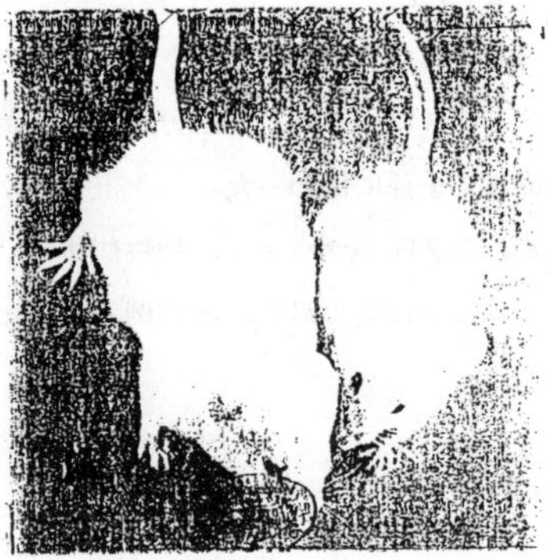

写真1・1　スーパーマウス[2)]（左）

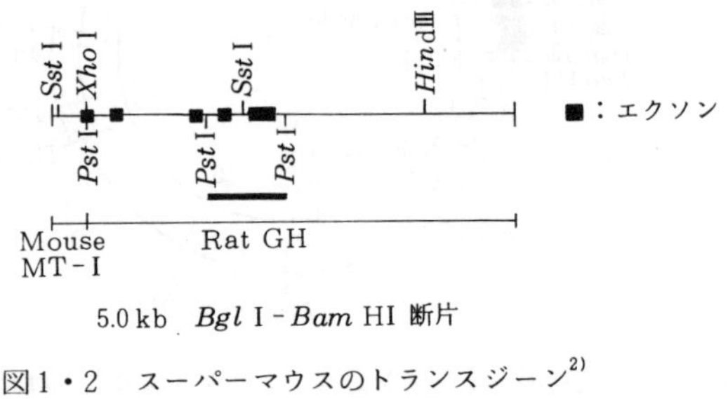

5.0 kb *Bgl* I - *Bam* HI 断片

図1・2　スーパーマウスのトランスジーン[2)]

の2倍以上の速さで成育し，大きなマウスとなったため，スーパーマウスと名づけられた。

3　受容体動物の変遷 — マウスから大型動物へ —

3.1　ウサギ，ヒツジ，ブタへの適用

1985年，ペンシルバニア大とアメリカ農務省（USDA）との協力で，トランスジェニックウサギ，トランスジェニックヒツジ，トランスジェニックブタの開発に成功したことが，Nature誌に発表された[3)]。これは，トランスジェニック技術がマウスに限定されないこと，実験動物だけではなく，家畜にも適用できることを示した，記念すべき報告だった。

この報告では，マウスに比べ，処理した受精卵の数が多い割には，生まれたトランスジェニック動物の数は少ない（表1・1）。しかし，この結果は，動物種の違いに起因するものではなく，ワシントンで採卵し，数時間かけてフィラデルフィアに運んでからDNAを注入し，さらに数時間かけてワシントンに持ち帰って仮親へ移植したため，受精卵が弱ってしまったためだった。

いまでは，ヒツジやブタでも，マウスと遜色のない成績をあげている。

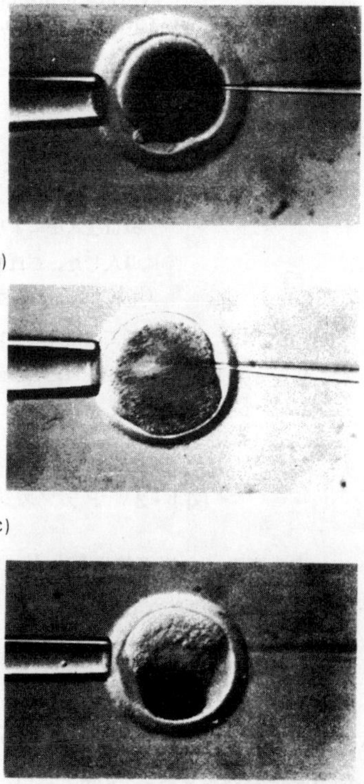

(a)

(b)

(c)

写真1・2　ウサギ(a)，ヒツジ(b)，ブタ(c)受精卵へのDNAの注入[3)]

3.2　ウシへの適用

トランスジェニック技術の適用範囲をブタからウシへ広げるには，もう1段階必要だった。

ウシは，通常，1回の出産で1頭の子供しか産まず，多くても双子が限度である。加えて，妊娠期間が10カ月にわたるため，マウスの方法をそのまま適用すれば，DNA処理した受精卵を妊娠し子供にかえす仮親が，常時数千頭必要になるだけではなく，産子のDNAを検定して，どの子がトランスジェニックウシかを判定するまで，少なくとも10カ月は待たなくてはならなかった。受精卵も，雌ウシ1頭当たり10個内外しか採れず，数百から数千の受精卵を要するトランスジェニック技

表1・1　トランスジェニックウサギ，ヒツジ，ブタの作出[3)]

動物種	移植されたDNA注入卵数	仮親数	DNA導入率(%)	トランスジーンの発現率	
				MT-hGHmRNA	血清あるいは血漿中のヒト成長ホルモン
ウサギ	1,907	73	28/218 (12.8)	4/16	1/1
ヒツジ	1,032	192	1/73 (1.3)	ND	ND
ブタ	2,035	64	20/192 (10.4)	11/20	11/18

Transgenic calf expresses human alpha-fetoprotein

LINCOLN, NEB.—A herd of seven bovines in Canada are the first cattle to contain foreign genes, and one of these, a four-month-old calf, is the first express a human protein gene. So reports Robert B. Church, associate dean of research at the University of Calgary Faculty of Medicine. He presented his findings to some 600 participants from 45

("Biotechnology Newswatch")

「ウシがヒトα−Foeto Protein遺伝子を発現」

微量注入法により，このDNAを自然に種ついた卵中に導入した。これを胚段階まで培養し，再び牝牛中に導入した。AFPは両導入の前段階で発現し，選択ができるので，格好の実験模型となる。このように処理した胚から生まれた126頭の小牛のうち，7頭がこの異道伝子を有していた。

(BIDEC NEWS)

図1・3　トランスジェニックウシ誕生を伝える新聞記事

術のウシへの適用は，経済的に難しかった。

それでも，1986年になり，カナダのカルガリーで，7頭のトランスジェニックウシが誕生した，というニュースが，世界の新聞紙上をにぎわせた（図1・3）。

これについての報告は，結局，専門誌には投稿されず，いまだに確認されていないが，1988年1月，国際胚移植学会で，アメリカのGranada Genetics社から，トランスジェニックウシ胎児の取得成功が発表された[4)]（図1・4）。その後，1989年に至り，Granada Genetics社は，1頭のトランスジェニックウシが誕生したことを動物工学会で発表した[5)]。

一方，これとは独立に東ドイツでは，ソ連と共同で，トランスジェニックウシの開発に成功

米国Granada Genetics社でトランスジェニック・ウシ40頭が妊娠中

米国Granada Genetics社（テキサス州College Station）は，トランスジェニック・ウシを既に40頭作成し，89年2月の誕生を待っていることを明らかにした。誕生すれば，恐らく初めての遺伝子組換えウシになるだろう。

遺伝子組換えによる家畜の改良は，バイオテクノロジーの次の大きなテーマであり，米国ではいくつかのバイオ企業が取り組んでいる。しかし，実験にコストのかかるウシについては，まだマウスを利用したモデル実験に留まっている場合がほとんどだ。

Granada Genetics社は，ウシの受精卵移植サービスを本業とするため，受卵牛として常時2500頭の雌牛を維持している。その受卵牛の一部をトランスジェニック・ウシの作成に利用できる強みを持つ。同社は4～5年前よりトランスジェニック・ウシの研究を進めてきた。しかし，従来は受精後60日で胎児を摘出して遺伝子の組み込みや発現を検討していたので，子ウシの誕生には至らなかったという。技術的にメドがついたため，今回初めて子ウシを誕生させることになった。

（日経バイオテク）

図1・4　トランスジェニックウシ胎児誕生を伝える新聞記事

表1・2　妊娠14日目の胎児と産仔のDNAの解析[6)]

注入したDNA	ウシ胎児数		
	発生した数	分析した数	ドットブロット法でトランスジェニックと判定された数
pBV-0	24胚	12胚	5（41.7％）
pAM-2	20胚	20胚	9（45.0％）
pMMTV-bGH	14産仔	14産仔	1 }（13.3％）
	1奇形胎児	1奇形胎児	1 }

していたことが，1989年に入って，英文国際誌で公表された[6)]（表1・2，図1・5）。

この発表によれば，ウシでも，マウスとほぼ同じようにトランスジェニック動物が作出できるまでの技術レベルに達している。東ドイツで生まれたトランスジェニックウシは，そろそろ性成熟期に達しているという。

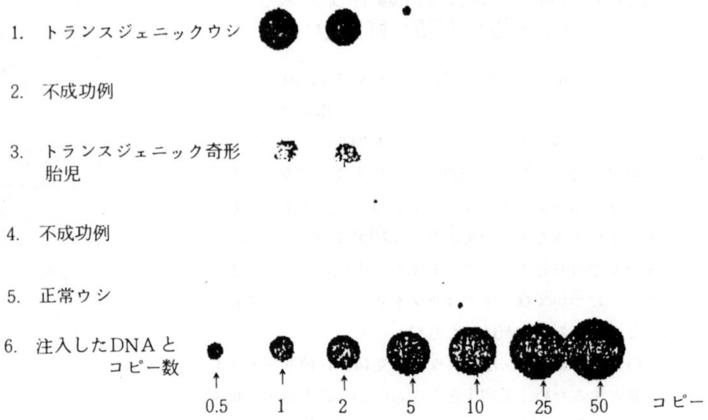

図1・5　表1・2の解析例（pMMTV－bGH注入）[6)]

4　受容体動物の条件 ── マウス，ウサギ，ヒツジ，ブタ，ウシ以外のトランスジェニック動物はできるか ──

1989年末までの技術に限って言えば，マイクロインジェクション法がトランスジェニック技術の主力である。他に，一般的ではないが，ウイルスベクター法，ES細胞法等が有り，特に，1989年になってイタリアから発表された，精子ベクター法は，もし再現性が確認できれば,革命的な方法となる（後述）。

しかし，いずれの方法でも，受精卵を雌の体外にとりだして操作しなければならない。また，現在までの技術では，どの動物種でも，試験管内で受精卵から子にまで発生させることは不可能であるため，DNA処理をした受精卵は，雌親に戻して子にしなければならない。

したがって，トランスジェニック動物をつくるには，次の条件が必要である。いいかえると，これらの条件を満足できる動物種ならば，トランスジェニック動物を開発する技術的基盤はある。

⑴　初期胚，とくに前核期受精卵を体外培養し，維持できること。

⑵　遺伝子導入後，この初期胚を雌に移植し，産仔が得られること。

以上の2つが基本条件となっており，精子ベクター法では，この他に，確立された体外受精系が，条件として加わる。また，生きた雌から充分数の受精卵が得にくい動物種では，屠殺動物の卵巣から得た卵子の体外成熟，体外受精系が必要になってくる。

さらに，ウシのように，高価で多数の仮親ウシを長期間維持することが難しい動物種では，受精卵をウサギやヒツジに一時的に移植し，良好な受精卵のみを本来の動物に移植して，仮親を節約する。ウシでは，まず10から30個のDNA処理受精卵を，第1次の仮親ウシに移植して発生を進め，さらに良好な胚のみを選択した後，4個までを最終仮親に移植して，受精卵の発生率を高めると同時に仮親の節約を図ることもできる。

ローマ大学から発表された，精子をDNAのベクターとする方法[7]は，受精卵にDNAを導入するステップを大幅に簡略化するだけではなく，動物の手術を必要としない，人工受精でトランスジェニック動物を作出する技術にもつながるため，注目を浴び，世界中で追試されているが，再現されていない。しかし，今後の技術の進歩によっては，人工受精，さらには自然交配を使って，トランスジェニック動物を開発することも夢ではない。

そうなれば，受精卵を体外にとりだしてDNA操作をすることなくトランスジェニック動物を開発でき，受容体動物の種類も大幅に広がることになろう。

5　現在までに開発されたトランスジェニック動物

現在までに開発されたトランスジェニック動物は，受容体動物別にみると，マウスが圧倒的に多いが，近年，ブタの報告が増えてきた。産仔数が多く，経済的利用価値も高いことが，ブタの研究を盛んにしている。

ヒツジは，1985年のアメリカからの最初の報告[3]以来，スコットランドで活発に研究されている。トランスジェニックウサギについては，1985年の成功[3]以来，報告はないが，物質生産を目的とした中間型動物として注目されてきている。

マウスと同様，実験動物として広く使われているラットについての報告は，まだない。いくつかの例外を除けば，すでに技術の確立されているマウスで済むため，あえてラットに挑戦しないためと考えられるが，ライフサイクルがマウス同様短く，ミルク等のサンプル量が多いことから，物質生産でのモデル系として注目される。

ウシは，その実用性から注目されてきたが，大きな牧場と受精卵移植の資格を必要とするため，一般的ではない。しかし，各地で真剣に検討されており，上記3.2項で述べたような報告が出てきている。

文　　献

1) J. W. Gordon *et al.*：*Proc. Natl. Acad. Sci. USA*, **77**, 7380-7384 (1980)
2) R. D. Palmiter *et al.*：*Nature*, **300**, 611-615 (1982)
3) R. E. Hammer *et al.*：*Nature*, **315**, 680-683 (1985)
4) K. A. Biery *et al.*：*Theriogenology*, **29**, 224 (1988)
5) J. Massey：Second Symposium on the Genetic Engineering of Animals (1989)
6) K. Roschlau *et al.*：*J. Reprod. Fert.*, **38** (Suppl), 153-160 (1989)
7) M. Lavitrano *et al.*：*Cell*, **57**, 717 (1989)

第2章　トランスジェニック動物の利用価値

1　基礎研究分野での利用

哺乳動物の受精卵も1個の正常細胞であり，組み換えDNA技術で示された利用法は，トランスジェニック動物にも適用できる。加えて，受精卵は，個体にまで発生する多分化能を有するため，培養細胞として確立されていない細胞や，発生過程で一時的にできる細胞での，遺伝子機能解析や遺伝子工学的利用にも適用できる。

(1)　遺伝子の個体での作用の解析

トランスジェニック動物の利用で，まず考えられたのは，クローン化された遺伝子の個体での作用の解析だった。

それまでは，クローン化された遺伝子の機能は，培養細胞に導入されて調べられてきた。しかしながら，培養細胞にはいくつかの限界がある。

まず，培養株として確立された動物細胞は，自立して増殖する力が強く，正常細胞とはいえない。また，個体では，周囲の異種細胞と相互作用を持ちながら，その細胞独自の働きをするが，培養系は単一系である。さらに重要なことは，体内の多種類の細胞の中，培養株として確立されたものは，ほんの一部にすぎないということである。

一方，トランスジェニック動物では，注入した遺伝子は，受精後の1細胞期の受精卵細胞から，成熟動物の各臓器の細胞にまで，すべての細胞に分布する。このため，クローン化した遺伝子の作用を，自然の状態で，しかも，すべての細胞で調べることができるので，多くのクローン化遺伝子についてトランスジェニックマウスがつくられ，遺伝子の機能が調べられている。

トランスジェニック動物と元の受容体動物との違いは，ただ1つ，トランスジーンがあるかないかだけであるため，クローン化された遺伝子の動物個体での働きを調べる目的には最もふさわしいといえる。

なお，遺伝子のうち，構造遺伝子は，メッセンジャーRNAに転写され，さらにタンパク質に翻訳されて，機能を発揮するが，制御遺伝子のように，転写されずに機能するDNA塩基配列の機能を調べるには，あらかじめ既知の構造遺伝子と試験管内でつなげてから動物に導入する必要がある。

(2) 病態モデル動物の開発

遺伝子の機能解析研究から，すぐに応用されたのが，トランスジェニック技術による病態モデル動物の開発だった。

分子遺伝学の大きな成果として，ガン等の生理病や遺伝病の原因となる遺伝子がクローン化されているが，これらの遺伝子を導入したトランスジェニック動物は，それまでの病態モデル動物とは異なり，ヒトの病因遺伝子を持つため，よりヒトの病気に近いモデル動物と考えられる。

このような理由から，ヒトガン遺伝子を導入したトランスジェニック動物の開発は，活発に研究され，その成果は，世界で最初のトランスジェニック動物の特許となっている。

2　育種への利用

農業，酪農，漁業，発酵工業等，生き物を利用する産業では，より優れた遺伝形質を持つ生物種を入手することが重要である。

人類は，野生の生き物を，長い間かかって選択し，人為的に交配して，品種改良を行ってきた。いまでも，人為的に突然変異を誘発することができるようになったことを除けば，交配と選択による品種改良の原理は変わっていない。

このため，微生物のような，短期間に多数の子孫をつくる繁殖力の旺盛な生物でも，目的とする優良品種を得るには，大変な労力と時間を要する。まして，子供の数が少なく，生まれてから性的に成熟するまでに長期間を要する動物では，１つの遺伝形質を改善するだけでも容易ではない。

トランスジェニック動物の開発は，品種改良そのものである。分子遺伝学の成果に基づき，純化され，充分に解析された遺伝子を動物個体に導入して，目的に応じた遺伝形質を動物に付与できる。

一方，発生工学の成果として，試験管内で受精させることにより，多数の受精卵を得，また短期間に交配することが可能になってきており，また，分子遺伝学の成果として，出産と成育を待たずに，受精卵の遺伝的形質を検定して，優良形質の選択をすることが可能になってきている。

このため，これらの技術的成果とあいまって，トランスジェニック技術が動物の品種改良に貢献するところは大きく，その進歩に応じて，経済動物の改良も急速に進歩することが予測される。

すでに，その手初めとして，より成育が速く，よりあぶらみの少ない肉を生産するブタの開発を目指して，成長ホルモン遺伝子を導入したトランスジェニックブタがつくられている[1)]。

3　有用物質生産への利用

トランスジェニック技術の家畜への適用が成功したため，家畜の概念も変わりつつある。その代表的な考えが，「タンパク質生産工場としての家畜」だろう。

もともと，ウシ，ブタ等は，牛乳や食肉等の動物性タンパク質の供給源であるが，トランスジェニック技術の導入により，医薬品や栄養源としての有用タンパク質を大量に，しかも安価に生産する，「タンパク質生産工場」として家畜を利用する研究が，活発に行われている。その代表的なものが，医薬品となるタンパク質をミルクに分泌するトランスジェニック家畜の開発だろう。

すでに，スコットランドのPharmaceutical Proteins社によって，ミルクタンパク質遺伝子の発現を制御する遺伝子に，ヒトの血液凝固因子Ⅸの遺伝子をつないだDNAを導入したトランスジェニックヒツジ[2]と，肝硬変や肺気腫治療薬となるヒトα_1アンチトリプシン遺伝子を導入したトランスジェニックヒツジ[2]が開発され，これらのヒトタンパク質が，ヒツジのミルクに分泌されていることが確認されている（図2・2）。

また，同じく，ミルクタンパク質遺伝子の発現と分泌を制御するDNA断片に，血栓溶解因子であるヒト・ティッシュプラスミノーゲンアクチベーター（tPA）遺伝子をつなげたDNAを導入したトランスジェニックマウスが，そのミルクにヒトtPAを分泌することも，アメリカのIntegrated Genetics社によって報告された[3]。同社は，この成果を発展させ，ミルクにヒトtPAを分泌するブタとヤギの開発を行っている（図2・3）。

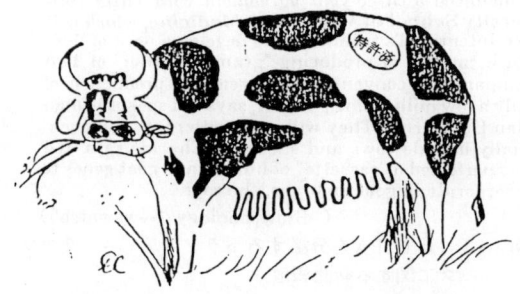

図2・1　物質生産への利用を伝える新聞記事
（"The Daily Yomiuri"）

Gene-altered mammals in Scotland yield useful human proteins in milk

EDINBURGH, SCOTLAND—Transgenic sheep h are being milked for human Factor IX. And milk fr genetically engineered mice is yielding an ovine wh protein, β-lactoglobulin. Mammals as host organis may be literally "milked" of therapeutic peptides, ports J. Paul Simons of the Institute of Animal Phy ology and Genetics Research, Edinburgh Resea Station. He told the July meeting of "*Nature*'s Nir International Conference on Plant and Animal B technology" in London that he and his associates dr milk from transgenic mice that contained up to 23 r ml of sheep β-lactoglobulin. Moreover, using fus genes based on this protein's design, his team en neered sheep that produce milk containing hum factor IX, a blood-clotting protein deficient in patie with hemophilia. Simons' mouse work will be pu lished shortly in *Nature*; the sheep studies are n being written up.

("Biotechnology Newswatch")

図2・2　ヒトタンパクを分泌するトランスジェニックヒツジの誕生を伝える新聞記事

Integrated Genetics, Tufts to make TPA in transgenic goat's milk

FRAMINGHAM, MASS.—Producing human TPA from goat's milk is the next step for Integrated Genetics, Inc., Framingham, Mass., which has already produced the blood-clot-dissolving drug in mouse milk (*Newswatch*, Nov. 2, '87, p.6). On October 11, the firm announced a three-year agreement with Tufts University School of Veterinary Medicine, which will use Integrated's technology to develop a herd of livestock capable of producing "grams per liter" of TPA compared to conventional bioreactor production of only a few milligrams per liter, says IGI spokeswoman Nan DuCharme. They will start with goats, but eventually include cows and sheep, DuCharme says. IGI has perfected a "cassette" of human and goat genes to incorporate in goat embryos, she says.

("Biotechnology Newswatch")

図2・3　ヒトtPAを分泌するトランスジェニックマウスに関する新聞報道

4 遺伝子の不活化

以上述べてきた例は，トランスジーンを動物個体で発現させ，新しい遺伝形質を付与することを前提としているが，トランスジーンにより，受容体動物の不要な遺伝子を不活化させる利用法も，活発に研究されている。これには，以下の3つの方法があげられる。

①挿入突然変異による遺伝子の失活

②アンチセンス遺伝子の導入による遺伝子の失活

③ジェネティックアバレイションによる器官の欠失

(1) 挿入突然変異による遺伝子の失活

受精卵に注入されたDNAは，受容体動物の染色体DNAの不特定の位置に組み込まれると考えられる。この組み込みが，受容体動物の遺伝子の活性構造を破壊する場合，破壊された遺伝子は，機能することができない。

このような挿入突然変異で，四肢の発生阻害をうけたマウスがとれている[4)]（写真2・1）。

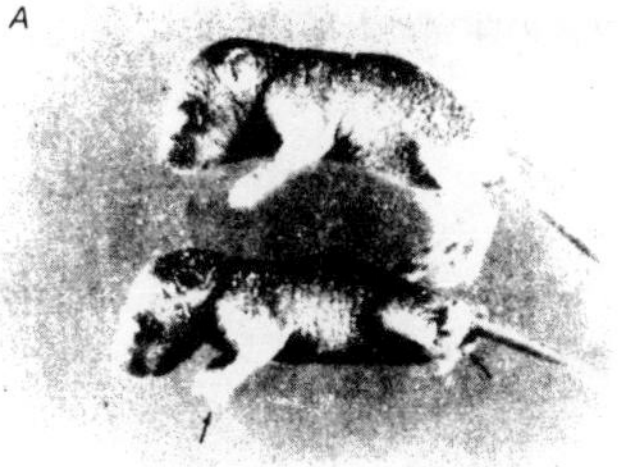

A　生後4日の胎児
下が生育阻害を受けたトランスジェニックマウス。
前後肢を矢印で示してある。

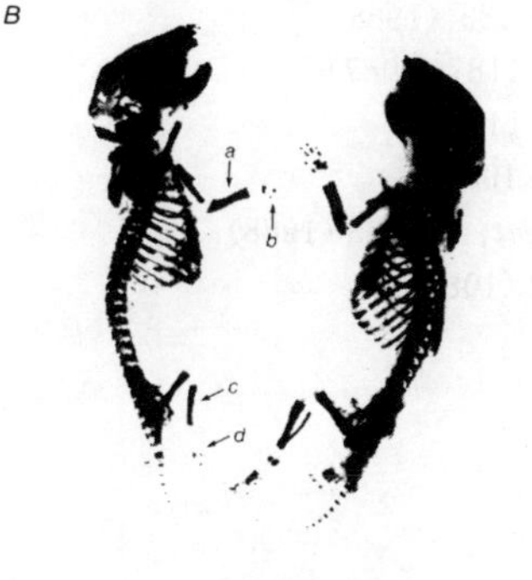

B　X線透視図
左が生育阻害を受けたトランスジェニックマウス。
a, b, c, d はそれぞれ変形部分を示す。

写真2・1　挿入突然変異で四肢の発生阻害を受けたトランスジェニックマウス[4)]

(2) アンチセンス遺伝子の導入による遺伝子の失活

挿入突然変異では，特定の遺伝子をねらって不活化することはできないが，アンチセンス法は，構造遺伝子が，メッセンジャーRNAに転写され，さらにタンパク質に翻訳されて初めて機能を発揮することを利用して，特定の遺伝子のみを不活化する方法である。すなわち，メッセンジャーRNAは，一般的に1本鎖であるが，これと相補的な塩基配列をもつRNA，すなわちアンチセンスRNAを充分量加えると，両者が特異的に結合して，2本鎖のRNAとなり，メッセンジャーRNAとしての機能を失う。

実際に，塩基性ミエリンタンパク質のメッセンジャーRNAと相補的なアンチセンスRNAを発現するトランスジェニックマウスでは，塩基性ミエリンタンパク質の合成が抑制され，このタンパク質の欠失による神経繊維の異常で，震えをおこすシバラーマウス[5)]となった。

(3) ジェネティックアバレイションによる器官の欠失

動物の各種臓器は，発生過程で，その元となる幹細胞が分化して形成されるが，この幹細胞を破壊して，特定の臓器を欠損させる，ジェネティックアバレイション法も開発された。

この方法で，細胞毒であるジフテリアトキシンを，目の幹細胞で発現させる制御遺伝子と組み合わせてマウスに導入して，小眼症マウスの開発に成功している[6)]。また，成長ホルモンを合成する器官である脳下垂体を破壊して，小型のミニマウスの開発にも成功している[7)]。

文　献

1) V.G.Pursel *et al.*: *Science*, **244**, 1281 (1989)
2) J.P.Simons *et al.*: *Biotechnology*, **6**, 179-183 (1988)
3) K.Gordon *et al.*: *Biotechnology*, **5**, 1183-1187 (1987)
4) R.P.Woychik *et al.*: *Nature*, **318**, 36-40 (1985)
5) M.Katsuki *et al.*: *Science*, **241**, 593-595 (1988)
6) R.R.Behringer *et al.*: *Genes & Development*, **2**, 453 (1988)
7) M.L.Breitman *et al.*: *Science*, **238**, 1563 (1987)

第Ⅱ編　開発技術

第3章　動物個体へのDNA導入法

1　はじめに

動物個体へDNAを導入するには，受精卵へDNAを注入する方法が最も一般的である。受精卵も，受精直後は1個の細胞であり，この段階で導入されたDNAは，発生分化を通じて，原則として動物個体のすべての細胞に分布する。

しかし，この種の方法には，繁雑な受精卵操作の技術を必要とする，受精卵が母体内で発生し誕生を経て成体になるまで長期間を要する，といった欠点がある。また，雌個体からの卵の採取，体外培養，仮親への移植等，動物種によっては，さらに難しい操作が入ってくる。

マウスでも，これらの操作の各段階で，一定の割合で受精卵が失われ，100個の卵を処理して，20匹程度の子が得られるにすぎない。さらに，この問題は，受容体動物が大型になるにしたがって，技術的にも経済的にも無視できなくなる。

その解決策として，成体に組み換え体ウイルスを感染させる方法が浮かび上がってきている。

ウイルス感染法では，目的とする遺伝子をウイルスベクターに組み込み，このウイルスベクターを動物に感染させて，組み込んだ遺伝子を発現させる。ウイルスDNAは，誕生以降の動物個体に感染させても，受容体動物の染色体に組み込まれるチャンスは少ないため，利用は動物一代限りになるが，産仔数の少ない動物を利用する目的からは，魅力的な方法である。今後，ウイルスの安全性の確保を含めて，活発な研究が予測される。

なお，受精卵へDNAを導入する方法としては，受精直後の前核に，細いガラス針で直接注入する，マイクロインジェクション法が最も広く使われているが，この方法は，注入針の作成のための機器と，解像力の良い顕微鏡を必要とするだけでなく，熟練を要する。このため，トランスジェニック動物開発の目的によっては，他の方法も充分考慮に値する。

図3・1に，動物個体へDNAを導入する各種の方法を示す。

2　マイクロインジェクション法（微量注入法）

マイクロインジェクション法（微量注入法）は，最も成功例の多い方法で，受容体動物の種類も，マウスはもとより，ウサギ，ブタ，ヒツジ[1]，ウシ[2]と多岐にわたっている。DNAも，100

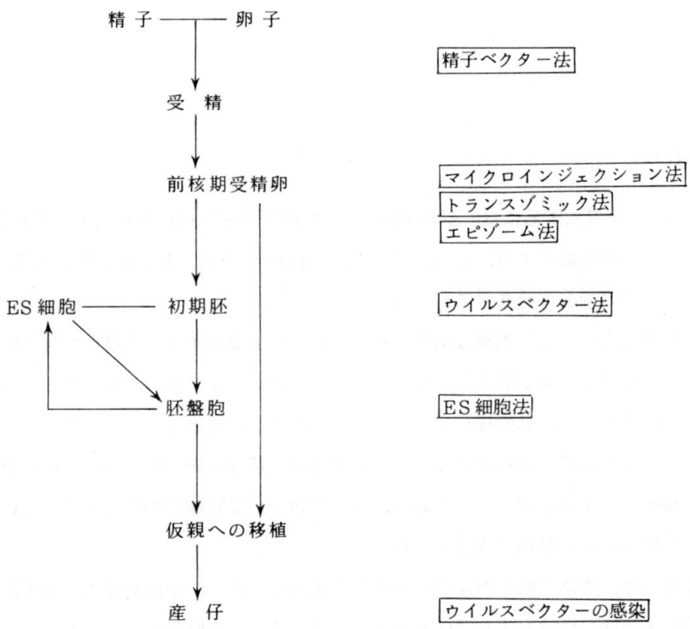

図3・1　動物個体へのDNA導入法

kbの長さまで，制限なしに導入できる。

(1)　開発の経緯

この方法は，J. Gordonらによって，最初のトランスジェニックマウスを開発する際に使われ[3]，1985年，R.Brinsterらによって確立された[4]。

(2)　実験操作

受精後，卵に侵入した精子は，雄性前核を形成する。この段階で，キャピラリーを微小電極作成機（プーラー）で加熱し，引いて作成した注入針を使って，およそ2 pl のDNA溶液を直接，雄性前核に注入する（図3・2）。

注入操作は，顕微鏡下で行う。針の先端を雄性前核に挿入し，雄性前核のふくらみ具合をみてDNAの注入を確認する。

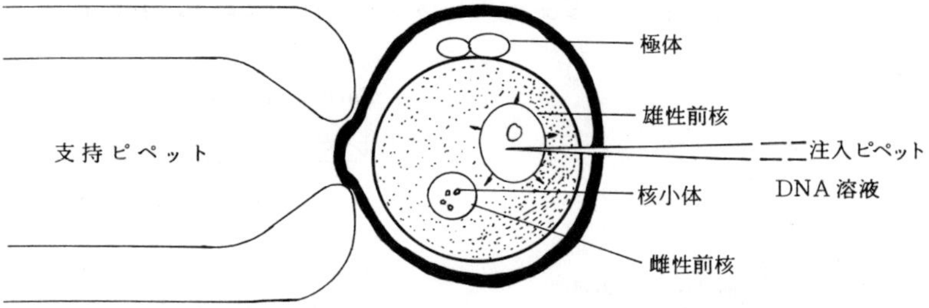

図3・2　マイクロインジェクション法[5)]

最も一般的に行われているマウスの例では，100個の卵にDNAを導入すると，1匹から，まれには30匹のトランスジェニックマウスが得られる。

DNAは，10 mMの弱塩基性バッファーと0.1〜0.3 mMのEDTAとの混合液中に入れたものが最も成績が良い。また，リング状のDNAは，酵素で切断し，直線状にすると，トランスジェニックマウスの作出率は5倍以上になる。

前核は小さいため，卵の細胞質に注入するほうが作業は楽だが，やはり前核にDNAを注入しないと，作出率は10分の1程度になってしまう。

また，前核期は，数時間しか続かないため，この間に多くの卵を処理するのは大変なので，できることなら，採取した卵の半分は翌日にまわして処理したい。しかし，残念ながら，翌日にまで培養した2細胞期卵の核にDNAを注入した場合，前核期の核に注入する方法に比べて，トランスジェニックマウスの作出率は10分の1以下になる[4)]。

なお，具体的な実験方法については，Hogan - Costantini - Lacy[5)]の優れた手引書がある。

(3)　利点・欠点

マイクロインジェクション法は，受精卵を1個1個処理していかなければならないので，これから着手しようとする時には，二の足を踏みがちな方法である。

しかし，成功例が多いので，作出したトランスジェニック動物の性質を予測しやすく，うまくいかない場合でも，対策をたてやすい。

3　ウイルスベクター法

(1)　実験操作

ウイルスをマウスの初期胚に感染させ，ウイルスゲノムを動物個体に導入する方法は，最も古典的なトランスジェニック技術と考えることもできる。

ウイルスベクター法によるトランスジェニックマウス作出法を図3・3に示す。

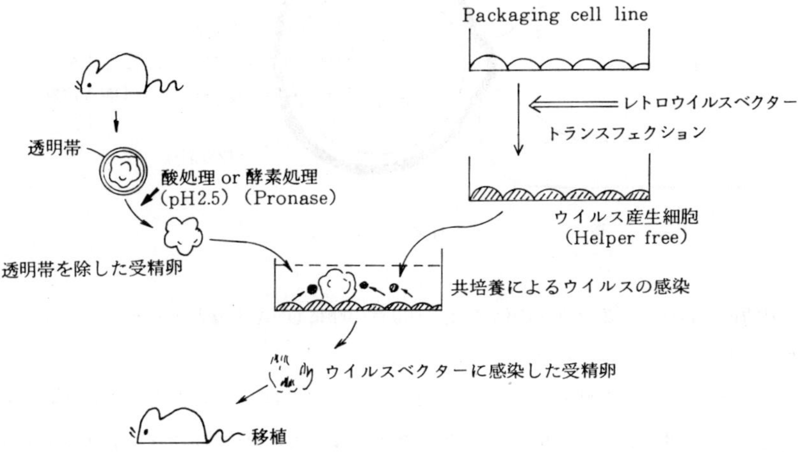

図3・3　ウイルスベクター法によるトランスジェニックマウスの作出法

(2) 開発の経緯

1974年には，すでに，SV40DNAをマウス染色体に組み込むことに成功している[6)]。翌年には，ウイルス（M-MuLV：Molony mirine leukemia virus）をマウスの初期胚（4～8細胞期）に感染させるだけで，ウイルスゲノムをマウスの染色体に導入できることが示された[7)]。

1980年代に入って，トランスジェニック動物が注目されるようになって，ウイルスをベクターとして，ウイルスゲノム以外の遺伝子を導入する方法が考えられ，M-MuLVをベクターとして，大腸菌のミコフェノール酸耐性遺伝子（Ecogpt）をマウス染色体に導入することに成功した[8)]。この段階では，導入遺伝子の発現はみられなかったが，1987年に至り，ベクターに挿入した遺伝子を内部プロモーターに直接支配させることによって，発現させることに成功した[9)]。

(3) 利点・欠点

ウイルスベクター法では，複数個の受精卵をウイルスベクターを含んだ培地に入れて，一度に処理できるため，受精卵を一つ一つ処理しなければならないマイクロインジェクション法に比べて，簡便である。

また，超遠心処理をしないと前核がみえない高脂質動物の受精卵への適用が可能なため，ブタやウシにウイルスベクター法を適用することが試みられている。現在，それぞれの動物種の受精卵に効率的に感染し発現するウイルスを模索している段階である[10)]。

一方，ウイルスベクター法は，技術的には簡便だが，1細胞期の受精卵にはウイルスベクターは感染せず，4細胞期以降に使用できる方法なので，作出されたトランスジェニック動物はモザイクとなる。このため，子の代になって，はじめて系統化されたトランスジェニック動物が得られるため，妊娠，成熟に時間を要する動物種には不適当である。また，将来の実用化までには，ウイルスベクターが他の個体や生物種に感染しないよう検討し，安全性が確認されなければならない。

4　ES細胞法（胚性幹細胞法）

(1)　開発の経緯

マウスの胚盤胞を体外で培養し続けることによって，取れてくる細胞の中から，多分化能を保持し，しかも培養細胞として維持継代可能なES細胞（embryonic stem cell）が得られる[11]（図3・4）。ES細胞を，マウスの胚盤胞内に注入すると，胚盤胞の発生分化に同調してES細胞も発生分化し，両方の幹細胞由来の細胞が混在するキメラマウス（写真3・1）となることが示された[12]。

この方法を応用して，新しいトランスジェニック技術が開発された。

(2)　実験操作

ES細胞が培養維持できることを利用して，ES細胞に外来DNAを導入し，目的とする状態を確認できた細胞をあらかじめ選択してから，これを胚盤胞に注入すると（図3・5），目的とするトランスジェニックマウスを開発することができる。

(3)　利点・欠点

この方法の利点は，挿入突然変異マウスの開発において示された。

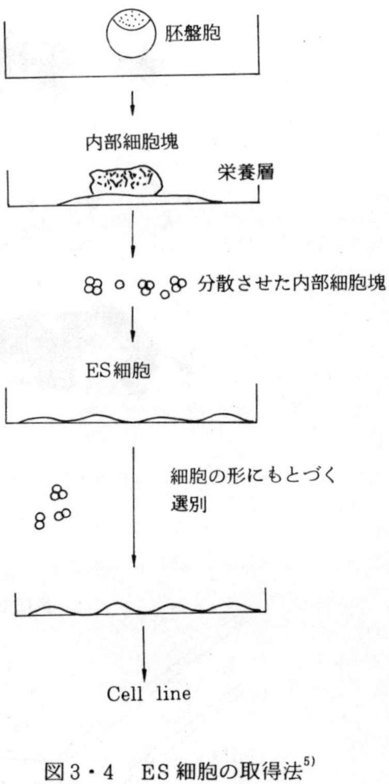

図3・4　ES細胞の取得法[5)]

外来DNAの挿入によるマウスの遺伝子の不活化は偶然に左右される。したがって，ES細胞法の利用が有利になる。

たとえば，ヒトLesch－Nyhan syndromeには，hprt遺伝子の変異によるHPRT（hypoxanthine-guanine phosphoribosyl transferase）の酵素活性の低下が関連することが知られていたが，イギリスの2つのグループは，まず，ES細胞を培養液中でレトロウイルスに感染させ，レトロウイルスDNAが挿入されたためにhprt遺伝子が不活化されたES細胞を選択して，マウスの胚盤胞に導入して，HPRT酵素活性の低いLesch-Nyhan syndromeモデルマウスを開発した[13),14)]。その際，hprt遺伝子を欠失したわずか5個のES細胞を得るのに，1,000万個のES細胞をレトロウイルスに感染させたが，1,000万匹のマウスを細胞と同様に処理することを考えると，あらかじめ選択した細胞を使用できるES細胞法が，いかに利用価値の高いものかがわかる。

ES細胞法が一般化しないのは，良好なES細胞を常時入手することが難しいことにある。ES

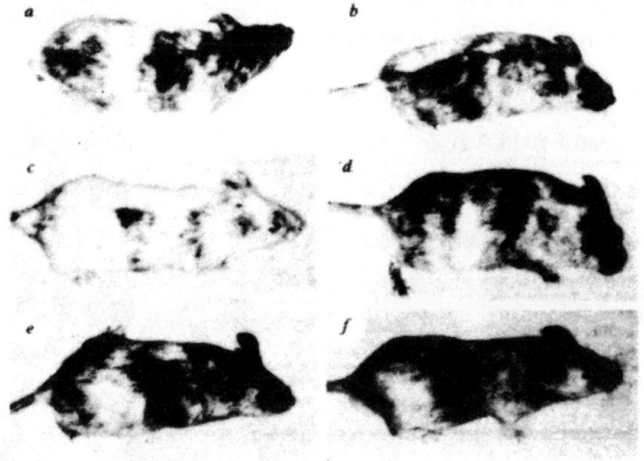

写真3・1　ES細胞法でつくられたキメラマウス[12)]

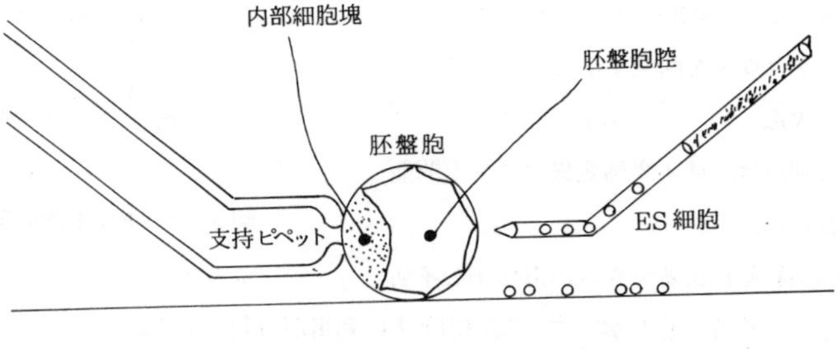

図3・5　DNAを導入したES細胞の胚盤胞への注入[5)]

細胞は，微妙な変化で，奇形マウスやガン等の発生異常を起こすため，マウスを使って，キメラマウスができることを確認しながら研究を進める必要があるわけである。また，キメラマウスから，ES細胞の形質をもった子孫を得るのが難しいことも，難点としてあげられている。

ES細胞法をマウス以外の動物種に適用することも試みられているが，マウス由来のES細胞を適用できないため，それぞれの動物種由来のES細胞を，しかも安定した状態で入手する必要のあることから，確定的な成功の報告は出ていない。

5　精子ベクター法

(1) 特　　徴

卵子同様，精子も1個の細胞であり，haploid の染色体をもつ。受精により，卵子に侵入した精子の頭部は，雄性前核を形成し，その後，卵子由来の雌性前核と融合して，2倍体の受精卵となる。

もし，この精子にDNAを導入できれば，精子はDNAのベクターになって，簡便なトランスジェニック動物作出技術として使えるだけではなく，人工受精によるトランスジェニック動物の作出も夢ではなくなる。

1章でも述べたように，現有の技術は，すべて，卵を雌の体外にとりだし，DNA 処理後，仮親雌に移植しなければならない。このため，操作が繁雑になり，各段階で卵が失われるだけではなく，トランスジェニック技術を適用できる動物種も限られてくる。

大型な経済動物の場合，とくに，卵供給雌や仮親雌を傷付けて経済的価値を損なわない工夫が必要となるので，将来，人工受精法に発展する可能性のある精子ベクター法は，魅力的である。

(2) 開発の経緯

1971年，B. G. Brackett らは，ウサギの精子が，体外受精時に，猿のウイルスSV40のDNAを卵を持ち込むことを見出した（写真3・2）[15]。この受精卵は2細胞期にまで発生しただけではなく，精子によって持ち込まれたSV 40のDNAも感染増殖する能力を維持していた。また，哺乳動物ではないが，ウニの精子も，組み換えDNAを卵に持ち込んで受精し，発生しえた[16]。

1989年，Gagne らは，ウシの精子も，同様に，体外受精時に培養液中のDNA を卵に持ち込むことを示しただけではなく，エレクトロポレイションにより，精子へのDNA 導入率を高めることに成功した[17]。

Lavitrano ら[18]は，マウスを使って，この研究をさらに一歩進め，マウスの精子も，培養液中のDNAを数千コピーも取り込むことができることを示しただけではなく，精子がベクターとなって受精卵中に持ち込んだDNAは，マウスの染色体に組み込まれ，受精卵の発生，分化にともなって各種体細胞に分布し，トランスジェニックマウスとなることを報告した。その発生率も，生まれた子の30％と，マイクロインジェクション法に比して高率で，「バイオテクノロジーでの低温核融合」といわれるほどの反響をよんだ。

図3・6に，この方法の概略を示した。

(3)　展　　望

もし，この技術が一般的に適用できるものなら，トランスジェニック技術として優れているだけではなく，哺乳類が生殖活動中に外部からＤＮＡを持ちこんできている可能性を示し，組み換えDNAの安全性についても再検討をせまられる。このため，著者のグループをも含め，世界各地で追試が行われている。

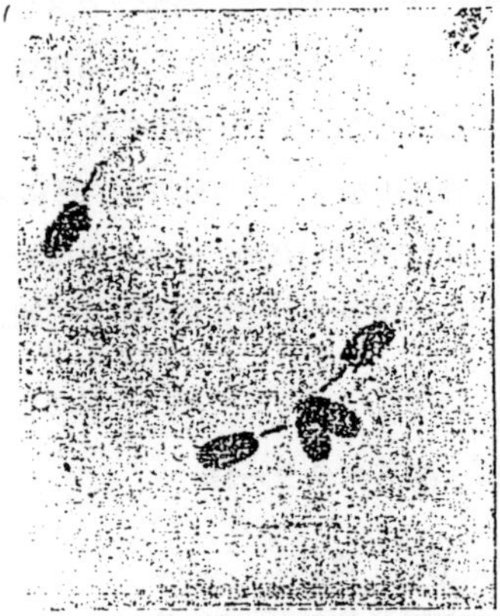

写真3・2　ウサギ精子によるSV40 DNAのとり込み[15]
（^{3}Hチミジンでラベルした SV40 を用いてのオートラジオグラフ法により検出）

5カ月後に，R. Brinster[19]により，追試結果が集計され，発表されたが，その結果によれば，精子をベクターとする方法で，2,000匹近くのマウスが生まれ，解析されたが，1匹としてトランスジェニックマウスはとれなかった。筆者のグループも，pSV2－gpt DNAで処理した精子で130匹のマウスを産ませたが，1匹もトランスジェニックマウスはとれなかった[20]。

Lavitranoらの成果がなぜ再現されないのか，Lavitrano ら自身をも含めて明らかにできていないが，魚では，この方法で1匹，トランスジェニックがとれたという情報がある。確かに精子がDNAを卵に持ち込むことは，著者らも確認しているため[20]，今後の地道な研究が待たれている。

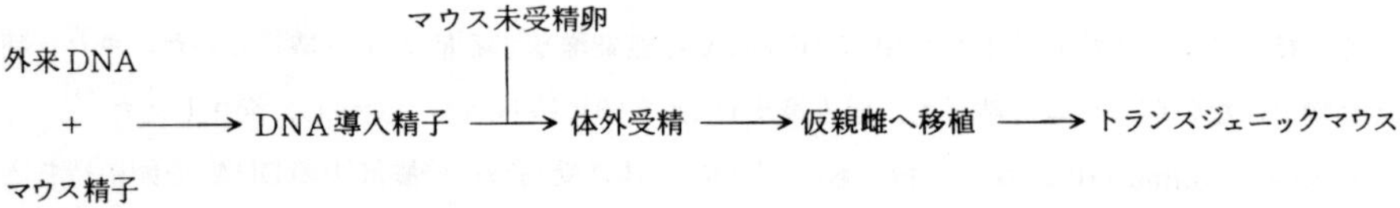

図3・6　精子ベクター法によるトランスジェニックマウスの作出

6　染色体断片を導入する方法（トランスゾミック法）

(1)　開発の経緯

上記のいずれの方法を用いても，100 kb 以上の長いDNAを受容体動物に導入することは難しいが，複数の一連の遺伝子群を導入したい時，あるいは，遺伝子発現の制御部分が構造遺伝子から遠く離れている時には，1,000 kb を超える長さのDNAを導入する必要も出てくる。

しかも，動物の構造遺伝子の発現の制御は，プロモーターやエンハンサー等の古典的な制御遺伝子のみによるものではなく，染色体の構造そのものに起因する場合も少なくないらしい。染色体の，DNA分解酵素に超感受性（DNase hypersensitivity）を示すDNA部分が，site effect と密接な関連のあることが示されたのは，その一例である。

トランスジェニック技術を実用化しようとしたとき，より高率に発現させ，より正確に発現制御をしたい。この目的のためには，染色体レベルでの遺伝子発現制御機構を究めることと，染色体そのものを導入する技術の開発が望まれる。

ペンシルバニア大学のJean Richa とCecilia Lo[21]は，この流れに沿って研究し，ヒトの染色体断片を導入したマウスを開発して，トランスゾミックマウスと名づけた。

(2)　実験操作

ここで示された方法では，0.1％のフクシン（basic fuchsin）で染めた染色体が使える。核分裂中期のヒト細胞（MRC－5）の染色体を染色後，顕微鏡下で一部切断し（写真3・3），マイクロインジェクション法と同様にして，染色体断片をマウスの雄性前核に注入した。

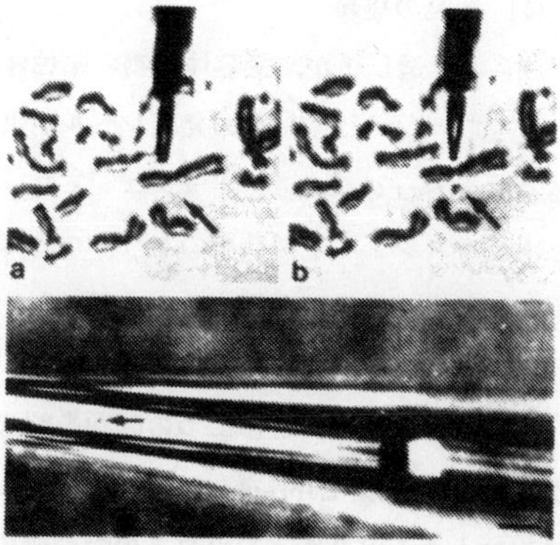

写真3・3　マウス受精卵に導入するための染色体断片の切りとり[21)]

a.b；切りとり操作，c；注入操作

このような処理で，受精卵の発生率に大きな障害を与えることなく，処理した卵の20％もが胚盤胞にまで発生しただけではなく，桑実期胚でも，また受精後13日目の胚でも，ヒトDNAが検出できた（写真3・4）。

注入する染色体断片は，増殖に関連するテロメアを含んでいても，いなくてもよい。

(3)　利点・欠点

トランスゾミック技術は，染色体のバンドと対応した部分の利用や機能解析にも使えるため，今後の開発が待たれる。

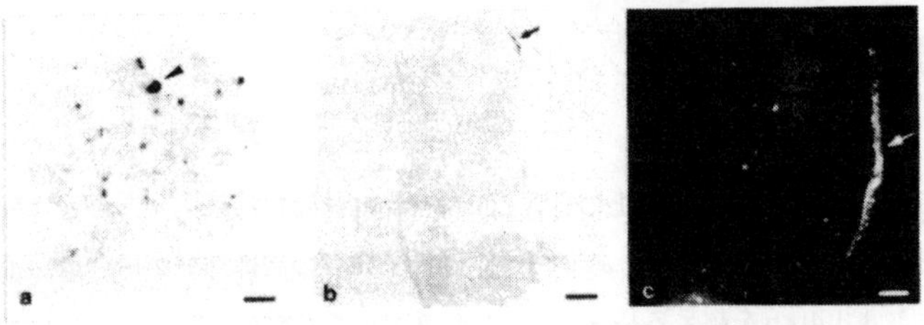

a. トランスゾミックマウスの染色体。導入DNAを矢印で示す。
b. トランスゾミックマウスの12.5日胚。導入DNAを含む細胞層を矢印で示す。
c. bと同じサンプルを暗視野で観察したもの。

写真3・4　トランスゾミックマウスにおける導入DNAの検出[21)]

しかし，まだ，生まれたマウスにも導入染色体が検出されるかどうか，さらには，導入した染色体が子孫に伝わるかどうかは発表されていない。少なくとも，胚の解析結果によれば，トランスジェニックマウスとは異なり，導入された染色体は，一部の細胞にのみ検出された。

7　エピゾーム法

(1)　開発の経緯

注入した遺伝子が，受容体動物の染色体のどの部分に組み込まれるかは，一定していない。したがって，トランスジーンの発現レベルが染色体上のどの位置に組み込まれたかによって左右されるsite effectの解決が，トランスジェニック技術の課題だった。

トランスジェニック技術のもう一つの課題は，高率にトランスジェニック動物を作る技術を開発し，卵を効率的に活用することだった。卵が高価な大型動物の時代に入って，卵の効率的な活用技術はますます重要になってきている。

エピゾーム法は，この二つの問題を解決する目的で開発された。すなわち，1987年，ベイラー医科大学のAlex Elbrechtら，Bert O'Malleyのグループは，ウシパピローマウイルス（pBPV）を母体とするベクターをマウスの受精卵に注入し，90％（30匹中27匹）という高率でトランスジェニックマウスを得た[22)]。

(2)　利点・欠点

この方法は，高率でトランスジェニック動物が得られるだけではない。一般のDNAを注入する場合と異なり，pBPVの場合は，マウス受精卵の細胞質に注入すれば良いのである。

マイクロインジェクション法では，小さな雄性前核にDNAを注入しないと，トランスジェニック動物の作出率が落ちるため，DNAの注入には，熟練と神経の集中が要求される。したがって，核に注入しても，また細胞質に注入しても，高率でトランスジェニック動物のできるベクター法は，技術の簡略化という意味からも優れている。

また，pBPVは，一例を除いて，マウスの染色体には組み込まれず，プラスミドの状態で検出された。したがって，site effectによるトランスジーン発現の障害は，少なく抑えることができる。

しかし，バクテリアや培養細胞を受容体とする時には，細胞1個当たりのプラスミドを多数にできるため，導入した遺伝子の大量発現に適しているが，ベクター法で作出されたトランスジェニック動物では，1個の細胞当たり0.1分子のpBPVしか検出できなかった。この数値は，同時に，得られたトランスジェニック動物が，pBPVが全身の細胞にいきわたっていないモザイク動物であることを示している。

ES細胞法でも見られたように，モザイクの親からトランスジェニックの子供をとるのは難しい。しかし，動物一代かぎりで利用する目的には，一考する価値のある方法である。

文　献

1) R.E.Hammer *et al.*：*Nature*, **315**, 680-683 (1985)
2) K.Roschlau *et al.*：*J. Reprod. Fert.*, **38** (Suppl), 153-160 (1987)
3) J.W.Gordon *et al.*：*Proc. Natl. Acad. Sci. USA*, **77**, 7380-7384 (1980)
4) R.L.Brinster *et al.*：*Proc. Natl. Acad. Sci. USA*, **82**, 4438-4442 (1985)
5) B.Hogan *et al.*："Manipulating The Mouse Embryo", Cold Spring Harbor Laboratory (1986)
6) R.Jaenisch, B.Mintz：*Proc. Natl. Sci. Acad. USA*, **71** (4), 1250-1254 (1974)
7) R.Jaenisch *et al.*：*Proc. Natl. Acad. Sci. USA*, **72** (10), 4008-4012 (1975)
8) D.Jähner *et al.*：*Proc. Natl. Acad. Sci. USA*, **82**, 6927-6931 (1985)
9) C.L.Stewart *et al.*：*EMBO J.*, **6**, 383-388 (1987)
10) K.R.E.Squire *et al.*：*Amer. J. Veterinary Res.*, **50**, 1423-1427 (1989)
11) M.J.Evans, M.H-Kaufman：*Nature*, **292**, 154-156 (1981)
12) A.Bradley *et al.*：*Nature*, **309**, 255-256 (1984)
13) M.Hooper *et al.*：*Nature*, **326**, 292-295 (1987)
14) M.R.Kuehn *et al.*：*Nature*, **326**, 295-298 (1987)
15) B.G.Brackett *et al.*：*Proc. Natl. Acad. Sci. USA*, **68**, 353-357 (1971)
16) F.Arezzo：*Cell Biol. Int. Natl. Reports*, **13**, 391-404 (1989)
17) M.Gagne *et al.*：Second Symposium on the Genetic Engineering of Animals (1989)
18) M.Lavitrano *et al.*：*Cell*, **57**, 719-723 (1989)
19) R.L.Brinster *et al.*：*Cell*, **59**, 239-241 (1989)
20) S.Hochi *et al.*：*Animal Biotechnology*, **1**, in press (1990)
21) J.Richa, C.W.Lo.：*Science*, **245**, 175-177 (1989)
22) A.Elbrecht *et al.*：*Molec. Cell. Biology*, **7**, 1276-1279 (1987)

第4章　トランスジーン（導入DNA）とその発現

1　トランスジーンの構造

トランスジーンの構造は，DNAの導入法によって，また使用するDNAによって異なる。

マイクロインジェクションによって雄性前核に注入した場合，DNAは，一般的には,少ない場合は1分子から，まれには数百分子まで，同一方向に数珠状に連なった構造（タンデム構造）で染色体に組み込まれている[1]。

一方，レトロウイルスを4細胞期以降の初期胚に感染させると，ウイルスDNAは，染色体上の1カ所当たり1分子のみ導入され，タンデム構造はとらない[2]。しかし，同じレトロウイルスのDNAでも，雄性前核に注入すると，一般DNA同様，タンデム構造をとって染色体に組み込まれている[2]。

さらに，エピゾーム法で述べたpBPVでは，染色体に導入したDNAが組み込まれる例は少なく，大部分は，エピゾームとして染色体外で独立に増殖する[3]。

なお，マイクロインジェクション法によって作出したマウスのトランスジーンは，マウス染色体との接合部分が欠失しているか，または，DNA組み換えによって塩基配列が再編成されている[4]。トランスジーンの欠失する長さは一定せず，どの部分で切れるかについての法則性も見いだされていない。

タンデム構造の中に，マウス染色体の一部が割り込んでいる例もみられるが，このような場合でも，割り込んだマウス染色体と接するトランスジーン部分は欠失している[4]。

一方，タンデム構造のトランスジーン相互間の結合部位は，注入したDNAと全く同じで，制限酵素で切断して直線状としたDNAを注入した場合，両端の制限酵素部位は保存されたまま連結されている[4]。

これに対し，ウイルスベクターの感染によって導入されたトランスジーンの構造は一定していて，ウイルスのLTRが両端に位置し，これらがマウス染色体のDNAに接続している[2]。

トランスジーンのタンデム構造のもう1つの特徴は，注入DNAがすべて同一方向（head-to-tail）に向いて連なっていることにある[4]。逆方向（head-to-headないしはtail-to-tail）を向いた注入DNAが混在している例もみられるが，多くはない[4]。

2 トランスジーンの子孫への伝達

開発されたトランスジェニック動物は，その目的が学術的なものであれ，生産，試験等に利用するためであれ，継代維持し増殖できなければ，価値は下がる。仮に維持できない場合でも，その理由を明らかにし，対策を講じる必要がある。

近年盛んになった，トランスジェニック技術で作出した病態モデル動物を，薬物や毒物の試験に使う場合には，多数の動物個体を必要とするため，トランスジーンの安定性には特に留意する必要がある。

マイクロインジェクション法で作出されたトランスジェニック動物の70％以上は，そのトランスジーンを，メンデルの法則に従って，そのまま変化させずに子孫へ伝える[5)]。残りの大部分はモザイクで，子の代に2つ以上のラインに分離するが，孫の代以降は，メンデルの法則に従って親から子に伝わる。

その他に，モザイクでは説明できない不規則なトランスジーンの伝達も，まれにみられる。

2.1 メンデルの法則に従う場合

導入したDNAが受容体動物の染色体に安定して組み込まれた場合，少数の例外を除けば，すべて，トランスジーンはそのまま親から子に伝わる。

現在までに提出されたモデルによれば，導入DNAが染色体に組み込まれる機構は，以下のように説明されている[6)]。マイクロインジェクション法でDNAを導入すると，このDNAは，染色体の切れ目に入り込む。この外来DNAの侵入が染色体の構造を不安定にするため，安定な構造をとれるまでDNAの再編成を繰り返す。その結果，トランスジーンと染色体との接合部分は欠失し，あるいは再編成されている。トランスジェニック動物として生まれた動物のトランスジーンは，このような再編成を経て安定化したものなので，次世代以降へは変化なしに伝わる。

一方，第3章でのべたように，ウイルスベクター法，ES細胞法で作出したトランスジェニックマウスは，モザイクで，子の代になって初めてライン化される。

ウイルスベクター法によるトランスジェニック動物がモザイクとなるのは，ウイルスが4細胞期以降にのみ感染するため，4つ以上の細胞が，トランスジーンに関してそれぞれ異なるためである。この方法で作出したマウスの場合，その子が同じ数のトランスジーンを持っていても，染色体上の位置は異なっている可能性が高いことにも留意する必要がある（このようなマウスも，トランスジーンに関してはモザイクである）。

さらに，マイクロインジェクション法でも，30％前後の割合でモザイク動物ができる。

1細胞期の雄性前核に注入されたDNAは染色体に組み込まれるが，多くの場合，その後，雌性前核との核融合を経て行われる最初の核分裂の前に染色体に組み込まれるため，この細胞が分裂してできた個体の細胞は，すべて同一のトランスジーンを持っている。ところが，最初の核分裂以降に，注入DNAが染色体に組み込まれると，この受精卵から発生した個体は，トランスジーンに関してはモザイク動物になる。最初の核分裂以降になってトランスジーンが安定化した場合も，モザイク動物が発生する。

このような例として，著者らは，まず，いったん1細胞期に外来DNAが染色体に組み込まれてから2回分裂し，4細胞期になってから，その中の1つの細胞で，2回目のDNA導入か，あるいは複製が起こったトランスジェニックマウスの例を示した[7]。また，J. Gordonは，マウス発生段階のさらに後期になってトランスジーンが変化したと考えられる例を示している[8]。

この項に述べた例では，いずれもトランスジーンは安定であり，メンデルの法則に従って子孫に伝達される。

2.2　異常な伝達をする場合

2.2.1　著者らの例

1節で述べたように，マイクロインジェクション法で作出したマウスのトランスジーンはタンデム構造を持つ。

著者らのグループは，pSV2-gpt-gE1Aを雄性前核に注入すると，head-to-tail のタンデム構造に，head-to-head とtail-to-tail，すなわち逆向きのDNAが混在するトランスジーンを高頻度に生ずることを見いだした[9]。

さらに，これらの逆向きタンデム構造をもつマウスの中の1匹，pE1A/3を継代して，トランスジーンの子孫への伝達を調べたところ，子供5匹に1～2匹の割合で，逆向きタンデム構造を失ってhead-to-tail構造のみになっていくものが生じることが示された[9]。

この実験について，さらに詳しく見てみよう。

(1)　E1Aマウスのトランスジーンの構造（図4・1）

まず，pSV2-gpt-gE1Aを，マイクロインジェクション法の常法に従って，マウス受精卵の雄性核に注入したところ，5匹のトランスジェニックマウスが得られた。その中の1匹（pE1A/0）には，pSV2-gpt-gE1Aが1分子のみ，マウス染色体に組み込まれていた。

ただし，このトランスジーンも，例にもれず，両端が欠けていたので，実際には1分子以下ということになる。他の4匹のトランスジーンも，すべて，マウス染色体との接合部分は欠落していた。

pE1A/1には，20分子のpSV2-gpt-gE1Aが，heat-to-tail のタンデム構造で染色体の1カ所に組み込まれていたが，残りの3匹には，すべて，head-to-tail に混じってhead-to-head とtail-to-tail構造が検出された。pE1A/2では，染色体上の近接した2カ所に，注入

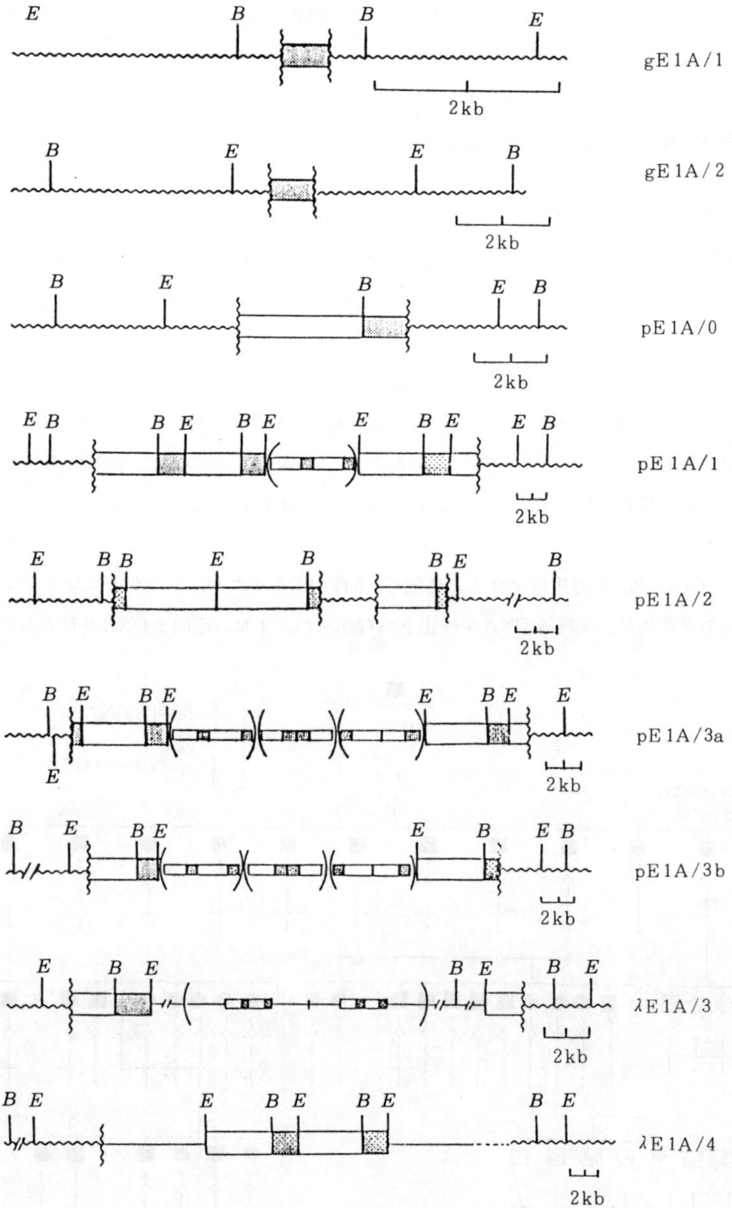

図4・1　E1Aマウスのトランスジーンの構造

□；プラスミド配列，▦；E1A遺伝子，―；ファージベクター由来配列したDNAが組み込まれていたが，その中の1つは，pSV 2 - gpt - gE 1A が2分子のみ tail - to - tail 構造でつながっていた。pE1A/3 と pE1A/4 の 2匹には，一方向につながった pSV 2 - gpt - gE1Aに，逆方向の分子が混在していた。

(2)　逆向きDNAの子孫への伝達（図4・2）

次に，pE1A/3を，野生型（トランスジェニックでない）マウスと交配し，24匹の子マウスを得たが，その約半分の11匹はトランスジェニックだった。

pE1A/3はモザイクで，その証拠に，11匹のトランスジェニックな子マウスのうち，10匹（pE1A/3 a）は，80コピーのpSV 2 - gpt - gE1Aを持っていたのに対し，1匹（pE1A/3b）は，わずか15コピーしか持っていなかった。pE1A/3aの子は，いずれも高コピー数の，pE1A/3bの子は，すべて低コピー数のトランスジーンを伝えた。

トランスジーンの構造を解析した結果，pE1A/3aのうち2匹を除いた10匹と，pE1A/3b は，逆向き構造を含むトランスジーンを持っていた。pE1A/3 a は，この他に，pSV2 の一部が複製したと考えられる構造も持っていた。しかし，pE1A/3aのうち，2匹には，逆向きDNAが検出されなかった。

さらに，pE1A/3b を野生型マウスと交配し，8匹の子を得たが，5匹がトランスジェニックで，そのうち2匹には，逆向きDNAが検出されなかった。また，逆向きDNAを持たないマウス

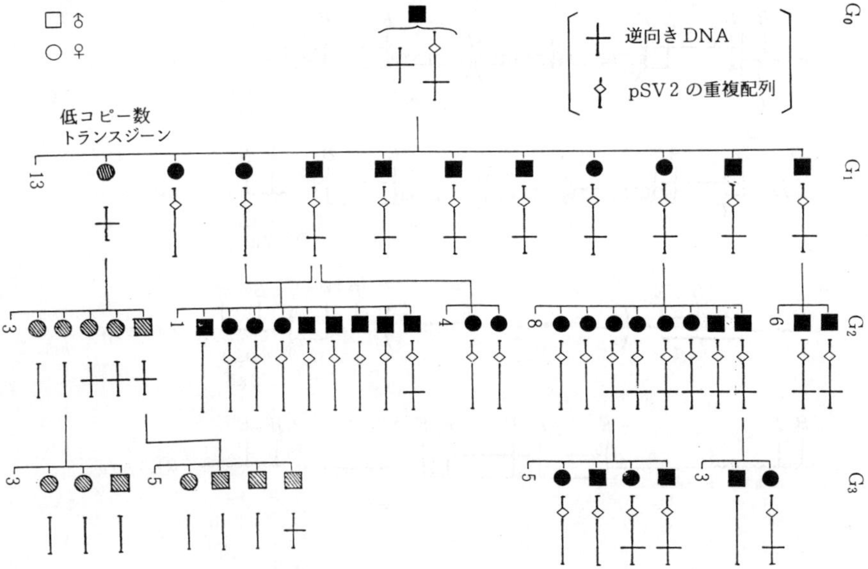

図4・2　逆向きDNAの子孫への伝達

の子からは，逆向きDNAをもった子は得られなかった。

pE1A/3aでも，同様に，子，孫，ひ孫と，一定の割合で，逆向きDNAを持つ親から，持たない子が得られただけではなく，pSV2の複製部分も失われた。

以上の結果から，pE1A/3のトランスジーンに特徴的なのは，親から子へ伝わる過程で逆向き構造が失われていくことである，と判明した。

(3)　逆向きDNA欠失の機構（図4・3）

親から子へ伝わる過程で，なぜ逆向きタンデム構造が失われるのか明らかではないが，逆向き構造が，ヘアピンと呼ばれる構造をとり得ることと関係があるかもしれない。また，トランスジーンは，一般的にhead-to-tailでつながり，逆向きはまれなことの説明になる可能性はある。

最近になって，さらに5匹，pE1Aマウスを得たが，そのうち3匹に逆向き構造がみられた。さらに，pSV2-gpt-gE1AからE1A遺伝子を切り取ったpSV2-gptをマイクロインジェクション法で注入すると，2匹のトランスジェニックマウスのうち，1匹が逆向きDNAを持っていたことから，pSV2-gpt部分に，受精卵内で逆向きのタンデム構造をつくりやすい構造があるものと考えられる。

(4)　逆向きDNAの問題点

この現象がどれだけ一般化できるか，今後の研究が必要だが，作出されたトランスジェニック動物から逆向き構造を持たない動物を選択する注意が必要だろう。また，逆向き構造を作りやすいDNAをあらかじめ取り除いてからトランスジェニック動物作出に使用することも，より高率

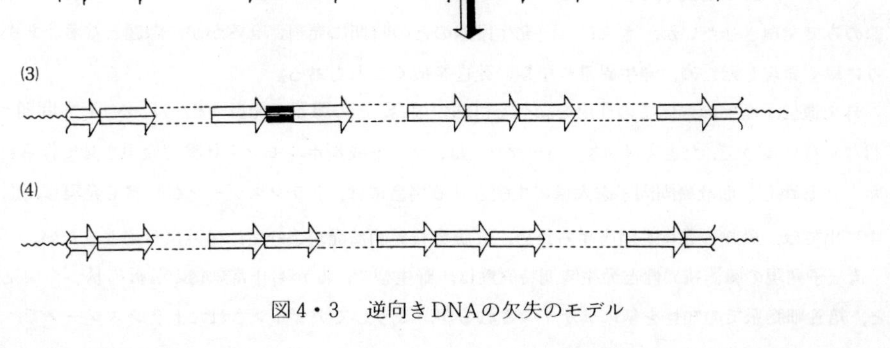

図4・3　逆向きDNAの欠失のモデル

に，より安定したトランスジェニック動物を開発する一助となろう。

2.2.2　Palmiterらの例

R.D.Palmiterらの報告した雌雄依存性トランスジーンの伝達も，トランスジーンそのものの構造は変化しない[10]が，メンデルの法則に従わない伝達例として挙げられる。

MyK－103は，チミジンキナーゼ遺伝子をメタロチオネイン制御系につないだpMKが2分子導入された，トランスジェニックマウスの1ラインとして得られたトランスジーンであるが，このトランスジーンは，雌をトランスジェニックな親とすると，5世代にわたって調べた限り，親から子へ，変化なしに伝わった。

ところが，MyK－103のトランスジーンを持つ雄は，生殖能力はあり，子は生まれるが，すべて野生型で，トランスジェニックな子は得られなかった。

Palmiterらは，この現象を，雄の精子形成に不可欠な遺伝子に，pMKが入り込んで，これを不活化したため，このトランスジーンを持つ精子はできず，したがって，雄の親からは野生型の子のみが生まれた，と説明している。

偶然かもしれないが，MyK－103も，pMK2分子が逆向きのタンデム構造を持つ。

3　トランスジーンの発現

トランスジーンの発現をうまくコントロールすることは，トランスジェニック技術の最も重要な部分であるが，また，最も複雑な部分でもある。

実際，トランスジーンの発現に関する報告は多いが，使用した遺伝子も多岐にわたり，遺伝子の特性と，トランスジーンに一般的な現象とが，分別整理されるに至っていない。

とはいえ，トランスジェニック動物の開発を考えるとき，まず課題となるのが，導入するDNAのデザインである以上，避けては通れない。

すなわち，どの遺伝子を導入するのか，動物のどこで発現しても良いのか，それとも特定の臓器のみで発現させたいか，さらには，発生段階のどの時期に発現させるかが，課題となる。あまりに早く発現したため，発生異常や早期の死亡を招くこともある。

外来遺伝子産物の個体での作用を調べる目的の場合，どの臓器で発現するかは，必ずしも問題とはならないようで，たとえば，スーパーマウスは，ラット成長ホルモンを肝臓で発現させて作られた[11]。しかし，血液凝固因子を大量に生産させる場合には，トランスジーンが肝臓で発現し，血中に出ては，動物の発育を阻害するため，乳腺で特異的に発現させて，体外に分泌させたい。

遺伝子発現の臓器特異性と発生時期特異性は，野生型で，しかも正常動物の解析に基づく知見と，培養細胞系での知見を基にデザインされるが，こうしてデザインされたトランスジーンで，トランスジェニック動物の作出を試みたところ，個体レベルでは異常な発現をみせる場合も多い。

残念ながら，現状では，この遺伝子系を使えば，必ずデザインしたトランスジェニック動物ができる,というシステムはない。しかし，ミルクタンパク質の遺伝子研究から，遺伝子の作用は，動物種にあまり左右されないといわれているので，実験用小動物を使って遺伝子を特定してから，大型動物に適用することによって，省力化と時間の節約を図ることができる。

そこで，以下に，トランスジーンの発現を左右する基本的な要因を，順に記してみたい。

3.1　遺伝子発現に必要な塩基配列

遺伝子は，タンパク質に翻訳されて，酵素として生理機能を担い，脂質等の生体物質の生合成を行う。また，コラーゲンや細胞膜タンパク質，細胞間物質として，動物の構造形成に関与する。

タンパク質は，アミノ酸の配列により，その1次的な構造が決定されるが，アミノ酸の配列は，構造遺伝子の塩基配列によって決定されるため，目的とする構造遺伝子の選択が，まず，第一になされなければならない。

構造遺伝子には，N－末端のアミノ酸を決めるinitiation codon（ATG）が必要であり，C－末端のアミノ酸コードのすぐ隣に，アミノ酸への翻訳停止を指示するtermination codon(TGA，TAG，TAAのどれか)が必要で，しかも，ATG以降は，塩基が3つずつ，ずれないで termination codonにつながって入る必要がある。

構造遺伝子は，直接タンパク質に翻訳されず，まず，メッセンジャーRNAに転写されるが，メッセンジャーRNAを合成するRNAポリメラーゼが結合する塩基配列，プロモーターが，少なくとも1つ，構造遺伝子の5′側上流域に必要である。また，動物細胞のメッセンジャーRNAに一般的なpoly A tailを付加するための，poly A添加シグナルを3′側下流域に付けることも必要である。

プロモーターもpoly A添加シグナルも，構造遺伝子に本来備わっているものである必要はない。とくに，プロモーターは，その機能に強弱があるので，大量発現が要求される場合には，強いプロモーターを付加する。

3.2　遺伝子発現の細胞特異性と発生時期特異性の決定

エンハンサーとよばれる塩基配列が，遺伝子の細胞臓器特異性と発生時期特異性とを支配する。

一般的には，プロモーターのさらに5′側上流域に付けるが，自然界では，3′側下流域や，3.4項に記すイントロンに位置する場合もある。

2つ以上のエンハンサーが必要な場合や，3つ以上あるエンハンサーの組み合わせで特異性が変化する例もあるので，注意を要する。

3.3　発現を阻害する要因

発現を阻害する要因としては，次のようなものがある。

クローン化し，試験管内で組み換えたDNAは，大腸菌内で増殖させるために，大腸菌での複製開始点と，このDNAを持つ菌のみを選別するマーカー遺伝子がつなげてあるが，これらの細菌由来の塩基配列は，動物細胞で種々の障害を引き起こす。トランスジェニック動物でも，トランスジーンの発現抑制と発現特異性の乱れを引き起こすので[12]，動物に導入する前に，取り除いた方が無難である。

また，メッセンジャーRNAにAU-rich配列があると，そのメッセンジャーRNAを不安定にし，細胞内での半減期を短くする。結果として，この遺伝子産物の量は少なくなるので，大量に発現させたい場合には，あらかじめ切除した方が良い。

さらに，エンハンサーと逆の働きをする制御因子が知られてきている。自然界からクローン化した遺伝子を使用する場合には，そのDNA上に負の制御因子があるかどうかに注意する必要がある。

3.4　イントロンと発現の安定性

動物の構造遺伝子は，イントロンとよばれる，タンパク質には翻訳されない塩基配列によって介在分離されている例が多いが，培養細胞系で遺伝子の発現を調べる限り，イントロンの機能は明確ではなかった。

自然界にも，イントロンを持たない遺伝子が少なからず見られる。また，細胞質に検出される成熟したメッセンジャーRNAは，イントロンを含まないが，これを基にしたcDNAを細胞に導入しても発現可能な遺伝子系も，少なくなかった。

また，イントロンの長さには法則性はないが，多くの遺伝子では，アミノ酸に翻訳されるエクソン配列よりは，イントロンのほうが長いため，イントロンを含む遺伝子の長さは100 kbを超す例も少なくない。したがって，試験管内でのDNA組み換え等の操作を考えたとき，cDNAの方が扱いやすい。

以上のような理由から，トランスジェニック動物の開発には，cDNAが多く使われてきた。

しかし，R.L.Brinsterらは[13]，ラット成長ホルモン（rGH）遺伝子を導入したトランスジェニックマウスと，rGHからイントロンを切除したDNAを導入したトランスジェニックマウスとを比較解析し，イントロンの機能を調べたところ，イントロンを含むrGH遺伝子を導入したトランスジェニックマウスには，イントロンを含まないマウスに比べて，細胞当たり10から100倍のメッセンジャーRNAが検出された（図4・4）。同様の実験を，培養細胞を使って検討したが，メッセンジャーRNA量は，培養細胞では，イントロンの有無で違いはなかった。

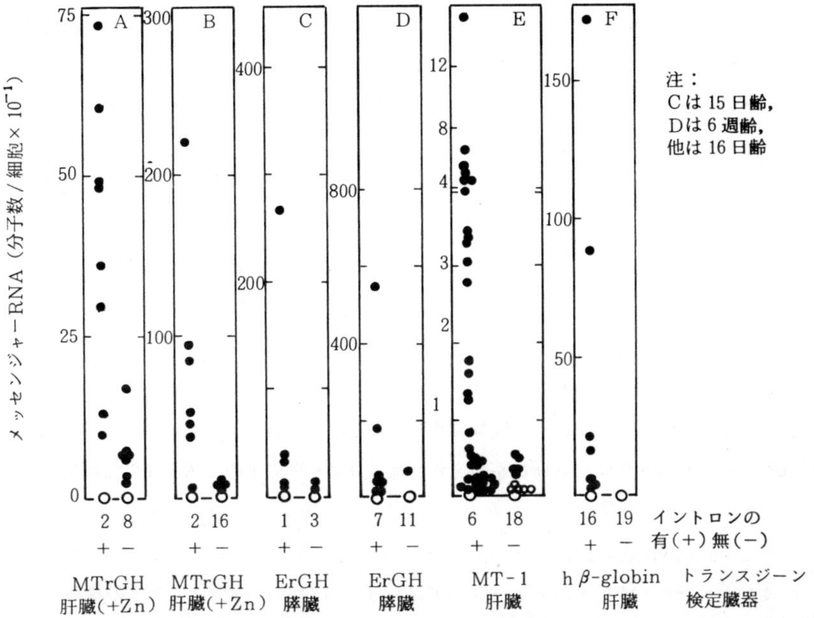

図4・4　イントロンとトランスジーン発現の安定性[13)]

以上の結果は，培養細胞での試験結果が，そのまま動物個体には適用できないこと，開発した動物のトランスジーンの発現が思わしくない場合には，導入した遺伝子のイントロンの検討が必要なことを示している。

現状では，動物個体での遺伝子発現において，他の遺伝子のイントロンで代替できるかどうか，必ずしも明確ではないので，遺伝子発現に重点をおくトランスジェニック動物の開発には，その遺伝子が自然界で持つイントロンを少なくとも1つは含むジェノミッククローンを導入することから出発する方が無難だろう。

3.5　トランスジーンの数と遺伝子産物の量

マイクロインジェクション法で導入されたDNAは，多数連なったタンデム構造を作る。ウイルスベクターを初期胚に感染させた場合も，1カ所当たり1コピーずつ，何カ所かに導入されるため，細胞当たりのコピー数は複数個になる。

事実，トランスジェニック動物のこの特性を利用して，ヒツジのβ－ラクトグロブリンをマウスのミルクに，ヒツジのミルク本来の濃度の5倍も分泌させることに成功している[14)]。

導入したDNAは，注入時の構造そのままで変化なしに，多い時には数百コピーも染色体に組み込まれているので，もし，これらのトランスジーンがすべて機能するなら，遺伝子産物を，自然界の数百倍もの濃度で大量に生産できる。

B.P.Davis と R.J.MacDonaldは，注入遺伝子のコピー数と発現との関係を，系統的に調べているので，以下に紹介する[15]。

ラットのエラスターゼ I（rEI）は，自身のエンハンサーと共にマウスに導入されると，膵臓で特異的に発現する。rEIを，少ない場合は2コピーから最大250コピーまで，head-to-tailで一方向に連結した一連のトランスジェニックマウスを比較解析した結果，9コピーまでは，コピー数の増加に応じて，そのメッセンジャーRNAの量も増加するが，9コピー以上になっても，メッセンジャーRNA量は一定レベル以上にはならなかった。

遺伝子の発現制御は，細胞内のタンパク質性制御物質がエンハンサーに結合して行われる。もし，上記の現象が，タンパク質性制御物質が細胞内に充分無いために引き起こされたものなら，外部からタンパク質性制御物質を補充すれば，9コピー以上の導入rEIの発現増加が望めるはずである。

そこで，Davis とMacDonald は，250コピーのrEIを持つマウスと，同じrEIエンハンサーに支配されたヒト成長ホルモン（hGH）遺伝子を7コピー持つマウスとの雑種をつくり，rEIとhGHの発現を調べた。この雑種マウスは，合計257コピーのrEIエンハンサーを持つにもかかわらず，hGHは，親であるhGHのみを持つマウスと同じレベルのメッセンジャーRNAを合成した。

この結果は，細胞内には，rEIエンハンサーを活性化するタンパク質性制御物質が，257コピーに充分なだけあることを示している。

また，導入したラットEIの構造遺伝子と類似しているマウスのEIの発現は，rEI トランスジェニックマウスでは抑制されていることから，マウスにはメッセンジャーRNAの量を調節する機構があり，これが働いて，9コピー以上のトランスジーンがあっても，メッセンジャーRNAの量は一定レベルに抑えられているものと考えられた。

3.6　Site effect

完全な構造遺伝子，プロモーター，エンハンサーが揃ったDNAを導入しても，このトランスジーンが発現するマウスは，得られたトランスジェニックマウスの3分の1程度に過ぎない[16]。また，これらのマウスのトランスジーン発現レベルも，マウスごとに異なる（表4・1）。

この現象はsite effect と呼ばれ，注入した遺伝子が染色体のどこに組み込まれたかによってトランスジーンの発現が左右されるためで，どの遺伝子でも見られる。

表4・1　メタロチオネイン制御系に支配されたヒト成長ホルモン（hGH）遺伝子の発現[16)]

トランスジェニックマウス	細胞当りの遺伝子数	肝臓中のhGHメッセンジャーRNA（分子数/細胞）	血清中のhGH（ng/ml）	野生型マウスの成長（1.00）に比した成長率
CS 7 - 173 - 2 ♀	455	902	9,600	1.82
CS 7 - 173 - 3 ♂	405		120	1.43
CS 7 - 168 - 5 ♂	91	15	90	1.26
Hyb - 194 - 2 ♀	47.3		＜l.d.	0.96
Hyb - 182 - 3 ♂	45		3,700	1.67
Hyb - 182 - 2 ♀	44		64,000	1.30
CS 7 - 168 - 6 ♀	38.5		3,500	(1.74)
Hyb - 185 - 2 ♂	34		80	1.24
CS 7 - 167 - 2 ♀	18.5		4,600	(1.55)
Hyb - 186 - 4 ♀	18		8,200	2.14
Hyb - 197 - 3 ♀	12.2		25	0.96
CS 7 - 168 - 2 ♀	11.7		100	1.30
Hyb - 184 - 5 ♂	10.4		520	1.70
Hyb - 186 - 3 ♀	10.2	2	80	1.34
CS 7 - 167 - 5 ♂	6.8		10	1.13
Hyb - 180 - 1 ♂	6.3		3,000	1.55
CS 7 - 168 - 4 ♀	6.1		45	1.20
Hyb - 198 - 3 ♀	6.1		190	1.02
Hyb - 186 - 5 ♂	4.1		6,500	(1.95)
Hyb - 186 - 1 ♂	3.5		2,900	(1.84)
Hyb - 198 - 2 ♀	2.6		100	(2.16)
Hyb - 182 - 4 ♀	2.3		1,200	0.97
Hyb - 184 - 1 ♀	2.0		250	2.37
Hyb - 184 - 7 ♀	2.0		30	0.96
CS 7 - 161 - 1 ♀	1.6		40	1.29
Hyb - 194 - 3 ♀	1.4		＜l.d.	0.93
Hyb - 194 - 6 ♂	1.4		＜l.d.	0.99
Hyb - 194 - 8 ♀	1.3		80	1.03
CS 7 - 168 - 3 ♀	1.2		75	1.52
Hyb - 184 - 2 ♂	1.1		275	2.03
CS 7 - 170 - 1 ♂	0.9		＜l.d.	0.87
Hyb - 194 - 4 ♂	0.9		60	1.01
Hyb - 197 - 5 ♀	0.9	1	20	1.77

＜l.d.；検出限界（10ng/ml）以下

感染法で導入されたM－MuLV（Moloney leukemia virus）DNAは，組み込まれた染色体上の位置によって，胚の段階で活性化されるもの，出生後活性化されるもの，マウスが成熟してから活性化されるもの，老化にともなって活性化されるもの等，さまざまなマウスが得られた[17)]。

この現象も，site effectによるもので，トランスジーンの構造は変わらない。

3.7　Site effectの解決法

Site effectの解決の糸口は，ヒトの遺伝病の解析から得られた。以下，これについて少し詳しく述べる。

ヒトβ－グロビン遺伝子の変異に基づく血液病は，分子レベルでの解析が進んでいる。その結果，ヒトβ－グロビン遺伝子の正常な発現には，構造遺伝子，グロビンに特異的なプロモーター，負の制御に働くプロモーター，遺伝子そのものの中にあるエンハンサー，それに，3′下流域にあるもう1つのエンハンサーが必要であることが判明していた。特に，3′下流域のエンハンサーは，発生時期特異的に働くことが知られている。

そこで，これらの構造遺伝子，プロモーター，エンハンサーをセットにしたDNAを導入したトランスジェニックマウスが作出されたが，得られたどのマウスも，マウスが本来持っているβ－グロビン遺伝子のレベルにまでトランスジーンを発現しなかったことから，ヒトβ－グロビン遺伝子を完全に発現させるためには，さらに別のDNA塩基配列が必要なものと推察された。

このDNA配列がどのようなものかに関するヒントは，ヒトの遺伝的な血液病，Dutch thalassemiaのDNA解析から得られた。

すなわち，Dutch thalassemia の患者から採取されたDNAを解析した結果，β－グロビンの構造遺伝子，プロモーター，負に働くプロモーター，2つのエンハンサーは正常だったが，5′側上流域で100 kbも離れた部分が欠失していた[18]。

一方，染色体の解析から，遺伝子の活発な発現にともなって，その遺伝子の周辺に，DNA分解酵素（DNase I）に特に感受性の高い配列が見られることが知られていた。このような配列は，遺伝子に特異的であり，ヒトβ－グロビン遺伝子の場合は，図4・5に示すように，5′側上流域に5カ所，3′側下流域に1カ所見出されている。

F. Grosveldらは[19]，この点に着目し，これら6カ所のDNase I超感受性領域を，上記のヒトβ－グロビン遺伝子のセットにつなげた，38kbに及ぶDNAを導入したトランスジェニックマウスを作り，ヒトβ－グロビンの発現をそのメッセンジャーRNA量で調べたところ，すべてのトランスジーンが発現していた（表4・2）。

さらに，マウス本来のα－グロビンのメッセンジャーRNA量で，トランスジーンのメッセンジャーRNA量を補正したところ，導入したヒトβ－グロビン遺伝子のおのおのが，それぞれ同等の量のメッセンジャーRNAを合成することが判明した。

この5′側上流域と3′側下流域のどの部分が必要かは，今後の詳しい解析を待たなければならないが，少なくとも，この領域をつなげたDNAには，β－グロビン遺伝子を完全に発現させるすべての条件が揃っていることを意味する。

この発現に使われたDNase Iに超感受性を示す配列を含むDNAは，β－グロビンを発現する

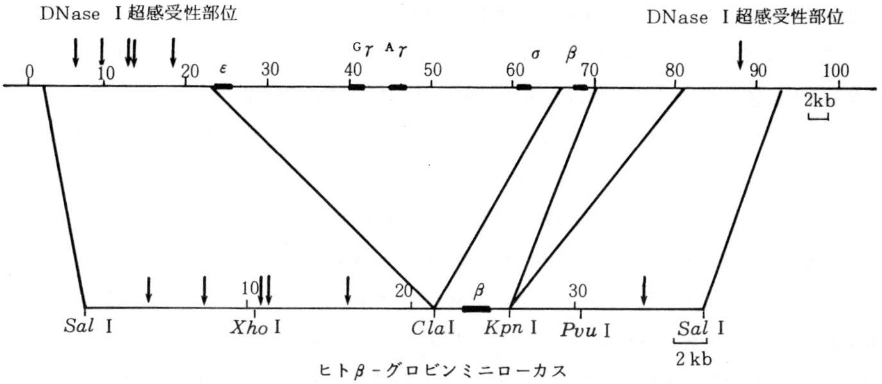

図4・5　ヒトβ－グロビンミニローカスの構築[18)]

表4・2　ヒトβ－グロビン遺伝子のトランスジェニックマウスでの発現[19)]

Mouse No.	A	B	C
12	1.0	1.0	1.0
17	42.0	47.2	0.9
21	N.D.	＞100	N. D.
24	0.3	Chimera	N. D.
27	10.2	11.8	0.85
33	0.5	0.5	1.0
36	10.1	8.7	1.15
38	＜0.1	0.4	＜0.25
40	7.9	7.2	1.1
Hull cell line	0.3	0.5	0.6

A．ヒトβ－グロビン（β）メッセンジャーRNAとマウスα－グロビン（α）メッセンジャーRNAの量比。
B．導入されたヒトβ－グロビン（β）遺伝子とマウスThy－I遺伝子とのコピー数の比。
Thy－I遺伝子は，マウスの染色体あたり1コピー存在する。
C．導入されたヒトβ－グロビン遺伝子1コピー当りに合成されたメッセンジャーRNAの比。
N.D.；測定できず，Chimera；ヒトβ－グロビン遺伝子についてモザイク

赤血球系統の細胞に特異的なものであるが，もし，他の細胞，あるいは他の遺伝子での発現にも適用できるなら，このフラグメントをつなげることによって，常にトランスジーンを発現させることが可能になろう。

3.8　継代に伴う発現変化

動物細胞の染色体は，父親由来の染色体と母親由来の染色体が対になっている。遺伝子発現に関しては，両親のどちらから由来した染色体上にあるかによって，発現が異なる遺伝子のあることが知られてきており，“parental imprinting”と名付けられている。

近年，外部から導入した遺伝子についても，そのトランスジーンが父親から伝わった時にのみ発現するケースが，トランスジェニックマウスにおいて何例か報告された[20]。

(1)　トランスジェニックマウスにおける parental imprinting の例

RSV（Rous sarcoma virus）のLTRに制御されたc－*myc*遺伝子（図4・6）を導入して，約10コピーのc－*myc*が染色体上の一カ所にhead－to－tailのタンデム構造で組み込まれたトランスジェニックマウスが得られた[20]。これを野生型マウスとかけあわせて，得られた子マウスでのc－*myc*の発現を調べたところ，トランスジーンの構造は変化せずに伝わっていた。

次に，このトランスジーンをもつ雄を野生型とかけあわせて得られた子マウス，すなわち，トランスジーンを父親から伝えられた子マウスについて，その発現を調べたところ，導入した遺伝子は，例外なく心臓で発現していた。ところが，同じトランスジーンを母親から伝えられたマウスは，すべて，心臓だけではなく，他の臓器でもトランスジーンを発現していなかった（表4・3）。

同様の現象が，筋肉で特異的に発現するトロポニンＩ（TNI）遺伝子を導入したマウスでも[21]，免疫グロブリンのエンハンサーに支配されたクロラムフェニコールアセチルトランスフェラーゼ（CAT）遺伝子導入マウスでも見られた[22]。

いずれの場合にも，トランスジーンは，父親から受け継いだ時にのみ発現する。

(2)　parental imprinting の特徴

parental imprinting の特徴は，父親から受け継いだトランスジーンを発現している娘マウスから生まれた子どもでも，そのトランスジーンは発現しないのに対して，そのトランスジーンが発現していない雄から生まれた子どものトランスジーンは発現していることにある。

すなわち，トランスジースは精子由来の染色体上にある場合には発現するが，卵子由来の染色体上では発現できない。

しかし，この反応は可逆的で，卵子由来の染色体で不活化されたトランスジーンも，その後の世代で精子を経ることで，活性化される。

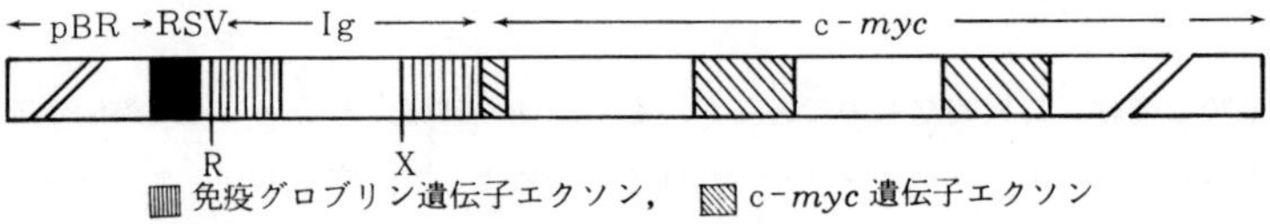

図4・6　c－*myc*を心臓特異的に発現するトランスジーン[20]

表4・3　トランスジーンの発現と両親の影響[20]

両親		子でのトランスジーンの発現	
母親	父親	発現した個体数	発現しない個体数
TG	Non-TG	0	42
Non-TG	TG	20	0
TG	TG	6	9

TG，トランスジェニックマウス
Non-TG，野生型

表4・4　トランスジーンのメチル化と両親の影響[20]

両親		子のトランスジーンのメチル化		
母親	父親	低メチル化型	メチル化型	混合型
TG	Non-TG	0	59	0
Non-TG	TG	50	0	0
TG	TG	10	55	19

TG，トランスジェニックマウス
Non-TG，野生型

(3)　メチル化の影響

上記の3例のいずれにおいても，この可逆的な遺伝子発現の不活化が，遺伝子のメチル化と密接な関係にあることが示されている（表4・4）。

すなわち，トランスジーンが精子由来の染色体上にある時，トランスジーンはあまりメチル化されておらず，卵子を経ると，充分にメチル化される。この現象は，トランスジーンの発現と一致する。

以上の結果から，この可逆的な機構は，次のように説明される。

染色体上のある部分に組み込まれたトランスジーンは，卵子由来の場合には，その生殖過程でメチル化されて，そのまま体細胞に分布するので，発現しない。その個体が雄の場合，精子形成から受精初期の段階で，トランスジーンからメチル基がはずされることによって活性化され，その個体では発現する。

なお，1989年になって，メチル化によって発現を阻害されているトランスジーンを活性化する方法が報告された[23]。

肝炎ウイルスB型表層抗原（HBs）遺伝子は，マウスでは，メチル化されて発現されなかったが，このマウスにメチル化阻害剤5－アザシチジンを注射することによって，このトランスジーンのメチル化を抑制し，発現させることに成功したもので，同様の発現阻害をうけたトランスジーンにも適用されていくことが考えられる。

文　　献

1) J.W.Gordon：*Mol. Cell. Biol.*, **6**, 2158 (1986)
2) R.Jaenish *et al.*：*Cold Spring Harbor Symp. Quant. Biol.*, **50**, 439 (1985)
3) A.Elbrecht *et al.*：*Mol. Cell. Biol.*, **7**, 1276 (1987)
4) T.Ninomiya *et al.*：*Agr. Biol. Chem.*, **52**, 2537 (1988)
5) T.M.Wilkie *et al.*：*Dev. Biol.*, **113**, 9 (1986)
6) T.M.Wilkie, R.D.Palmiter：*Mol. Cell. Biol.*, **7**, 1646 (1987)
7) M.Hoshi *et al.*：*Jpn. J. Anim. Reprod.*, **35**, 50 (1989)
8) J.W.Gordon：*J. Exp. Zool.*, **228**, 313 (1983)
9) T.Ninomiya *et al.*：*Agr. Biol. Chem.*, **53**, 369 (1989)
10) R.D.Palmiter *et al.*：*Cell*, **36**, 869 (1984)
11) R.D.Palmiter *et al.*：*Nature*, **300**, 611 (1982)
12) M.Shani：*Mol. Cell. Biol.*, **6**, 2624 (1986)
13) R.L.Brinster *et al.*：*Proc. Natl. Acad. Sci. USA*, **85**, 836 (1988)
14) J.P.Simons *et al.*：*Nature*, **328**, 530 (1987)
15) B.P.Davis, R.J.MacDonald：*Genes & Dev.*, **2**, 13 (1988)
16) R.D.Palmiter *et al.*：*Science*, **222**, 809 (1983)
17) R.Jaenish *et al.*：*Cell*, **24**, 519 (1981)
18) R.Taramelli *et al.*：*Nucleic Acid Res.*, **14**, 7017 (1986)
19) F.Grosveld *et al.*：*Cell*, **51**, 975 (1987)
20) J.L.Swain *et al.*：*Cell*, **50**, 719 (1987)
21) C.Sapienza *et al.*：*Nature*, **328**, 251 (1987)
22) W.Reik *et al.*：*Nature*, **328**, 238 (1987)
23) K.Araki *et al.*：*Jpn. J. Cancer Res.*, **80**, 295 (1989)

第５章　遺伝子発現制御系

1　遺伝子発現（制御）系の研究

導入遺伝子の発現系に関する研究は，多くの遺伝子系について，活発な研究がなされてきている。

この種の研究には，多くのトランスジェニック動物個体が必要なため，大部分はマウスでの成果だが，成長ホルモンに限っては，ブタやヒツジを使った研究成果も発表されてきている。

導入遺伝子発現制御系の研究は，クローン化されたDNAがそのまま使われており，動物個体のどの臓器で，いつ発現するかが，研究の中心課題となっている。成熟メッセンジャーRNAのコピーであるcDNAを，制御部分につなげて個体に導入する例も多い。

トランスジーンの発現検定は，そのトランスジーンに特有なメッセンジャーRNAの定量が，最も基本的なデータとなる。さらに，トランスジーンにコードされたタンパク質を，抗体法により，あるいは酵素活性等そのタンパク質に特有な生物活性により，検定することも行われるが，この方法では，調べようとする制御系に応じて，異なった産物の検定法が必要となるので，一般に，検定に便利なCAT（chloramphenicol acetyl transferase）やβ-ガラクトシダーゼの構造遺伝子を，調べようとする制御系に連結し，CATやβ-ガラクトシターゼの酵素活性を定量して，制御系の活性を調べるという方法がとられる。

以上の方法では，動物を殺して，それから抽出物を得た上で，目的とする物質を定量しなければならない。

そこで，動物を殺さずに制御系を検定する目的で，ガン遺伝子を制御系につなぎ，発生時期や臓器に特異的な発ガンで，制御系の活性化特異性を調べる方法が行われている。この方法には，SV 40 T抗原遺伝子とc-*myc*遺伝子が多く使われる。

ガン遺伝子が発現しても，必ずしも発ガンするとは限らないが，制御系が働く組織では，SV 40 T抗原やc-*myc*が検出される。また，動物個体が発ガンしても，生殖能力を持つ個体を選別して，系統化することもできる。

2　細胞あるいは臓器に特異的な遺伝子発現制御系

2.1　はじめに ── 研究方法と課題 ──

この種の研究には，DNAを注入した受精卵から発生した個体(G_0)を直接調べる場合は少ない。まず，G_0をかけあわせて多くの子(G_1)をつくり，系統の保存を確保した上で，兄弟の分析を行う。

検体とする個体は，臓器ごとに分け，おのおのの磨砕物中の遺伝子産物を定量する。どの臓器について調べるかは，導入した遺伝子の研究課題に応じて，関連する臓器に限定して調べる場合が多い。

このため，ある臓器に特異的に発現することが知られている制御系も，さらに詳しく調べれば，他の臓器で発現している可能性は残されている。

遺伝子産物の定量法も，制御系の発現特異性を特定する際には，注意する必要がある。一般的に使われる，磨砕物中の遺伝子産物を定量する方法では，その臓器の一部の細胞で発現している産物は見落とされる可能性がある。また，血管や結合組織等，その臓器に特異的でない組織で発現している場合も考えられる。

臓器の組織切片をつくり，各細胞の中のメッセンジャーRNAやタンパク質を検出する方法で調べた結果は，より正確で，上記の問題も解決できるが，時間がかかり，多数のサンプルを処理できないため，磨砕物にトランスジーンの産物が検出された個体の臓器についてのみ，この方法を適用する場合が多い。

以下に記す特異的な遺伝子発現の制御系にも，上記の課題はつきまとう。

2.2　乳　　腺

乳汁に検出されるタンパク質の種類は多く，その量も多い(表5・1)。また，乳タンパク質遺伝子の発現は，ステロイドホルモンやペプチド性ホルモンに制御されるだけではなく，細胞間の相互作用によっても制御される。さらに，乳タンパク質の合成は，合成細胞が受ける，小胞に蓄積された乳汁の圧力によっても制御される(図5・1)。

このような複雑な制御機構に反応して遺伝子発現を支配する塩基配列の研究材料として，MMTV(mouse mammary tumor virus)が注目されていた。MMTVに感染したマウスは，雌が出産して乳汁分泌を始めた時期に，乳腺腫瘍をつくるため，発生時期と臓器特異性を担う遺伝子発現制御系として適切な材料と考えられたのである。

しかし，後述するように，MMTVは，トランスジェニックマウスでは，乳腺細胞特異性を示さなかった。

表5・1　乳汁中のタンパク質とその濃度[1)]

	乳汁中の濃度（g/ℓ）			
	ウシ	ヒツジ	ネズミ	ヒト
カゼイン			7	
α_{S1}	10	12	}	0.4
α_{S2}	3.4	3.8		
β	10	16		3
κ	3.9	4.6		1
主要乳清タンパク質				
α－ラクトアルブミン	1	0.8	微量	1.6
β－ラクトグロブリン	3	2.8	なし	なし
乳清酸性タンパク質	なし	なし	2	なし

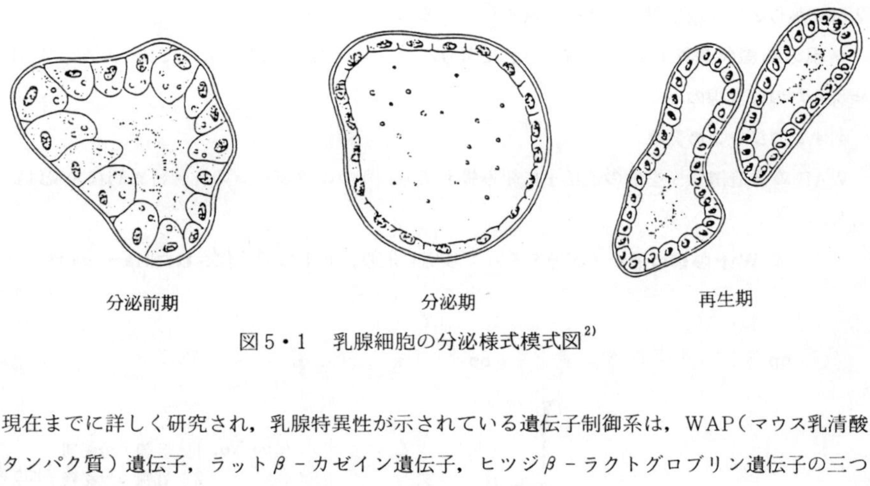

分泌前期　　分泌期　　再生期

図5・1　乳腺細胞の分泌様式模式図[2)]

現在までに詳しく研究され，乳腺特異性が示されている遺伝子制御系は，WAP（マウス乳清酸性タンパク質）遺伝子，ラットβ－カゼイン遺伝子，ヒツジβ－ラクトグロブリン遺伝子の三つである。

以下，これらの遺伝子の構造および，この系を用いた異種遺伝子の発現について紹介する。

(1)　マウス乳清酸性タンパク質（WAP）遺伝子

WAP（mouse whey acidic protein）は，マウス乳清の主要タンパク質で，妊娠後期から乳腺細胞での発現が増加し始め，出産後は，処女マウスの340倍もの量が合成される。

①構　造

WAPは，クローン化され，その構造が決定されている[3)]。構造遺伝子は，3つのイントロンに分断された4つのエクソンからなる比較的単純な構造をもつ（図5・2）。

5′側上流域－110から－140塩基対は，哺乳動物の乳腺タンパク質遺伝子に共通の塩基配列が

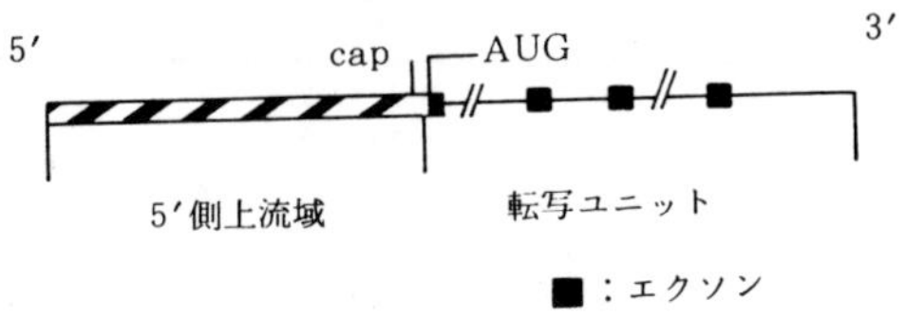

図5・2　乳清酸性タンパク質の遺伝子[3)]

あり，乳腺細胞に特異的なタンパク質がこの配列に結合し，乳腺特異的な遺伝子発現制御に関与している[4)]。また，泌乳期の雌マウスで特異的な発現を制御するのに必要な情報は，5′側上流の2,500から2,800塩基対内にすべて含まれている[5)]。

発現の組織特異性も詳しく調べられており，マウスを22の組織に分けて調べたが，WAPが発現したのは乳腺のみであった[5)]。

②オンコジーンの発現

WAPの構造遺伝子を他の遺伝子に組み換えても，トランスジーンの乳腺特異的な発現は変わらなかった。

たとえば，WAPの構造遺伝子部分をそっくり切り取り，ヒトの活性化されたHa－*ras*オンコジ

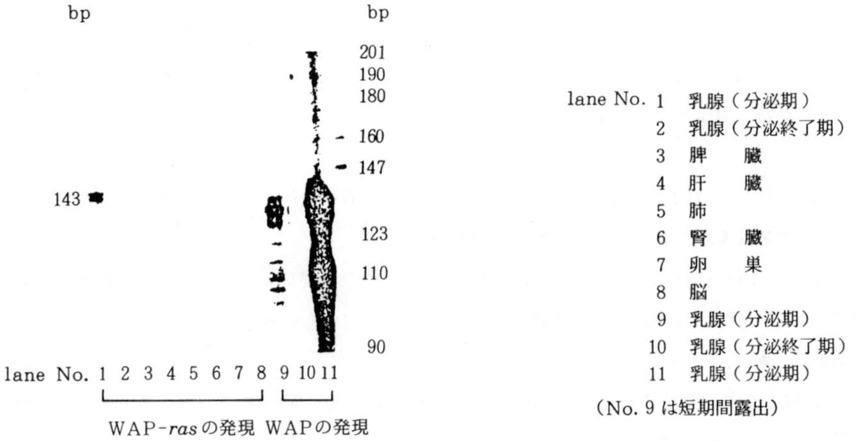

図5・3　WAP－*ras*の分泌期乳腺特異的な発現[5)]

ーンに入れ換えたDNAをマウスに導入したところ，4匹の雌トランスジェニックマウスが得られ，このうちの2匹の雌から得られた娘マウスで，泌乳期に，Ha-*ras*の発現がみられた[5]（図5・3）。

最初に得られた4匹の雌トランスジェニックマウスの他に，1匹の雄マウスが得られたが，この雄マウスでは，WAP/Ha-*ras*組換えDNAはY染色体に組み込まれていた。したがって，この雄マウスからは，雄のトランスジェニックマウスしか得られないが，この系統では，雄の乳腺を含む各臓器での発現はみられず，唾液腺でのみHa-*ras*の発現が観察された。なお，上記2系統の雌マウスでは，Ha-*ras*の唾液腺での発現はみられない。

Ha-*ras*の発現がみられた臓器，雌の乳腺と雄の唾液腺は，その後，腫瘍化したことから，トランスジーンは活性のある遺伝子産物を生産したことがわかる。

WAPの分泌期乳腺に特異的な発現は，WAPの構造遺伝子を，もう一つのオンコジーン，マウスc-*myc*につなげたトランスジーンでも確められた[6]。

c-*myc*の場合も，雌トランスジェニックマウスが泌乳する時期のみに，乳腺で発現した。また，このような雌の80％が乳腺腫瘍を発症したことから，c-*myc*も活性のある産物を合成していることが示された。一度ガン化した乳腺細胞は，導入した遺伝子のみではなく，β-カゼインをも常時合成するようになった。

③ヒトtPAの発現

WAPの構造遺伝子をヒトの血栓溶解因子（tPA）に入れ換えた場合も，ヒトtPAが乳汁分泌期の乳腺で合成される。

この場合，tPAは，乳腺で合成されるだけではなく，WAP同様，マウスの乳汁に分泌された[7),8]。このマウス乳汁中のヒトtPAは，ヒトで合成されるtPAと同様の活性がみられた。

なお，WAP/ヒトtPAを導入したマウスでは，上記のWAP/Ha-*ras*やWAP/c-*myc*とはいくぶん異なり，ヒトtPAが，舌，腎臓，舌下腺でも，微量ながら検出された。ただし，乳腺での発現とは異なり，妊娠，出産とは無関係に発現がみられた。

(2)　ラットβ-カゼイン（rBC）遺伝子

ラットβ-カゼイン（rat β-casein）遺伝子は，J. Rosenによって一貫した研究がなされている乳中タンパク質の遺伝子で，イントロンによって，9つのエクソンに分けられている（図5・4）[9]。

5′側上流域には，WAPにみられた乳腺細胞に特有のタンパク質が結合する塩基配列があり，マウスにこのDNAを導入すると，雌マウスは，このラット遺伝子を泌乳期に発現し，その産物はマウスの乳中に分泌される（図5・5）[9]。

ラットβ-カゼインの発現特異性に必要な塩基配列は，5′側上流域の500塩基対にすべて含まれているので，CAT遺伝子を，ラットβ-カゼイン遺伝子の最初のイントロン内に組み込めば，

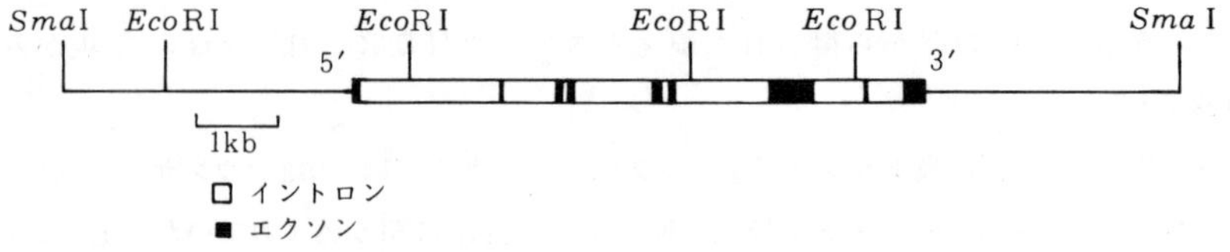

図5・4　ラットβ－カゼイン遺伝子の構造[9)]

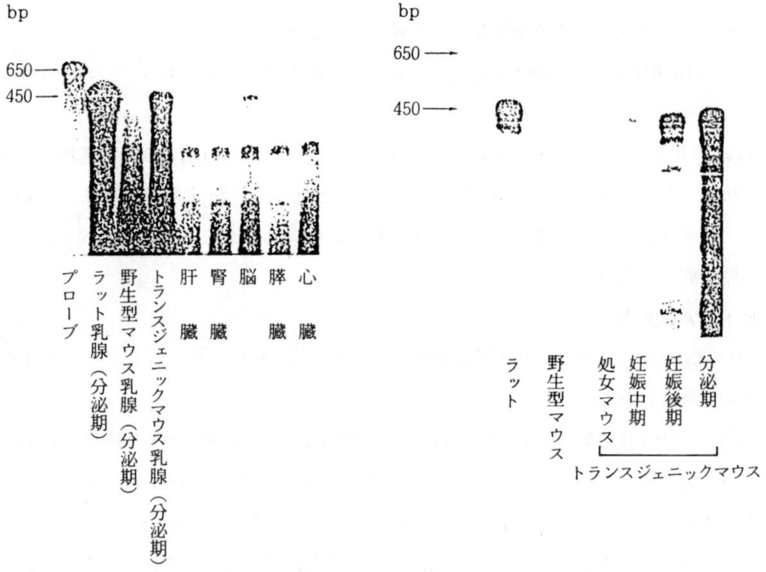

図5・5　ラットβ－カゼイン遺伝子の組織特異的，時期特異的発現[9)]
（ラットβ－カゼインメッセンジャーRNAの検出）

CAT遺伝子は，マウスの乳腺で，乳汁分泌期に特異的に発現する[10)]。

しかし，ラットβ－カゼイン/CATを導入した28匹のトランスジェニックマウスを解析した結果，CATは，泌乳期に，雌の乳腺で発現したが，CAT量はマウスによって数百倍の違いを生じた（表5・2）。これは，導入したDNAには，site effectを消去する塩基配列は含まれていなかったことを示す。

また，これらのトランスジェニックマウスの中に，乳腺のみではなく，胸腺でもトランスジー

表5・2　ラット β－カゼイン/CAT遺伝子の発現[10]

導入遺伝子の5′側上流域の長さ	マウス	コピー数	CAT活性*									
			乳腺	肝臓	脾臓	膵臓	腎臓	心臓	脳	胸腺	肺	唾液腺
−2,300 to +490	5482	40	2.45	<0.01	0.01	0.19	<0.01	<0.01	<0.01	1.85	<0.01	<0.01
	5494	40	17.95	<0.01	<0.01	<0.01	<0.01	<0.01	<0.01	3.15	<0.01	<0.01
	5514	8	0.39	<0.01	<0.01	<0.01	<0.01	<0.01	<0.01	0.52	<0.01	<0.01
	5536	10	2.15	<0.01	<0.01	<0.01	<0.01	<0.01	<0.01	0.24	<0.01	<0.01
	5644	8	2.87	0.05	<0.01	<0.01	0.05	0.02	<0.01	2.05	<0.01	<0.01
	2566	20	0.05	<0.01	<0.01	<0.01	<0.01	<0.01	<0.01	0.06	<0.01	<0.01
−524 to +490	5316	1	69.35	<0.01	0.06	<0.01	<0.01	0.09	<0.01	0.01	<0.01	0.90
	5172	2	0.15	<0.01	<0.01	<0.01	<0.01	<0.01	<0.01	<0.01	<0.01	<0.01
	5182	20	0.09	<0.01	<0.01	<0.01	<0.01	<0.01	<0.01	0.05	<0.01	<0.01
	5858	10	1.35	<0.01	<0.01	<0.01	<0.01	<0.01	<0.01	0.35	<0.01	<0.01

＊ 100 μgのタンパク質に含まれるクロラムフェニコールアセチル化活性。アセチル化物の変換率（％）で表示。

ンを発現するマウスがいた。このケースでは，WAP/ヒトtPAの場合と異なり，妊娠，泌乳に反応するが，乳腺での発現とは逆に，胸腺での発現量は，妊娠，泌乳期間で下がる。

(3)　ヒツジβ-ラクトグロブリン（sBLG）遺伝子

上記2例は，ネズミ（マウスまたはラット）の遺伝子をマウスで発現させた場合だが，ヒツジの乳清タンパク質の1つsBLG（sheep β－lactoglobulin）遺伝子（図5・6）も，マウスの乳腺で発現する[11]。

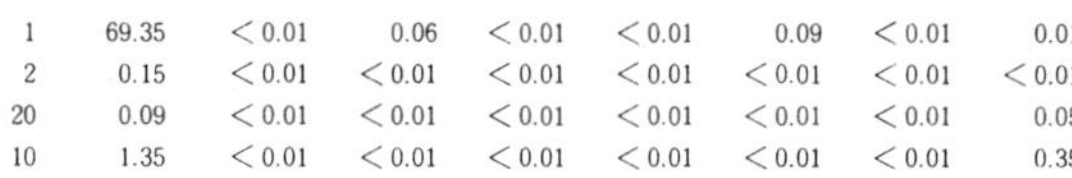

5′側上流域　転写ユニット＊　3′側上流域

＊たて線：エクソン部位

図5・6　ヒツジβ－ラクトグロブリン遺伝子の構造[13]

sBLGを，その構造遺伝子と共に，その上流域4,000塩基対と下流域3,000塩基対をつけてマウスに導入すると，マウスの乳腺細胞で，その泌乳期に特異的に発現し，マウスの乳中にヒツジの乳タンパク質が分泌される（図5・7）。

この結果は，種々の動物種のカゼイン遺伝子上流域の構造類似性から予測されたことではあった[11]が，異種動物の乳タンパク質遺伝子がマウス乳腺の制御機構に従うことを実験的に示したものとして重要である。

sBLGの乳腺特異的な発現に関与する塩基配列は特定されていない。しかし，ヒトの血液凝固因子IX遺伝子あるいはヒト α_1 アンチトリプシン遺伝子をsBLGの構造遺伝子部分に挿入したDNAを，ヒツジに導入すると，これらの遺伝子産物はヒツジの乳中に分泌される[12]ことが確めら

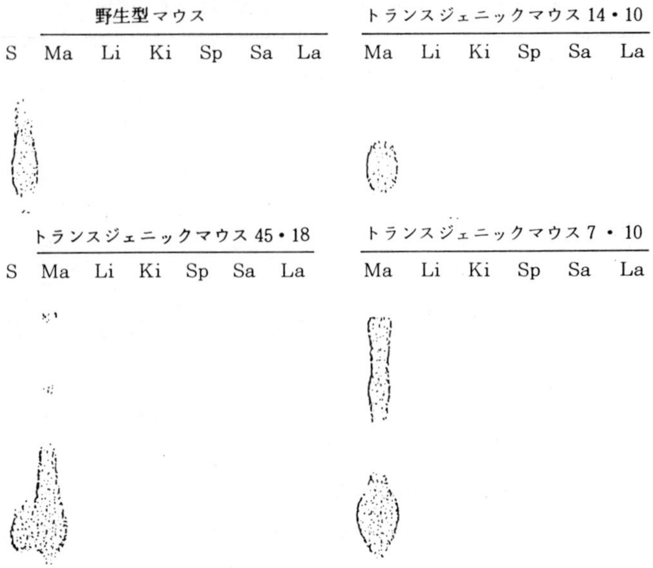

図5・7　ヒツジβ-ラクトグロブリン遺伝子のマウス乳腺での特異的発現[11]

マウス（Ma：乳腺　Ki：腎臓　Sp：脾臓
Li：肝臓　Sa：唾液腺　La：涙腺　　S：ヒツジ乳腺

れている。

2.3 膵　臓

膵臓は，消化酵素を分泌する外分泌腺と，ランゲルハンス島と呼ばれる内分泌細胞からなる。

外分泌腺で合成される酵素のうち，エラスチンを特異的基質とするプロテアーゼ，エラスターゼの組織特異的発現が調べられている。

一方，エンゲルハンス島の80％を占めるβ細胞が産生する血中ホルモン，インシュリンについては，膵臓特異性のみにとどまらず，β細胞特異性まで特定されている。

これらの遺伝子発現系について紹介する。

(1) インシュリン遺伝子

インシュリンは，膵臓の，しかもエンゲルハンス島のβ細胞に限定して合成される。ラット[13]あるいはヒト[14]のインシュリン遺伝子を導入したトランスジェニックマウスでも，トランスジーンは，β細胞に特異的に発現し，他の細胞での発現はみられていない。

すなわち，ヒトのインシュリン遺伝子を導入したトランスジェニックマウスの組織切片をつくり，インシュリンに特異的な抗体でインシュリン産生細胞を特定したところ，β細胞にのみヒトインシュリンが検出された（写真5・1）[14)]。検定に供した3匹のマウスは，それぞれ，異なったコピー数のトランスジーンを持つだけではなく，染色体上の組み込み部位も異なっていたが，発現のβ細胞特異性は変らなかった。

このヒトインシュリン遺伝子発現制御の特異性は，CAT遺伝子をヒトインシュリン遺伝子の上流域300塩基対の配列につないだDNAを導入したトランスジェニックマウスでも，確められている[14)]。

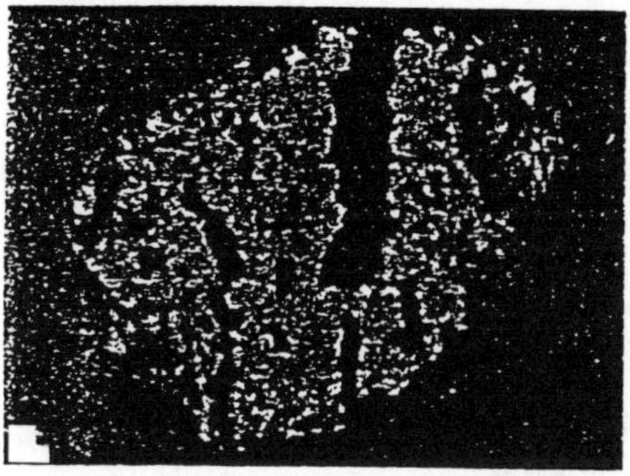

写真5・1　ヒトインシュリンに特異的な蛍光抗体で染めたトランスジェニックマウスの膵臓切片[14)]

また同様のβ細胞特異的なインシュリン遺伝子の発現は，ラットのインシュリン遺伝子でも確められた。

すなわち，ラットインシュリンⅡ遺伝子の5′側上流域にSV 40 T抗原の構造遺伝子をつないで（図5・8），マウスに導入すると，SV 40 T抗原がマウスのβ細胞にのみ検出されただけではなく，β細胞には腫瘍が発生した[15)]。

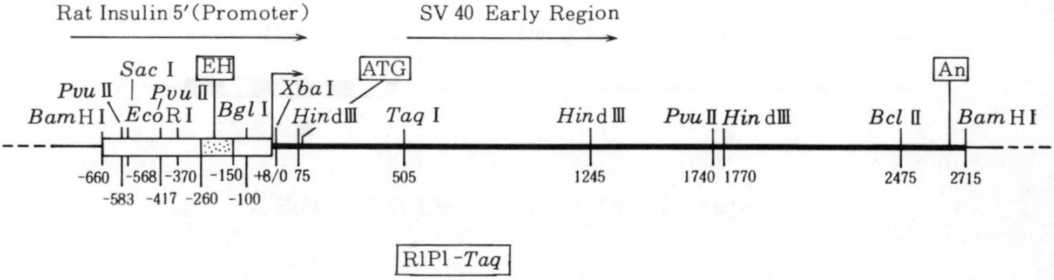

図5・8　ラットインシュリン発現制御領域に支配されたSV 40 T[15)]

(2)　エラスターゼ遺伝子

エラスターゼ（elastase）遺伝子の膵臓外分泌腺特異的な発現（写真5・2）と，その制御部分の解析は，R.L. Brinster のグループによって示された[16)]。

ラットエラスターゼ遺伝子（図５・９のa）の5′側上流域を，72塩基対から4,500塩基対までの種々の長さに切り，これにヒト成長ホルモン遺伝子（hGH）をつなげて（図５・９のb），マウスに導入し，得られたトランスジェニックマウスでのhGHの発現を調べた結果，5′側の－72から－205塩基対の間にエンハンサーが見出された[16)]。このエンハンサーは，これをさらに上流域，あるいはイントロン部分に導入しても，hGHの膵臓外分泌腺での発現特異性を支配する。

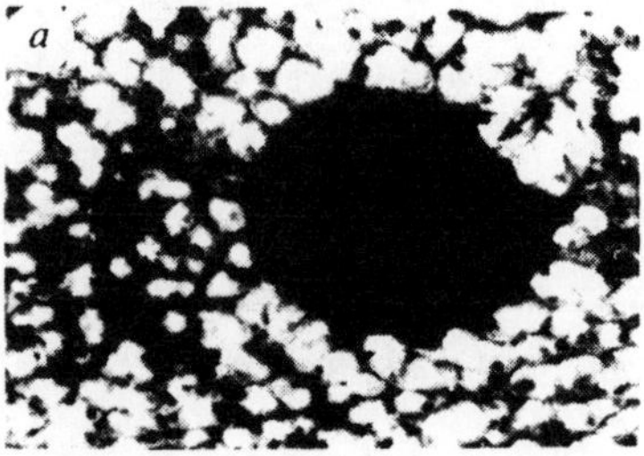

暗色部：ランゲルハンス島
明色部：ヒト成長ホルモンに特異的な蛍光抗体に染まった細胞

写真５・２　ラットエラスターゼⅠ制御領域に支配されたヒト成長ホルモン遺伝子の膵臓での発現[16)]

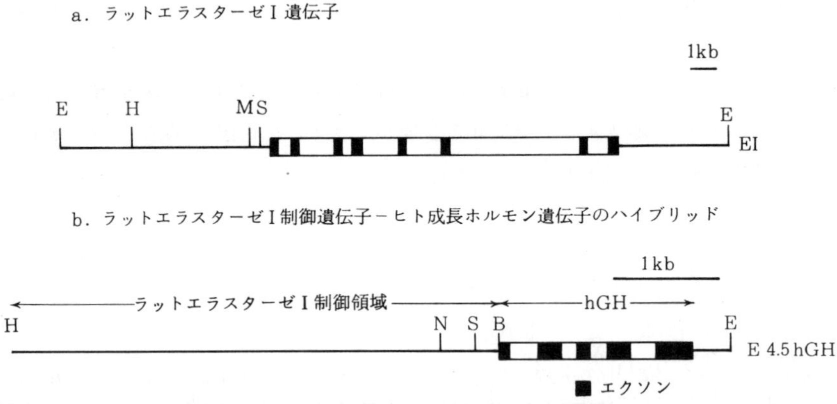

図５・９　ラットエラスターゼⅠ遺伝子の構造[16)]

さらに，SV40T抗原をラットエラスターゼⅠの制御部分につないだトランスジーンをもつマウスで，膵臓腫瘍が発生したことからも，ラットエラスターゼⅠ遺伝子の制御部分が，膵臓外分泌腺での発現特異性を強く支配することが確かめられた[17)]。

2.4　肝　　臓

トランスジーンとしてマウスの肝臓で発現することが確かめられた制御遺伝子は多いが，肝臓で発現を行わせる発現制御系では，多かれ少かれ，他の臓器での発現も起こる。

以下に述べる研究成果も，肝臓特異的というより，主として肝臓での発現を支配する制御系である。

(1)　ヒトα_1－酸性グリコプロテイン遺伝子

ヒトでは，3つのα_1－グリコプロテイン遺伝子が知られているが，血漿の主要なα_1－酸性グリコプロテイン（human α_1-acid glycoprotein）は，AGP－A にコードされる（図5・10）。[18]

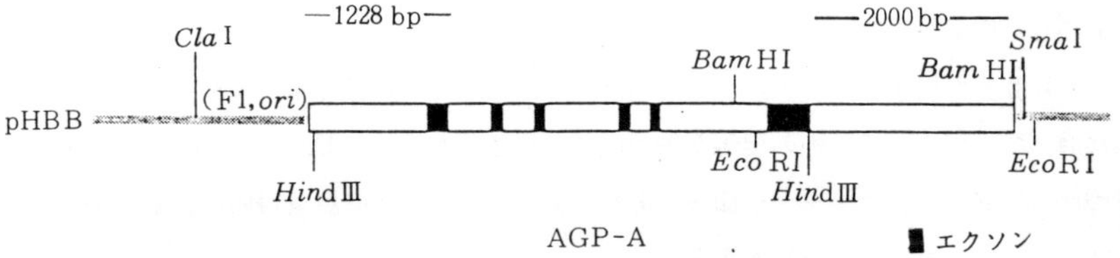

図5・10　ヒトα_1－酸性グリコプロテイン遺伝子[18]

ヒト AGP-A を導入したトランスジェニックマウスは，α_1－酸性グリコプロテインを，主として肝臓で発現し，その産物は血清に検出される。

α_1－酸性グリコプロテインの転写ユニットは，肝臓で，1,200 塩基対からなる 5′側上流域と，2,000 塩基対からなる 3′側下流域に挟まれた状態で発現することが見出されている[18]。

(2)　マウスアルブミン遺伝子

アルブミン（albumin）遺伝子は，α－フェトプロテイン遺伝子同様，胎児の肝臓で発現し始める。α－フェトプロテインは，胎児が出生後，急速に合成が低下するのに対し，アルブミンは，肝臓で一生合成され続ける。

トランスジェニックマウスを作出して，アルブミン遺伝子の発現制御を調べた結果，構造遺伝子から 10,000 塩基対以上もの長い上流域が，組織特異的な発現制御に必要だった（図5・11）。

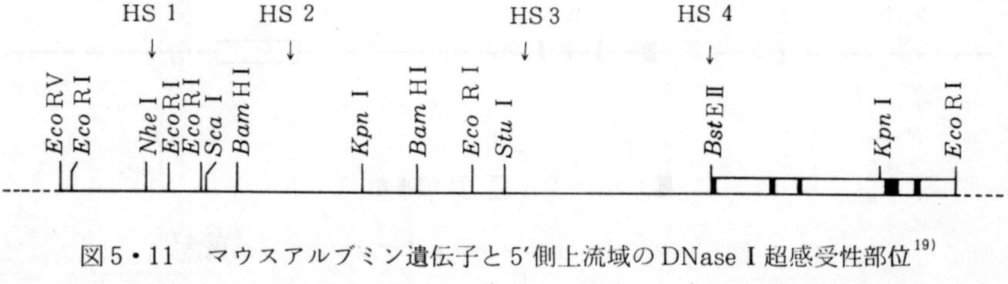

図5・11　マウスアルブミン遺伝子と 5′側上流域の DNase I 超感受性部位[19]

さらに，このマウスアルブミン遺伝子の発現制御領域に，ヒト成長ホルモン遺伝子をつなぎ，ヒト成長ホルモンを臓器特異的に発現させる制御領域を調べたところ，構造遺伝子から8,500塩基対も離れた5′側上流域に，制御配列が見出された[19]。

この配列は1,900塩基対の長さで，下流域の構造遺伝子を成熟マウスの肝臓で特異的に発現させるのに必須な構造だったが，構造遺伝子から，このアルブミン特異的な制御領域までの間の配列は，構造遺伝子の5′側に隣接する300塩基対以外は，すべて，肝臓での発現制御には不必要なことが判明した。

この1,900塩基対に含まれる制御領域は，アルブミンプロモーターとの位置関係，方向性ともに関係なく作用することから，エンハンサーに分類される。このエンハンサーは，アルブミンプロモーターに強く作用するが，アルブミン以外のプロモーターには作用しにくい特徴が見出された[19]。

なお，アルブミン遺伝子の発現制御領域に見出された4つのDNase Ⅰ超感受性配列のうち，1つはアルブミンプロモーター領域にあり，もう1つが1,900塩基対内に位置する[19]。

(3)　α_1-アンチトリプシン遺伝子

α_1-アンチトリプシン（α_1- antitripsin）は，血清中のタンパク質分解酵素阻害剤の主要成分で，主として肝臓で合成される。そのヒト遺伝子（図5・12）は，Piと名付けられ，染色体の14番に位置する[20]。

この遺伝子も，上記の肝臓発現遺伝子と同様，すでに，胎児の肝臓に発現がみられ，卵黄嚢でも発現する。なお，マウスのα_1-アンチトリプシン遺伝子の発現は，ヒト遺伝子に比べ，肝臓での発現特異性が高い。

ヒトのPiをマウスに導入すると，ヒトα_1-アンチトリプシンのメッセンジャーRNA量は，ヒトでの発現同様，マウスの肝臓で最大となっていた[20]。ただし，マウス本来のα_1-アンチトリプシンとは異なり，ヒトでの発現同様，腎臓，脳，胸腺等でも，少量ながら発現がみられた。

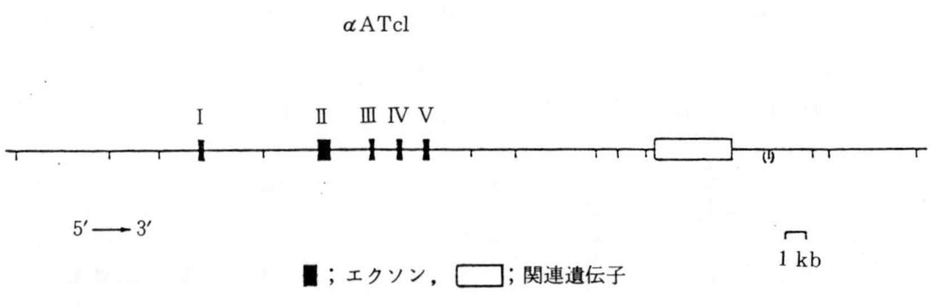

図5・12　ヒトα_1-アンチトリプシン遺伝子の構造[20]

このヒトPiに特徴的な発現制御部分は，5′側上流域2,000塩基対とPiの転写領域，3′側下流域をあわせて，14,400塩基対中にすべて含まれている[20)]。

2.5　脳・神経系

脳・神経系で発現する遺伝子のうち，神経繊維タンパク質遺伝子，ミエリンタンパク質遺伝子の他，脳腫瘍を起こすウイルス，SV40とJCウイルスの遺伝子の発現が，トランスジェニックマウスで調べられている。

ミエリンタンパク質遺伝子については，遺伝病の遺伝子導入による治療モデルとして使われ，成功しているので，後に改めて記す。

(1)　神経繊維タンパク質（NF-L）遺伝子

神経繊維タンパク質は，中枢神経系，末梢神経系を問わず，神経細胞に特徴的であるため，その遺伝子は，神経細胞のマーカー遺伝子として使われる。

ヒトからクローン化された21,500塩基対のNF-L（neurofilament L protein）構造遺伝子を含むDNA（図5・13）は，トランスジェニックマウスで神経組織特異的に発現するに充分な情報を備えていた[21)]。

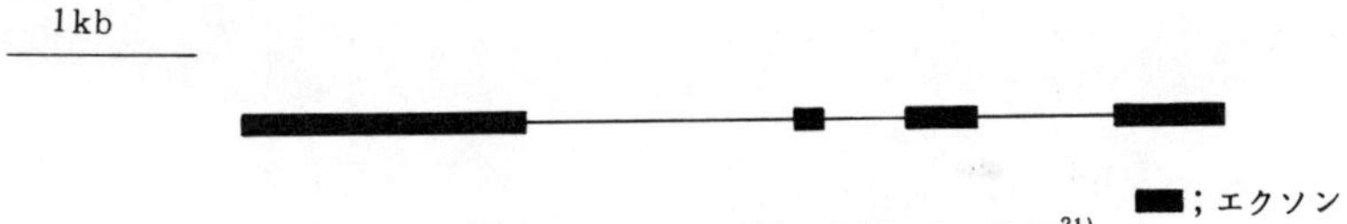

図5・13　ヒトNF-L遺伝子の構造[21)]

ヒトNF-L遺伝子を導入したマウスでも，ヒト同様，最大量のヒトNF-Lに特異的なメッセンジャーRNAが，脳神経系で検出された。

さらに，これらマウスの組織切片をつくり，神経繊維タンパク質に特異的な抗体を使って，このタンパク質を合成している細胞を特定したところ，ニューロンのみにこのタンパク質が検出され（図5・14），導入したヒトNF-L遺伝子の発現特異性が確認された[21)]。

(2)　SV40

SV40T抗原の構造遺伝子と，その発現制御遺伝子（プロモーターとエンハンサーからなる）をマウスに導入すると，そのトランスジェニックマウスは，大脳腫瘍を発症し，死に至る（表5・3）[22)]。

このトランスジーンは，マウスの生後14日頃から，少量ながら，大脳で特異的に発現するが，発現組織は病理学的には正常だった。生後40日頃から腫瘍が発生するにもかかわらず，トランスジーンの発現の増加はみられないが，その後，トランスジーンの活発な発現がみられ，脳の腫瘍も目立って発達し，生後100日前後で死に至る[22)]。

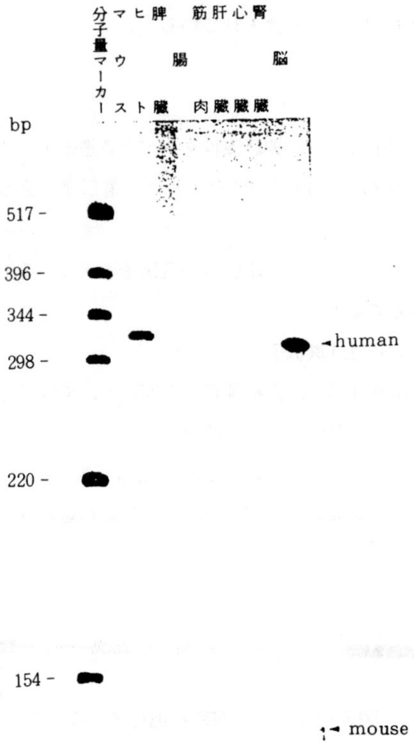

図5・14　ヒトNF-L遺伝子の脳特異的発現[21)]

このトランスジーンの発現時期と腫瘍発生部位，それに死亡時期は，トランスジェニックマウスの1系統から生まれた子マウス間での個体差は少なく，導入したSV40 T抗原遺伝子とその制御部分により，遺伝的に決定されていた。

(3)　JCウイルス

JCウイルスは，ヒトに広く検出されるウイルスで，その初期遺伝子領域(図5・15)は，SV40同様，JCウイルスのT抗原をコードし，JCウイルスT抗原のプロモーターとエンハンサーを含む[23)]。

この初期遺伝子領域をマウスに導入すると，胚発生に影響を与え，半分は死産するが，無事生れたトランスジェニックマウスも，生後14～16週頃から，ふるえが生じ，10カ月以内に死亡した[23)]。これらのマウスでは，JCウイルスT抗原のメッセンジャーRNAが脳で検出され，とくにミエリン産生細胞（oligodendrocyte）で顕著にみられた。

表5・3　SV 40を導入したトランスジェニックマウスの脳腫瘍[22]

日　齢	マウスNo.	脳の発生異常度	腫瘍サイズ(mm)
15	904	0	
15	905	0	
15	906	0	
21	1000	0	
28	896	0	
28	897	0	
36	982	0	
36	985	I	＜0.1
41	843	0	
41	844	I	＜0.1
42	956	II	0.3×0.9
49	957	I	＜0.3
56	890	III	0.8×1.5
56	949	IV	0.2×0.3
60	717	I	＜0.1
61	835	0	
61	838	II	0.3
70	848	I	0.2×0.7
71	787	II	0.4
71	790	II	0.5
77	841	II	0.2×0.4
77	840	IV	2.0×2.6
85	763	II	0.2×0.4
91	742	III	1.5×1.9
91	751	IV	3.3×4.0
98	744	IV	2.0×2.6
102	617	IV	1.0×1.5
110	556	IV	1.8×2.8

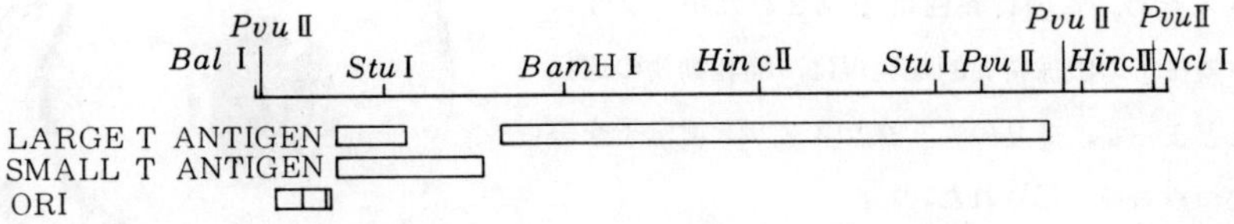

図5・15　JCウイルスの初期遺伝子領域[23]

JCウイルスが採取されたヒトの病巣は，ミエリン産生細胞が破壊され，ミエリン欠失状態になっていたが，JCウイルスを導入したトランスジェニックマウスも，ミエリンが欠失し，このため，成長するにしたがって，ふるえを生じたものと思われる[23]。

なお，このミエリン欠損は，中枢神経系に限定され，末梢神経系にはみられなかった。

2.6 眼　　球

マウスのクリスタリン(crystallin)遺伝子は，眼球でのみ特異的に発現する。

マウスα－クリスタリンの構造遺伝子を一部含む5′側領域，＋46から－366塩基対に，SV40 T抗原をつないでマウスに導入すると，マウスのレンズ発生時期と一致して，SV40 T抗原がクリスタリン産生細胞で合成され始め，眼球での腫瘍を生じた[24]。

クリスタリン遺伝子の眼球特異的発現は，同様に，マウスγ_2－クリスタリン遺伝子の発現制御領域でも示された[25]。

すなわち，マウスγ_2－クリスタリン遺伝子の5′側転写領域の一部を含む上流域，＋45から－759塩基対に，検出に便利なβ－ガラクトシターゼの遺伝子（*lac* Z)をつないで，マウスに導入した(図5・16)。そして，得られたマウスの組織切片中のβ－ガラクトシダーゼの活性を調べた結果，マウスγ_2－クリスタリンの制御遺伝子に制御された*lac* Zは，厳密にクリスタリン遺伝子発現細胞のみに検出され，その他の臓器，脳，心臓，腎臓，肝臓，脾臓には検出されなかった。

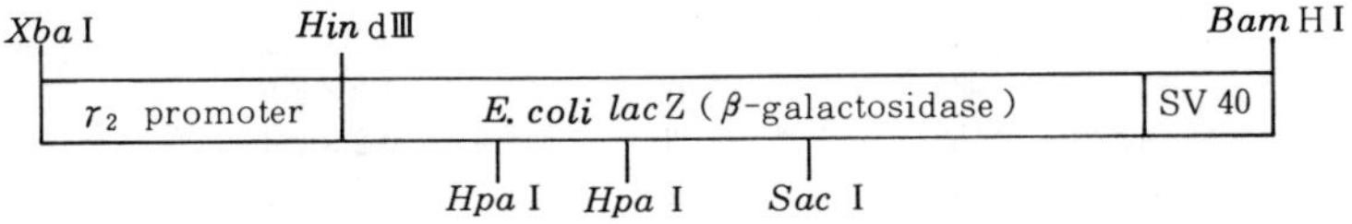

図5・16　眼球でβ－ガラクトシターゼを発現するトランスジーン[25]

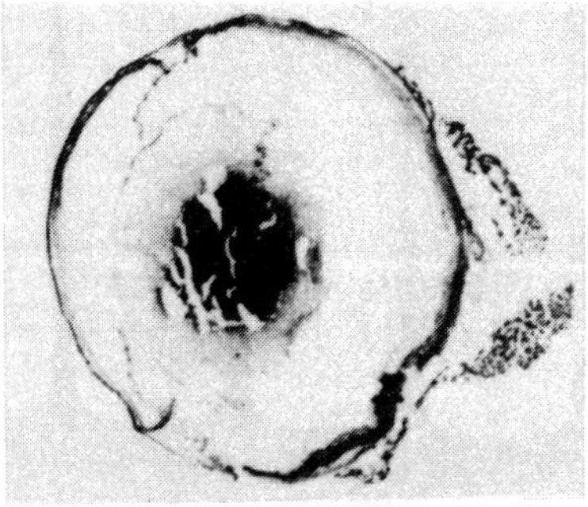

写真5・3　レンズ中心部に検出されたβ－ガラクトシダーゼ[25]

クリスタリン遺伝子は，分化の進んだ産生細胞で合成されるため，この特異性は予測されたが，クリスタリン遺伝子の眼球特異的な発現は，哺乳動物の遺伝子にとどまらず，トリのδ－クリスタリン遺伝子を導入したマウスでも示された。

すなわち，得られたトランスジェニックマウスは，2,500塩基対からなる5′側上流域とδ－クリスタリンの全構造遺伝子を，数十コピー持つ。免疫組織学的に発現細胞を特定したところ，マウスのレンズ組織で発現していたが，大脳の一部でも発現することが見出された[26]。

2.7　生殖系

生殖細胞は，減数分裂を経て半数体の染色体をもつことで，他の臓器細胞と際だった違いを示す。生殖細胞に特異的な発現制御系として，プロタミンが知られている。

プロタミン（protamin）は，精子に特徴的な塩基性タンパク質で，プロタミン遺伝子は，精子形成過程の減数分裂後期に発現する。この減数分裂期特異的な発現制限領域は，プロタミンの構造遺伝子の5′側上流域880塩基対に局在する[27]。

プロタミンの発現制御遺伝子部分は，マウスc－*myc*遺伝子の発現も，減数分裂期特異的に制御する[28]。すなわち，プロタミンの構造遺伝子部分をc－*myc*に入れ換えたDNAを導入すると，c－*myc*のメッセンジャーRNAは，減数分裂期の精原細胞でのみ検出される。

しかし，この発現制御遺伝子では，SV40 T抗原の発現は，完全に制御できない[27]。すなわち，プロタミン構造遺伝子をSV40 T抗原遺伝子に入れ換えたトランスジーン（図5・17）をもつマウスでは，SV40 T抗原のメッセンジャーRNAは，精原細胞で最も多く検出されるものの，他の臓器，胸腺，脳，心臓，性腺細胞でも検出された。

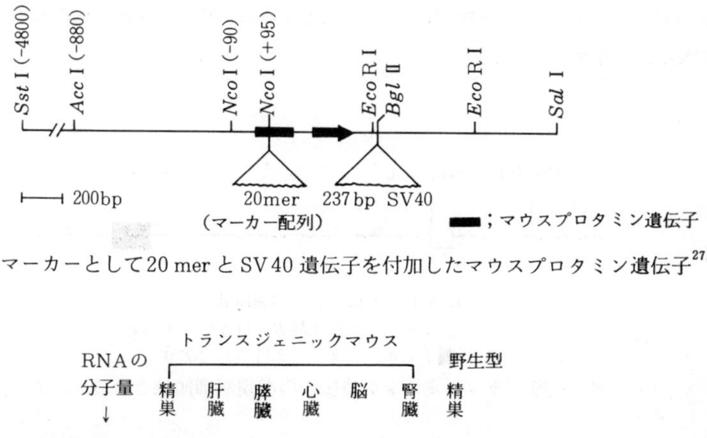

図5・17　検出マーカーとして20 merとSV40遺伝子を付加したマウスプロタミン遺伝子[27]

図5・18　マウスプロタミンⅠ遺伝子の精巣特異的発現[27]

2.8　筋　　肉

(1)　アクチン遺伝子

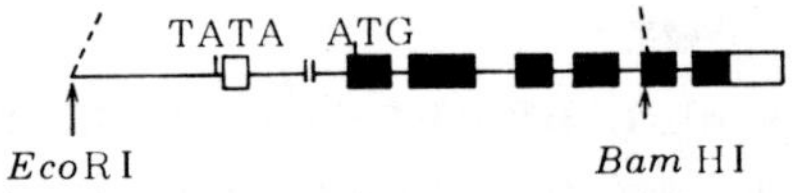

図5・19　ラット骨格筋アクチン遺伝子[29)]

ラットの骨格筋アクチン(actin)遺伝子(図5・19)は，骨格筋のみではなく，心筋でも発現する。

ラットの構造遺伝子と，その上流域730塩基対を含むDNAをもつトランスジェニックマウスは，ラットの骨格筋アクチン遺伝子を，ラット同様，マウスの骨格筋と心筋で特異的に発現した[29)]。トランスジーンの発現を，マウスの発生段階に応じて調べた結果，ラット骨格筋アクチン遺伝子の上流730塩基対は，発生時期特異的な発現を制御するのに充分な情報をも含んでいた[29)]。

なお，バクテリアのプラスミド由来の塩基配列を除くことは重要で，プラスミドDNAを除去しないと，アクチン遺伝子の発現が抑制されるだけではなく，骨格筋特異性もなくなる。

(2)　ミオシン遺伝子

ラットのミオシン(myosin)遺伝子(図5・20)も，マウスの骨格筋に特異的に[30)]，しかも発生時期特異的に[30)]発現し，この制御域は，5′側上流域1,200塩基対と3′側下流域1,000塩基対を含むDNAに局在する。

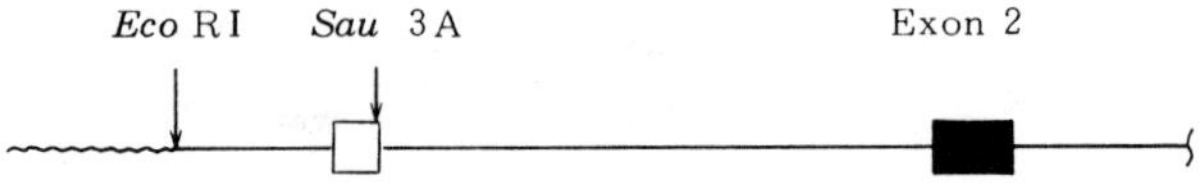

図5・20　ラットミオシン遺伝子の発現制御領域と構造遺伝子の一部[30)]

2.9　脳下垂体

マウス，ラットの成長ホルモン遺伝子は，染色体あたり1コピーで，脳下垂体のみで発現する。

ラットの成長ホルモン遺伝子の5′側上流部分に，ヒト成長ホルモンの構造遺伝子をつないで，マウスに導入すると，ヒト成長ホルモンは，脳下垂体でのみ発現した[31)]。

5′側上流域181塩基対の長さで，脳下垂体特異的な発現を制御することができるが，これを45塩基対に切りつめると，下垂体特異的な発現は消失することから，脳下垂体特異的な遺伝子発現制御機能は，5′側上流域－45から－181塩基対に含まれることがわかった(図5・21)[31)]。

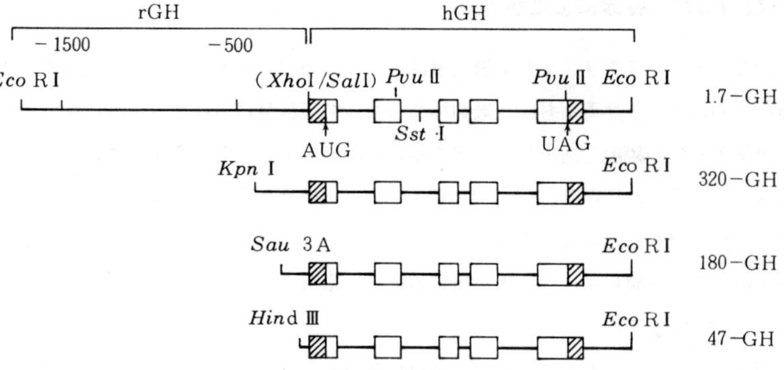

図5・21　長さの異なるラット成長ホルモン発現制御領域とヒト成長ホルモン構造遺伝子[31)]

3　複数の細胞・臓器にまたがる系

すでに記したチキンδクリスタリン遺伝子は，マウスの眼球のみではなく，大脳でも発現する。他の組織特異的な遺伝子発現系も，組織切片をつくって，微量に点在する細胞に注目したり，あるいは，遺伝子産物の鋭敏な検出法を採用することによって，主要な発現臓器以外に発現細胞が見つかる可能性は残されている。また，発生段階の一時期に漸定的に発現する組織も，調べ方次第では見落とされていることも考えられる。

この項で記す遺伝子発現系は，すでに複数の細胞，臓器で発現することが報告された例である。

(1)　ヒトPNMT遺伝子

ヒトPNMT（Phenylethanolamine *N*-methyltransferase）遺伝子は，ヒトの副腎と神経細胞に検出される。

ヒトPNMTの構造遺伝子2,100塩基対と，この5′側上流域2,000塩基対を含むトランスジーンは，マウスの副腎だけではなく，眼球でも，ヒトPNMTを発現した[32)]。

ヒトPNMT遺伝子の5′側上流域2,000塩基対に含まれる組織特異的発現制御部分は，SV40T抗原の発現をも制御し，SV40T抗原に特異的なメッセンジャーRNAは，マウスの副腎と眼球に特異的に検出された[32)]。

表5・4　RSV・LTRによるCAT遺伝子の臓器別発現[33)]

	各トランスジェニックマウスのCAT活性（μunit/mgタンパク質）				
臓器	1	5	2	3	4
四肢の筋肉	1,800	600	27,000	120,000	5,500
腹部の筋肉	740	ND	13,000	62,000	1,500
足	160	1	3,000	20,000	12,000
尾	32	70	625	160	22,000
胸骨	240	70	11,000	25,000	620
心臓	2	1	5,700	280	2,900
耳	1	1	100	1,100	240
血清	< 0.6	< 0.6	184	7	< 0.6
脾臓	< 0.6	< 0.6	300	56	1
肺	1	< 0.6	46	58	1
脳	< 0.6	< 0.6	150	270	3
胸腺	< 0.6	< 0.6	12	50	14
眼	< 0.6	< 0.6	16	154	12
腎臓	2	< 0.6	50	110	< 0.6
舌	2	1	155	190	35
腸	< 0.6	< 0.6	170	13	46
肝臓	< 0.6	< 0.6	38	37	6
精巣	< 0.6	ND	32	206	10

(2)　RSVのLTR

ラウスザルコーマウイルス（RSV）のプロモーター，エンハンサーを含むLTRに，検定に便利なCAT遺伝子をつないで，マウスに導入すると，腱，骨，筋組織に富む臓器で，CAT活性が検出された（表5・4）。そのうち，筋肉で，最も高頻度にトランスジーンの発現が見られ，心臓，尾，胸骨にも発現するが，脳，肝臓には，CAT活性は検出されなかった[33]。

(3)　HTLVのLTR

ヒトのウイルスHTLV－1（human T－lymphotropic virus type 1）のLTRは，トランスジェニックマウスの筋肉と胸腺で，支配下の構造遺伝子を発現させる（図5・22）[34]。

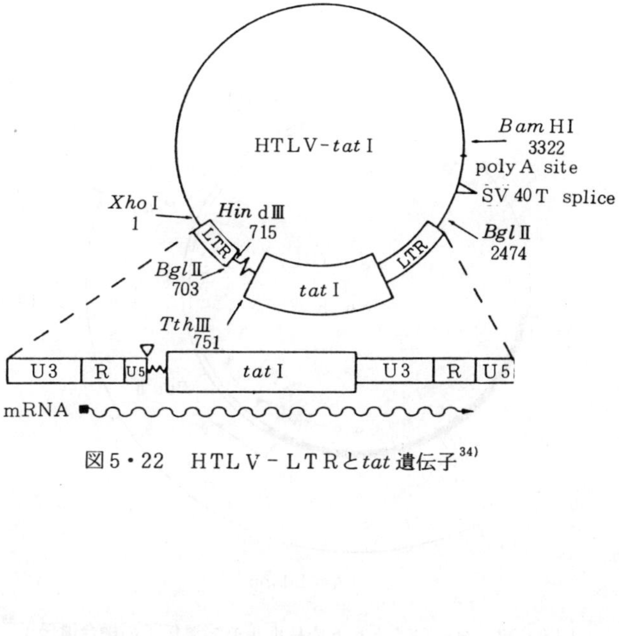

図5・22　HTLV－LTRと*tat*遺伝子[34]

4　全身で発現する系

クローン化はされたが，その遺伝子産物の機能が明らかになっていない場合，全身で発現させて，その個体への影響を調べる必要が出てくる。また，まだ試みられてはいないが，動物個体全体で生理活性物質を生産させられれば，動物をムダなく利用することができる。

このような観点からは，動物個体の全身で発現させる遺伝子制御系が貴重である。

(1)　マウス主要組織抗原遺伝子

マウスの主要組織抗原遺伝子の１つ，H－2Kの5′側上流域2,000塩基対に，ヒト成長ホルモンの構造遺伝子をつないで（図５・23），マウスに導入したところ，得られた13匹のトランスジェニックマウスは，すべて，血中にヒト成長ホルモンを分泌していた[35)]。

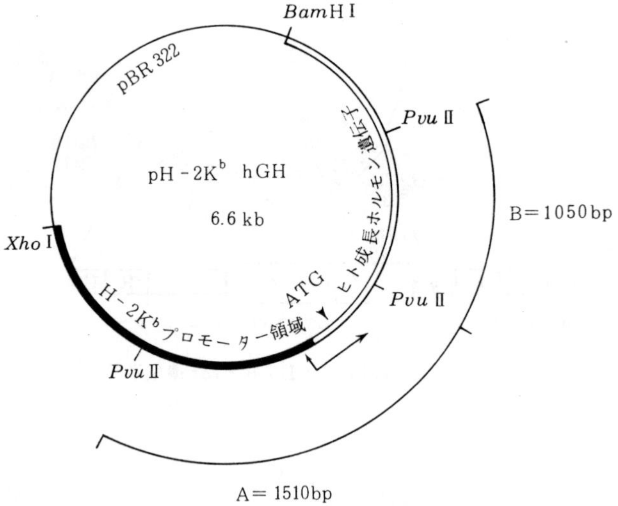

図５・23　H－2K^b とヒト成長ホルモン遺伝子の融合遺伝子[35)]

そこで，臓器別に，ヒト成長ホルモン遺伝子のメッセンジャーRNAを検定したところ，すべての主要臓器で検出された。また，マウス本来のH－2K遺伝子同様，ヒト成長ホルモン遺伝子は，肝臓，リンパ系臓器で特に強く発現し，筋肉，脳では弱い発現を示した（表５・5）[35)]。

主要組織抗原遺伝子の発現制御領域は，全身の臓器で，SV40T抗原の発現をも支配したが，SV40Tの作用で発ガンした臓器は限定されていた[36)]。そこで，この系により，ガン抗原の発現と，

表5・5　H－2K発現制御領域によるヒト成長ホルモンの発現[35)]

マウス	臓器別ヒト成長ホルモンメッセンジャーRNA量（肝臓の量を1とした量比）								
	肝臓	膵臓	胸腺	腎臓	心臓	腸	筋肉	唾液腺	脳
H－2K									
F1　36－	1	0.9	0.4	0.25	0.25	n.t.	0.10	0.08	0.01
F1　36＋	1	0.8	0.3	0.25	0.20	n.t.	0.10	0.03	0.01
hGH									
F1　36*	0.4	1	0.3	0.90	0.45	n.t.	n.t.	n.t.	0.01
F1　7	1	1.1	0.4	0.20	0.10	0.12	0.12	0.02	0.01
F1　16	n.t.	1	n.t.	n.t.	0.30	n.t.	n.t.	n.t.	0.06
F1　15	1	0.7	n.t.	n.t.	n.t.	n.t.	n.t.	n.t.	0.05
FO 35	1	0.7	n.t.	n.t.	0.16	n.t.	n.t.	n.t.	0.10

＊膵臓の量を1とした量比　　n.t.；not tested

F1 36－；野生型，F1 36＋；トランスジェニック

SV40T抗原によりガン化しやすい細胞とを識別することができた。

(2)　マウスメタロチオネインⅠ遺伝子

ヒト成長ホルモンの構造遺伝子を，マウスのメタロチオネインⅠ遺伝子の発現制御領域につないでマウスに導入すると，ヒト成長ホルモンのメッセンジャーRNAは，マウスの主要臓器すべてに検出された[37)]（表5・6）。

ヒト成長ホルモン遺伝子を，ヘルペスウイルス（HSV）のチミジンキナーゼ（TK）遺伝子に変えても[38)]，また，B型肝炎ウイルスのタンパク質遺伝子に変えても[39)]，これらの構造遺伝子は，同様に，肝臓，腎臓を中心とする全身の臓器で発現した。

(3)　ウイルスのLTR

ウイルス感染法で導入された遺伝子は，マウスの染色体に組み込まれた状態においては，ウイルスのLTRの制御では発現しにくい[40)]。

そこで，遺伝子を導入する時，この遺伝子をチミジンキナーゼ遺伝子の制御領域に

表5・6　マウスメタロチオネインⅠ遺伝子の発現とヒト成長ホルモン遺伝子の発現支配[37)]

臓器	マウス	細胞当りのMT－Ⅰ mRNA分子数	細胞当りのMThGH mRNA分子数
肝臓	C57-168-6♀	2560	818
	C57-167-2♀	2230	1240
	Hyb-186-1♂	2490	657
	Hyb-186-5♂	2310	990
腎臓	C57-168-6♀	680	4.6
	C57-167-2♀	283	0.9
	Hyb-186-1♂	139	93
	Hyb-186-5♂	203	5
腸	C57-168-6♀	681	33
	C57-167-2♀	381	28
	Hyb-186-1♂	378	5
	Hyb-186-5♂	377	22
心臓	C57-168-6♀	211	22
	C57-167-2♀	210	33
	Hyb-186-1♂	191	110
	Hyb-186-5♂	200	166
脳	C57-168-6♀	162	2.2
	C57-167-2♀	135	2.6
	Hyb-186-1♂	126	37
	Hyb-186-5♂	91	1
脾臓	C57-168-6♀	33	1.6
	C57-167-2♀	24	1.4
	Hyb-186-1♂	5	0.2
	Hyb-186-5♂	10	6
肺	C57-168-6♀	31	1.3
	C57-167-2♀	40	1
	Hyb-186-1♂	12	1
	Hyb-186-5♂	13	1
精巣	Hyb-186-1♂	166	56
	Hyb-186-5♂	169	113

つなげてからベクターウイルスに組み込んで，感染法でマウスに導入したところ，導入したネオマイシン耐性遺伝子は，チミジンキナーゼ発現制御系に支配され，マウスの全身の臓器で発現した（図5・24，図5・25）[41]。

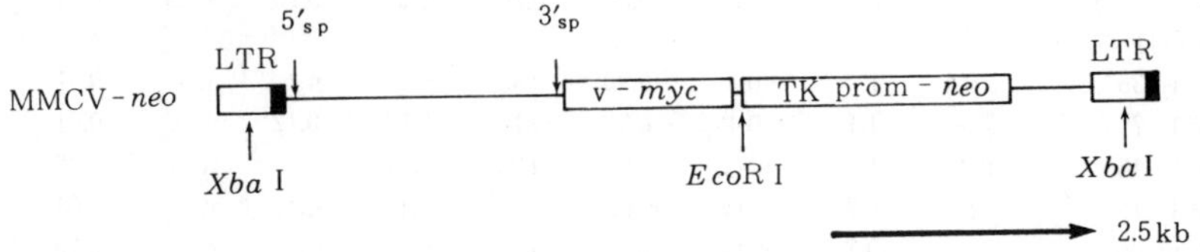

図5・24　内部プロモーター（TK prom）に支配されて発現するネオマイシン耐性遺伝子（*neo*）[41]

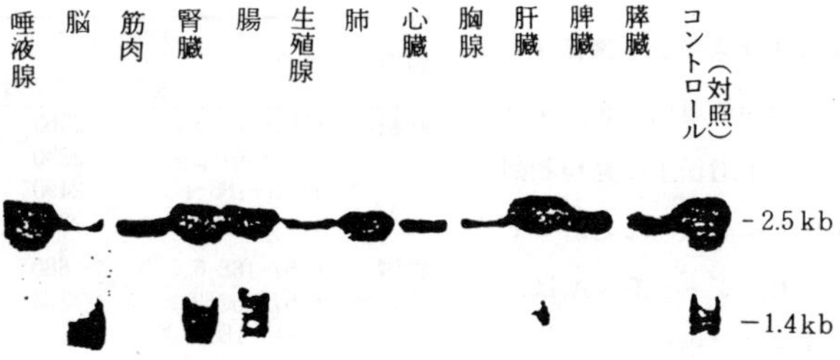

図5・25　内部プロモーターに支配された*neo*遺伝子のメッセンジャーRNA（2.5 kb）の臓器別発現[41]

しかし，ウイルスのLTRも，マイクロインジェクション法で動物個体に導入すれば，遺伝子発現制御活性を示す。

Mo - MSV（Molony murine sarcoma virus）のLTRに，マウスのc - *mos* 遺伝子をつないでマウスに導入すると，得られたトランスジェニックマウスの主要臓器すべてで，とくに眼球で，c - *mos* の発現がみられた[42]。

5　発現（臓器）特異性の変化

遺伝子の発現（臓器）特異性は，様々な要因によって変化することがある。以下それらを紹介する。

5.1　発生段階による変化

(1)　β－グロビン様遺伝子

ヒトのβ－グロビン様遺伝子は，ε，$^{G}\gamma$，$^{A}\gamma$，δ，βの5つが，この順序に，60 kbのDNA上に並んでいる（図5・26）。

これらの遺伝子はヒトの発生段階に応じて，おのおの組織特異的に発現する。εは胚性期の卵黄嚢で，$^{G}\gamma$と$^{A}\gamma$は胎性期の肝臓で，δとβは成熟したヒトの骨髄で発現する。

マウスにも，ヒトの胚生期，胎生期，成熟期に対応する遺伝子が群としてあり，それぞれ，胚生期の卵黄嚢，胎生期の肝臓，成熟期の脾臓と骨髄で発現する[43]。この発生段階による発現変化は，構造遺伝子に付随するDNAの発現制御領域に支配される[44]。

ヒトのγ－グロビン遺伝子を，その制御領域と共にマウスに導入すると，このトランスジーンはマウス胎生期の肝臓で特異的に発現し，また，ヒトのβ－グロビン遺伝子を導入したトランスジェニックマウスでは，ヒトβ－グロビンは，脾臓と骨髄で発現した[45]。

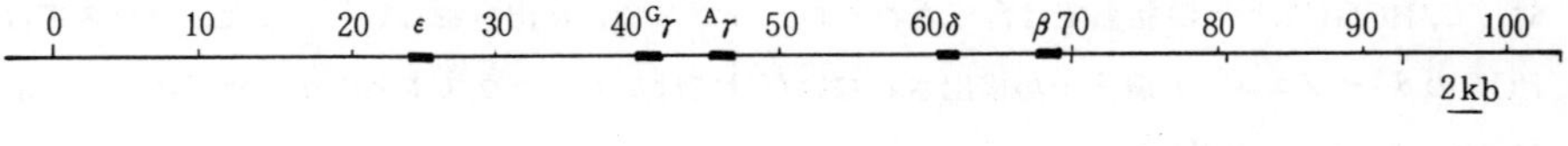

図5・26　ヒトβ－グロビン様遺伝子群の構造

(2)　その他

個体の発生の，ある時期に特異的に発現する遺伝子には，他に，α－フェトプロテイン，ホメオボックス遺伝子，等がある。

α－フェトプロテインは，母親の胎内にいる子に特有のタンパク質で，誕生後は，急速にそのメッセンジャーRNAの合成量が低下する[46]。マウスのホメオボックス遺伝子は，胚性期の腸で特異的に発現するが，成体では，精子形成過程の細胞で発現する。

5.2　宿主に依存する変化

ヒトの糖タンパク質ホルモンα－サブユニット遺伝子（図5･27）は，ヒトでは，脳下垂体と胎盤の２つの臓器で発現する。

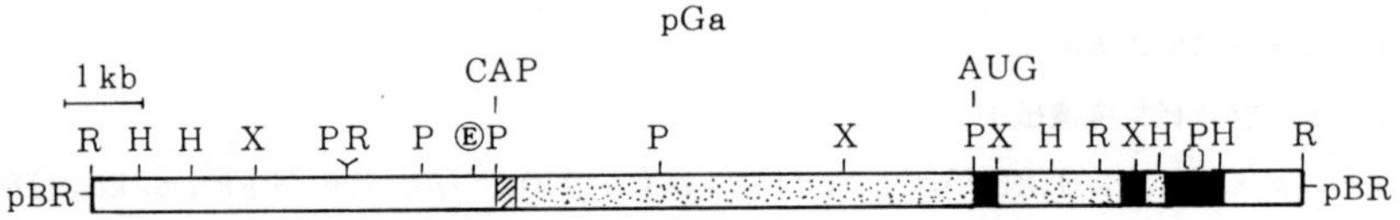

▨；第一エクソン，■；エクソン，▩；イントロン，□；遺伝子上・下流域
R；*Eco* RI，H；*Hin* dⅢ，X；*Xba* I，P；*Pst* I

図5・27　ヒト糖タンパク質ホルモンα－サブユニット遺伝子の構造

しかし，この構造遺伝子を，5′側上流域と3′側下流域数千塩基対と共にマウスに導入すると，マウスの脳下垂体では発現したが，ヒトとは異なり，胎盤での発現はみられなかった[47)]。

ヒト糖タンパク質ホルモンα－サブユニット遺伝子は，ヒトでは１コピーしか検出されない[48)]が，その発現産物は，糖タンパク質ホルモンと総称されるHCG（human chorionic gonadotropin），LH（luteinizing hormone），FSH（follicle- stimulating hormone），TSH（thyroid-stimulating hormone）に共通するタンパク質で，それぞれのβ－サブユニットと結合する。

LH, FSH　TSHは，脳下垂体で合成され，調べられたすべての哺乳動物に検出された[49)]のに対して，HCGは，ヒトの胎盤では合成されるが，マウスでは検出されない[47)]。また，マウスでは，HCGのβ－サブユニット遺伝子が検出されないだけではなく，マウス本来のα－サブユニット遺伝子も，胎盤では発現しない。

以上から，マウスの脳下垂体には，マウスのα－サブユニットだけではなく，ヒトのα－サブユニット遺伝子の発現制御領域をも識別して活性化する因子があるが，マウスの胎盤には，このような因子がないため，ヒトの胎盤では発現するα－サブユニット遺伝子も，マウスの胎盤では発現しなかった，と説明される。

5.3　染色体上の位置による変化

トランスジーンの染色体上の位置による発現特異性の変化は，トランスジーンの発現が不充分な系で観察される例が多い。

(1)　β－グロビン遺伝子

β－グロビン遺伝子は，ふつう，赤血球系の細胞で発現するが，ウサギの染色体DNAを大腸菌λファージに組み込み，β－グロビン遺伝子をクローン化し，そのままλファージのDNAを除去しないでマウスに導入したところ，得られた9系統のトランスジェニックマウスのうち，ウサギのβ－グロビンを赤血球系の細胞で発現しているマウスは，1匹も得られなかった。他の臓器をも調べたところ，9系統のうち1系統は骨格筋で，もう1つの系統では精巣で，導入したβ－グロビン遺伝子の産物が検出された[50)]。

この形質は子孫へも伝わり，β－グロビン遺伝子が，本来の赤血球系細胞ではなく，骨格筋，あるいは精巣で特異的に発現する形態に組み込まれた。

導入したDNAは，タンデム構造をとってはいるが，ウサギβ－グロビン遺伝子とその周辺部の構造変化はみられなかった。しかし，トランスジーンの導入部位は，9系統のトランスジェニックマウスで，すべて異なっていることから，上記二系統の発現特異性の変化は，ウサギβ－グロビン遺伝子がマウス染色体上の不自然な位置に組み込まれた結果だと推察される。

(2) α－フェトプロテイン遺伝子

α－フェトプロテイン遺伝子は，胚生期の卵黄嚢と胎生期の肝臓で特異的に発現するが，この遺伝子をX染色体に組み込んだトランスジェニックマウスは，胎生期の肝臓で発現する機能を失い，胚生期の卵黄嚢でのみ発現した[51)]。

(3) MMTVのLTR

MMTVのLTR制御系も，得られたトランスジェニックマウスの系統によって，作用を発揮する臓器が異なることがある。

すなわち，一般に，MMTV－LTRは，マウスに導入されると，多くの臓器で機能を発揮するが，肺と精巣のみで発現する系統，脳・肺・精巣の3臓器のみで発現する系統，脳・腎臓・脾臓のみで発現する系統のトランスジェニックマウスが得られた。

この現象も，トランスジーンの染色体上の導入部位によって発現特異性が変化する例と考えられている。

5.4 構造遺伝子との組み合わせによる変化

(1) マウスプロタミンⅠ遺伝子

マウスのプロタミンⅠ遺伝子は，減数分裂後の精細胞に発現が限定されている。また，クローン化したプロタミンⅠ遺伝子を導入したトランスジェニックマウスでも，同様に，トランスジーンは，減数分裂後の精細胞に限定して発現する。

この発現特異性を規定する領域は，880塩基対の5′側上流域を含む全2,400塩基対のプロタミンⅠ遺伝子に含まれている。

ところが，プロタミンの構造遺伝子を切りとり，SV40T抗原の構造遺伝子に入れ換えて，マウスに導入すると（図5·28），SV 40 T 抗原は，トランスジェニックマウスの精細胞で発現しただけではなく，心臓と側頭骨にも発現がみられた（表5・7）[52]。

なお，これらのトランスジェニックマウスでも，マウスに内在するプロタミン遺伝子は，精巣のみで発現していた。

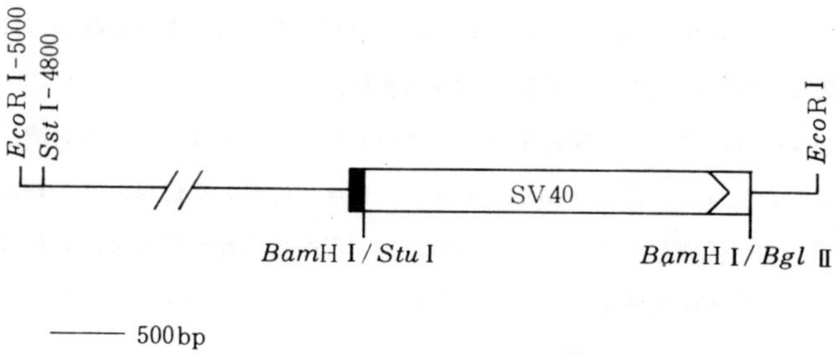

図5·28　マウスプロタミンⅠ発現制御領域とSV 40T 遺伝子[52]

表5・7　SV 40T 遺伝子の発現と腫瘍[52]

トランスジェニックマウス	精巣でのSV 40T mRNA	心臓での腫瘍発生	側頭骨での腫瘍発生
1736-1	+	+	+
1736-5	+	−	−
1736-8	+	+	+
1736-11	+	+	+
1738-3	+	+	−
1738-4	+	+	+
1738-12	−	+	−

(2)　マウスプロタミン2遺伝子

マウスのプロタミン2遺伝子も，減数分裂後の精細胞で特異的に発現する。

プロタミン2の構造遺伝子をc-*myc*遺伝子に入れ換えてマウスに導入すると，c-*myc*の発現は，減数分裂後の精細胞に限定されることから，マウスプロタミン2遺伝子の精細胞に特異的な発現は，プロタミン2遺伝子の5′側上流域が制御していることがわかる[53]。

しかし，c-*myc*遺伝子をSV 40 T 抗原遺伝子に換えたDNAを導入して得たトランスジェニックマウスでは，SV 40 T 抗原遺伝子は，精巣のみではなく，胸腺，脳，心臓，陰茎包皮等の，プロタミン２遺伝子が発現しない臓器でも発現した[53)]。

(3)　MMTVのLTR

MMTVは，乳腺でのみ増殖する。そしてMMTVのプロモーター／エンハンサー領域であるLTRに支配された構造遺伝子は，一般に，乳腺で発現する。

しかし，構造遺伝子の種類によっては，乳腺以外の臓器にも発現がみられる（表５・８）。

MMTVのLTRにつなげたTK遺伝子は，トランスジェニックマウスの雌の卵巣と雄の精巣でも発現した[54)]。また，LTR制御下のc－*myc*遺伝子は，乳腺で発現して乳腺ガンをつくるが，それだけではなく，精巣とリンパ球系細胞でも発現して，リンパ腫をつくる[55)]。c－*neu*を構造遺伝子とするトランスジーンは，c－*neu*遺伝子を，乳腺，涙腺，耳下腺，精巣上体で発現させた[56)]。v－Ha－*ras*を支配する場合には，乳腺，涙腺，唾液腺，リンパ球系細胞で，v－Ha－*ras*を発現させる[57)]。

SV40Ｔ抗原の場合には，さらに多くの臓器で発現を起こさせる。すなわち，乳腺，肺，腎臓，前立腺，睾丸の間質細胞等の臓器の上皮細胞，それにリンパ球系細胞で，MMTVのLTRによるSV40Ｔ抗原の発現がみられた[58)]。

表５・８　MMTV・LTRと構造遺伝子との組み合わせによる発現特異性の変化

発現臓器	構造遺伝子					
	v－Ha－*ras*[57)]	*int*－1[59)]	c－*neu*[56)]	SV40Ｔ[58)]	c－*myc*[55)]	TK[54)]
乳腺	+	+	+	+	+	+
涙腺	+		+			
肺	+			+		
唾液腺	+	+		+		
耳下腺			+			
精巣上体			+			
腎臓				+		
前立腺				+		
睾丸				+		
リンパ球系	+			+	+	
卵巣						+
精巣					+	+
マスト細胞					+	

5.5　5′側上流域の長さによる変化

(1)　α－フェトプロテイン遺伝子

α－フェトプロテイン遺伝子の発現制御領域は，5′側上流域6,500塩基対内にある。

この6,500塩基対すべてが揃っていれば，α－フェトプロテインは胚の卵黄嚢で発現するが，5,000塩基対に縮めると，胎児の肝臓で発現する。さらに，2,500塩基対に切りつめると，胎児の腸で発現する[60)]。

α－フェトプロテイン遺伝子には，5′側上流域に，少なくとも4つの発現制御を支配する領域があり（図5•29），構造遺伝子に最も近い250塩基対にプロモーター，最初の2,500塩基対内にエンハンサーⅠ（EⅠ），次の2,500塩基対内にエンハンサーⅡ（EⅡ），一番遠い1,000塩基対内にエンハンサーⅢ（EⅢ）があり，上記の結果は，卵黄嚢での発現にはEⅢが，肝臓での発現にはEⅡが必要であり，腸での発現にはEⅠのみで十分であることを示している。

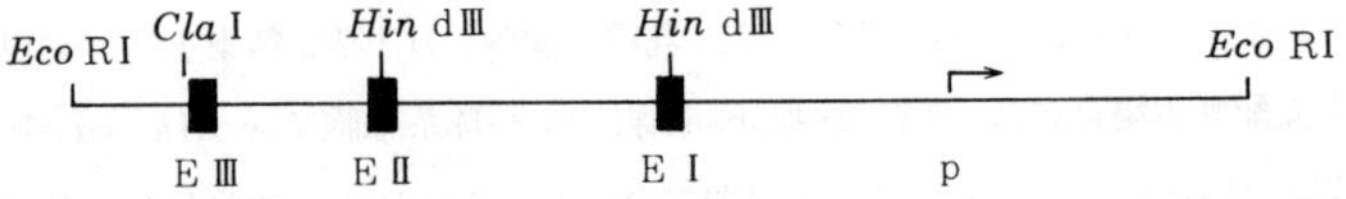

図5•29　マウスα－フェトプロテイン遺伝子の発現制御領域[60)]

(2) マウスメタロチオネイン遺伝子

マウスメタロチオネイン遺伝子の制御領域は，5′側上流域1,600塩基対にある。

この領域に支配されると，ヒトの肝臓で特異的に発現する酵素 Ornithine transcarbamylase の遺伝子（図5・30）は，マウスの全身の臓器で発現したが，メタロチオネイン遺伝子の5′側上流域を185塩基対に切りつめると，トランスジーンは，雄精細胞の減数分裂期でのみ，特異的に発現した[61)]。

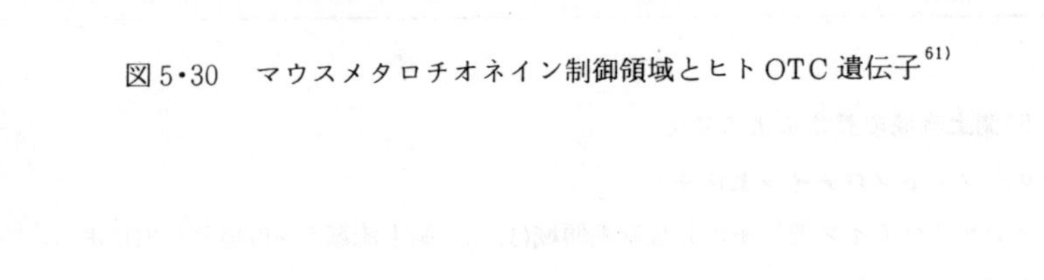

図5•30　マウスメタロチオネイン制御領域とヒトOTC遺伝子[61)]

6　食餌等による発現制御

外から異種動物の遺伝子を導入して発現させても，受容体動物は，発生分化を経て成長し，子孫を残してくれるが，動物個体の発生異常を引き起こす遺伝子や，ガンを誘発する遺伝子を導入する場合，トランスジーンが活発に発現する系統では，早期に死亡する例も多い。このような遺伝子については，繁殖力を持つまでに成長できる，比較的トランスジーンの影響の少ない系統を選択して，研究の成果を得ている。

また，導入する遺伝子によっては，DNA処理をした受精卵の産仔への発生率が低い場合や，トランスジェニックな産仔の率が低い場合がみられる。この中には，トランスジーンが動物個体の出生以前の発生を阻害する，と推察されている例も少なくない。

トランスジェニック技術を，より広汎に開発利用していくためには，外からの操作によって，必要な時にのみトランスジーンを発現させ得る，制御系が欲しい。

たとえば，WAP，カゼイン，β－ラクトグロブリン等の乳腺特異的な遺伝子発現制御系は，乳汁分泌期に特異的に活性化されるため，胚性期，胎性期，幼獣期，処女期でのトランスジーンの影響を避けることができるが，乳腺のように雌に特異的な臓器から，雄雌にかかわらず使える発現制御系，より多くの臓器に適用できる系の探索も続けられているので，以下に紹介する。

(1)　メタロチオネイン遺伝子

メタロチオネイン遺伝子は，脊椎動物，無脊椎動物にわたって普遍的に検出されるタンパク質で，重金属イオンに結合し，重金属イオンの解毒作用を司る。

マウスのメタロチオネイン－I（MT－I）遺伝子の発現は，転写レベルで調節され，重金属とグルココルチコイドホルモンにより活性化される[62]。MT－Iの5′側上流域に，重金属カドミウム（Cd）に反応する配列があり，その配列は，MT－I遺伝子の転写開始点から90塩基対内にある（図5･31）。

MT－Iの発現制御系は，1細胞期の受精卵で，すでにその機能を発揮し，1細胞期受精卵にCdを添加することにより，MT－Iに制御されたTKの合成は，10倍にもなった（表5・9）[63]。

MT－I制御系は，成熟したマウス個体でも機能する。

たとえば，MT－Iに制御された成長ホルモン遺伝子の発現を調べた例では，25mMの$ZnSO_4$を含む水を，2週間にわたってトランスジェニックマウスに飲ませたところ，血清中の成長ホルモン量は，多いものでは，$ZnSO_4$を含まない水を飲んでいたマウスの30倍以上に上昇していた[64]。同様の効果は，$CdSO_4$を注射した場合にも得られた（表5・10）[64]。

(2)　PEPCK遺伝子

PEPCK（Phosphoenolpyruvate carboxykinase）遺伝子は，主として，肝臓，腎臓，脂肪

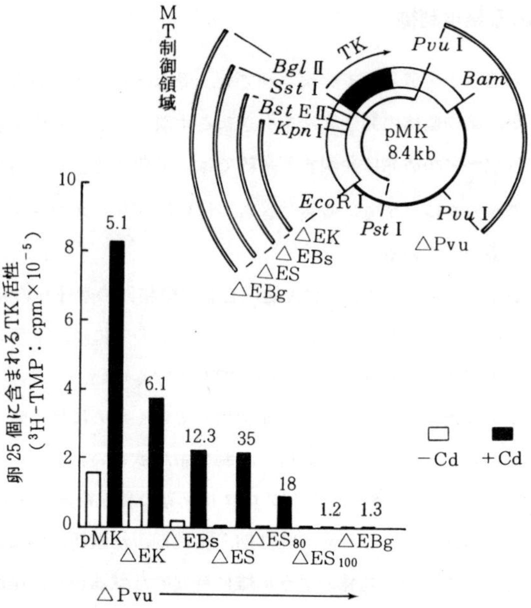

図5・31　MT制御領域と重金属による発現制御[63]

組織で発現するが，遺伝子発現制御は各臓器によって異なる[65]。

表5・9　Cdによる MT 制御領域の活性化[64]

DNAのコピー数	TK 活性*	
	－Cd	＋Cd（50 μM）
2,000	190.0	2,400
200	25.3	270
20	8.3	12.2
0	8.5	8.8

＊卵25個中（^{3}H-TMP：cpm×10^{-3}）

肝臓では，cAMPとグルココルチコイドで発現が促進され[66]，インシュリンにより抑制される[67]。腎臓でも，グルココルチコイドにより発現が誘発されるが，インシュリンの影響は受けない[68]。脂肪組織では，肝臓とは逆に，PEPCK遺伝子の転写は，グルココルチコイドによって抑制される。

PEPCK遺伝子の5′側上流域460塩基対内に，プロモーターと発現制御配列が含まれていて，この460塩基対のDNA断片に，ウシ成長ホルモン（bGH）構造遺伝子をつないで（図5・32），マウスに導入すると，bGHは，マウスの血清中に検出される[69]。bGHの量は，トランスジェニックマウスの系統によって異なり5～2,300ng/mlの範囲にわたるが，マウスの成育は促進される。なお，トランスジェニックマウスでは，bGH遺伝子は，肝臓と腎臓でのみ特異的に発現していた。

表5・10 重金属イオンによるトランスジーンの発現制御[64)]

マウス	トランスジーンのコピー数	肝臓のhGHmRNA（細胞当りの分子数）			血清中のhGH（ng/ml）			野生型を1.00とした時の成長比
		無処理	＋Zn	＋Cd	無処理	＋Zn	＋Cd	
C67-173-2 ♀	455	902	2,730		9,600	130,000		1.82
C57-173-3 ♂	405				120			1.43
C57-168-5 ♂	91	15	210		90	4,000		1.26
Hyb-194-2 ♀	47.3				＜l.d.			0.96
Hyb-182-3 ♂	45				3,700	14,600		1.67
Hyb-182-2 ♀	44				64,000			1.30
C57-168-6 ♀	38.5			818	3,500		27,800	〔1.74〕
Hyb-185-2 ♂	34				80			1.24
C57-167-2 ♀	18.5			1,242	4,600		18,900	(1.55)
Hyb-186-4 ♀	18				8,200	143,000		2.14
Hyb-197-3 ♀	12.2				25			0.96
C57-168-2 ♀	11.7				100			1.30
Hyb-184-5 ♂	10.4				520	18,000		1.70
Hyb-186-3 ♀	10.2	2	345		80	6,400		1.34
C57-167-5 ♂	6.8				10			1.19
Hyb-180-1 ♂	6.3				3,000			1.55
C57-168-4 ♀	6.1				40			1.20
Hyb-198-3 ♀	6.1				190			1.02
Hyb-186-5 ♂	4.1			990	6,500		19,800	(1.95)
Hyb-186-1 ♂	3.5			657	2,900		4,500	(1.84)
Hyb-198-2 ♀	2.6				100			(2.16)
Hyb-182-4 ♀	2.3				1,200			0.97
Hyb-184-1 ♀	2.0				250	11,900		2.37
Hyb-184-7 ♀	2.0				30			0.96
C57-161-1 ♀	1.6				40			1.29
Hyb-194-3 ♀	1.4				＜l.d.			0.93
Hyb-194-6 ♂	1.4				＜l.d.			0.99
Hyb-194-8 ♀	1.3				80			1.03
C57-168-3 ♀	1.2				75			1.52
Hyb-184-2 ♂	1.1				275			2.03
C57-170-1 ♂	0.9				＜l.d.			0.87
Hyb-194-4 ♂	0.9				60			1.01
Hyb-197-5 ♀	0.9	1	12		20	35		1.77

トランスジェニックマウスのPEPCK制御領域の働きは，マウスの食餌で制御できた[69)]。PEPCKの場合，この制御下にあるbGHの発現を促進できるだけではなく，抑制することもできる点に特徴がある。

すなわち，インシュリンの濃度が上がる高糖質の食餌を与えると，1週間後には，マウスの血中のbGH濃度は10分の1に下がったが，このマウスを高タンパク質・低糖質の食餌に切り換えると，1週間以内に，血中のbGH濃度を30倍に高めることができた（図5・33）。

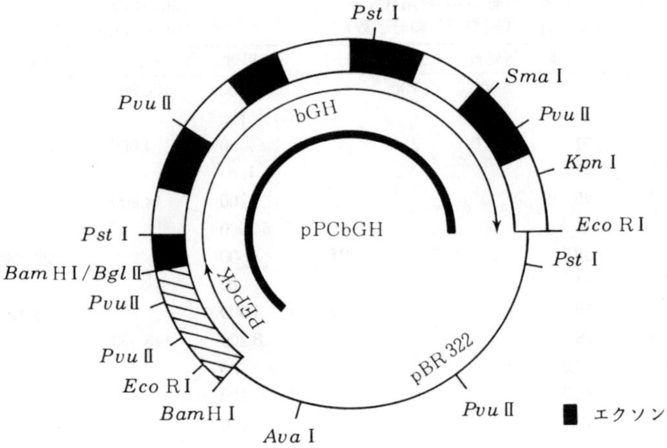

図５・32　PEPCKの制御領域／ウシ成長ホルモン（bGH）遺伝子の構造[69)]

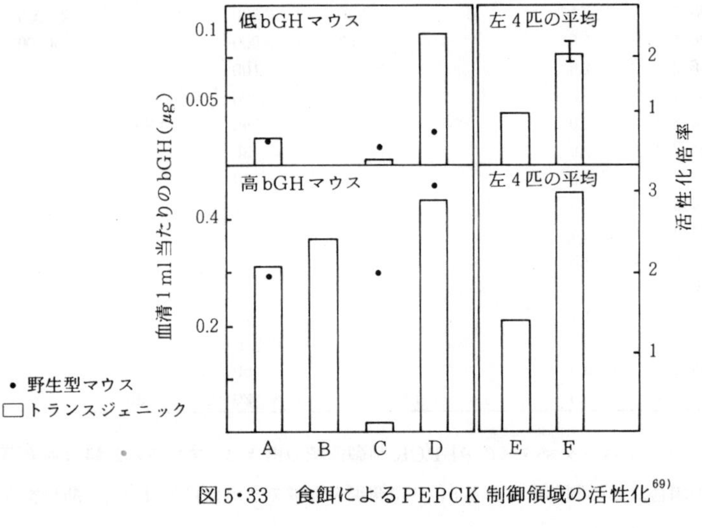

図５・33　食餌によるPEPCK制御領域の活性化[69)]

Ａ：通常飼育，Ｂ：飢餓状態（24時間）
Ｃ：高炭水化物飼料で飼育（１週間），Ｄ：高タンパク飼料で飼育（１週間）
Ｅ：通常，Ｆ：ジブチルサイクリックAMPとセオフィリン投与後90分

文　献

1) R.B.Church：*TIBTECH*, **5**, 13 (1987)
2) "医科学大事典", 講談社 (1983)
3) A.-C.Andres *et al.*：*Proc. Natl. Acad. Sci. USA*, **84**, 1299 (1987)
4) H.Lubon, L.Henninghausen：*Nucleic Acids Res.*, **15**, 2103 (1987)
5) A.-C.Andres *et al.*：*Proc. Natl. Acad. Sci. USA*, **84**, 1299 (1987)
6) C.-A.Schoenenberger *et al.*：*EMBO J.*, **7**, 169 (1988)
7) C.W.Pittius *et al.*：*Proc. Natl. Acad. Sci. USA*, **85**, 5874 (1988)
8) K.Gordon *et al.*：*Biotechnology*, **5**, 1183 (1987)
9) K.-F.Lee *et al.*：*Nucleic Acids Res.*, **16**, 1027 (1988)
10) K.-F.Lee *et al.*：*Mol. Cell. Biol.*, **9**, 560 (1989)
11) J.P.Simons *et al.*：*Nature*, **328**, 530 (1987)
12) A.J.Clark *et al.*：*Biotechnology*, **7**, 487 (1989)
13) S.Efrat, D.Hanahan：*Mol. Cell. Biol.*, **7**, 192 (1987)
14) D.Bucchini *et al.*：*Exp. Cell. Res.*, **180**, 467 (1989)
15) D.Hanahan：*Nature*, **315**, 115 (1985)
16) D.M.Ornitz *et al.*：*Nature*, **313**, 600 (1985)
17) D.M.Ornitz *et al.*：*Science*, **238**, 188 (1987)
18) L.Dente *et al.*：*Genes & Dev.*, **2**, 259 (1988)
19) C.A.Pinkert *et al.*：*Genes & Dev.*, **1**, 268 (1987)
20) G.D.Kelsey *et al.*：*Genes & Dev.*, **1**, 161 (1987)
21) J.-P.Julien *et al.*：*Genes & Dev.*, **1**, 1085 (1987)
22) T.A.van Dyke *et al.*：*J. Virology*, **61**, 2029 (1987)
23) J.A.Small *et al.*：*Cell*, **46**, 13 (1986)
24) K.A.Mahon *et al.*：*Science*, **235**, 1622 (1987)
25) D.R.Goring *et al.*：*Science*, **235**, 456 (1987)
26) H.Kondoh *et al.*：*Dev. Biol.*, **120**, 177 (1987)
27) J.J.Peschon *et al.*：*Proc. Natl. Acad. Sci. USA*, **84**, 5316 (1987)
28) T.A.Stewart *et al.*：*Mol. Cell. Biol.*, **8**, 1748 (1988)
29) M.Shani：*Mol. Cell. Biol.*, **6**, 2624 (1986)
30) M.Shani *et al.*：*Mol. Cell. Biol.*, **8**, 1006 (1988)
31) S.A.Lira *et al.*：*Proc. Natl. Acad. Sci. USA*, **85**, 4755 (1988)
32) E.E.Baetge *et al.*：*Proc. Natl. Acad. Sci. USA*, **85**, 3648 (1988)
33) P.A.Overbeck *et al.*：*Science*, **231**, 1574 (1986)
34) M.Nerenberg *et al.*：*Science*, **237**, 1324 (1987)
35) D.Morello *et al.*：*EMBO J.*, **5**, 1877 (1986)
36) R.K.Reynolds *et al.*：*Proc. Natl. Acad. Sci. USA*, **85**, 3135 (1988)
37) R.D.Palmiter *et al.*：*Science*, **222**, 809 (1983)
38) R.D.Palmiter *et al.*：*Cell*, **29**, 701 (1982)

39) F.V.Chisari *et al.* : *J. Virol.*, **60**, 880 (1986)
40) D. Jähner *et al.* : *Proc. Natl. Acad. Sci. USA*, **82**, 6927 (1985)
41) C.L.Stewart *et al.* : *EMBO J.*, **6**, 383 (1987)
42) J.S.Khillan *et al.* : *Genes & Dev.*, **1**, 1327 (1987)
43) F.Grosveld *et al.* : *Cell*, **51**, 975 (1987)
44) K.Chada *et al.* : *Nature*, **319**, 685 (1986)
45) G.Kollias *et al.* : *Cell*, **46**, 89 (1986)
46) R.Godbout, S.M.Tilghman : *Genes & Dev.*, **2**, 949 (1988)
47) N.Fox, D.Solter : *Mol. Cell. Biol.*, **8**, 5470 (1988)
48) J.C.Fiddes, H.M.Goodman : *J. Mol. Appl. Genet.*, **1**, 3 (1981)
49) J.G.Pierce, T.F.Parsons : *Ann. Rev. Biochem.*, **50**, 465 (1981)
50) E.Lacy *et al.* : *Cell*, **34**, 343 (1983)
51) R.Krumlauf *et al.* : *Nature*, **319**, 224 (1986)
52) R.R.Behringer *et al.* : *Proc. Natl. Acad. Sci. USA*, **85**, 2648 (1988)
53) T.A.Stewart *et al.* : *Mol. Cell. Biol.*, **8**, 1748 (1988)
54) S.R.Ross, D.Solter : *Proc. Natl. Acad. Sci. USA*, **82**, 5880 (1985)
55) A.Leder *et al.* : *Cell*, **45**, 485 (1986)
56) W.J.Muller *et al.* : *Cell*, **54**, ,105 (1988)
57) P.J.Tremblay *et al.* : *Mol. Cell. Biol.*, **9**, 854 (1989)
58) Y.Choi *et al.* : *J. Virol.*, **61**, 3013 (1987)
59) A.S.Tsukamoto *et al.* : *Cell*, **55**, 619 (1988)
60) R.Godbout, S.M.Tilghman : *Genes & Dev.*, **2**, 949 (1988)
61) K.A.Kelley *et al.* : *Mol. Cell. Biol.*, **8**, 1821 (1988)
62) L.J.Hager, R.D.Palmiter : *Nature*, **291**, 340 (1981)
63) R.L.Brinster *et al.* : *Nature*, **296**, 39 (1982)
64) R.D.Palmiter *et al.* : *Science*, **222**, 809 (1983)
65) S.M.Tilghman *et al.* : "Gluconeogenesis ; Its Regulation in Mammalian Species", (R.W.Hanson, M.A.Mehlman eds), John Wiley and Sons, New York (1976)
66) J.M.Gunn *et al.* : *Biochem. J.*, **150**, 195 (1975)
67) T.L.Andreone *et al.* : *J. Biol. Chem.*, **257**, 35 (1982)
68) P.B.Iynedjian *et al.* : *J. Biol. Chem.*, **250**, 5596 (1975)
69) M.M.McGrane *et al.* : *J. Biol. Chem.*, **263**, 11443 (1988)

第Ⅲ編　応　　用

第６章　研究・試験への応用

1　遺伝子の解析

1.1　動物個体での生理機能の解析

第２章で述べた挿入突然変異による受容体動物の遺伝子の失活等，少数の例外を除けば，トランスジェニック動物研究の大部分は，クローン化した遺伝子の動物個体での作用をみることが基本にあるため，この項目に属する例は数多い。第１章２節に述べたスーパーマウスも，クローン化したラット成長ホルモン遺伝子のマウス個体での作用を調べた研究成果の一つであるが，ここでは，オンコジーン（腫瘍遺伝子）の作用解析における利用を中心に，簡単に紹介する。

特に，培養細胞をアッセイ系とする方法が開発され，クローン化されたオンコジーン（腫瘍遺伝子）の数が増える中で，トランスジェニック動物は，オンコジーンの動物個体での作用を調べる格好の系として利用されてきている。

その中でも，1984年に発表されたハーバード医科大学のPhilip Lederグループの研究成果[1)]は，遺伝性のガンであること，臓器に特異的なガンであること，ガンを起こしやすい系統を繁殖できること等，トランスジェニック技術をうまく使った実験動物の開発としてのみではなく，トランスジェニック動物最初の特許としても話題を呼んだ。

同じく1984年，Ralph Brinster のグループは，ウイルスの新生ハムスターに対するガン抗原遺伝子（SV40初期遺伝子）を導入したトランスジェニックマウスを作り，脳腫瘍を起こさせることに成功している[2)]（写真６・１）。

アカゲザルから採取されたウイルス，SV40は，新生ハムスターに注射すると，その部位に腫瘍を生じさせる。この腫瘍生成には，SV40の初期遺伝子産物である２つのタンパク質，Tとtが必要で，また，この２つのタンパク質があれば，培養細胞の腫瘍化に充分であることが知られていたが，このトランスジェニックマウスの解析により，脳にのみ顕著な腫瘍が観察されたこと，また，腫瘍組織にのみトランスジーンの発現がみられたことから，トランスジーンの産物が脳腫瘍を引き起こすことが示された。

しかし，この種のトランスジェニックマウスは，脳腫瘍を起こして死亡してしまうため，子孫を残せる系統に限度があっただけではなく，SV40初期遺伝子を導入したトランスジェニックマウス自体を得るのが難しかった。おそらく，SV40ガン抗原の作用で胎児が育ちにくかったため

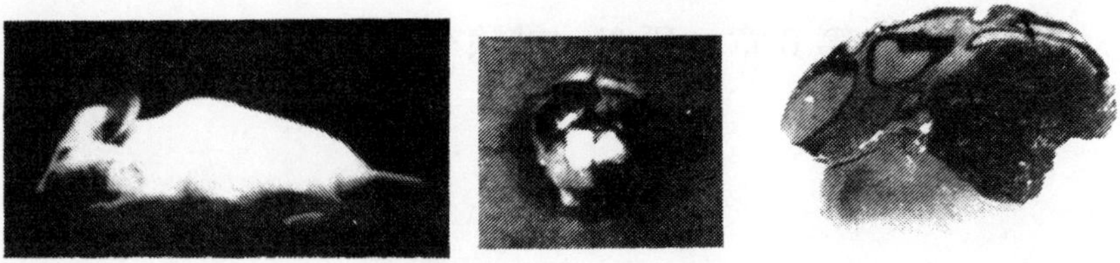

写真6・1　SV 40初期遺伝子の導入により脳腫瘍を発生した
トランスジェニックマウスとその脳[2)]

左：脳腫瘍を発生したマウス 427.4.2
中：その脳の全体像〔大脳表面に出血が見られ，小脳に大きな腫瘍（矢印）が見られる〕
右：その腫瘍発生部位の切片像（ヘマトキシリンとエオシンで染色）

だと思われる。

Philip Lederのグループは，これらの問題を，トランスジーンがマウスの妊娠期間中にのみ発現するように工夫して解決した[3)]。

すなわち，マウスに感染すると，雌の泌乳期間中に乳腺腫瘍を形成するMMTV（マウス乳腺腫瘍ウイルス）を用いた。このMMTVの性ホルモンに反応して遺伝子の発現を制御する部分は，LTR（Long Terminal Repeat）にあるので，MMTVのLTRにマウスの***myc*** 遺伝子を連結したDNAを導入した13系統のマウスを得た（図6・1）。

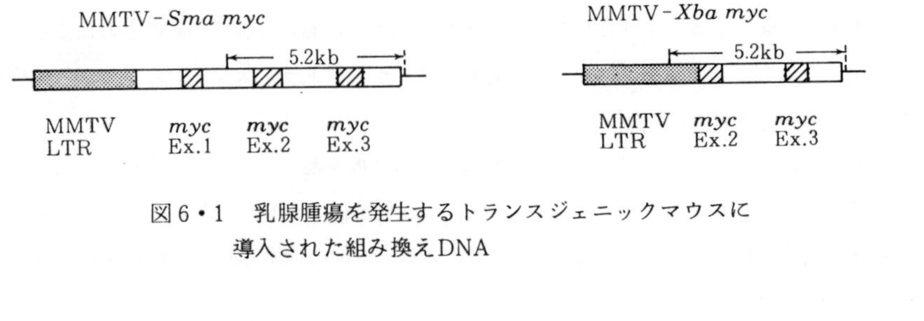

図6・1　乳腺腫瘍を発生するトランスジェニックマウスに
導入された組み換えDNA

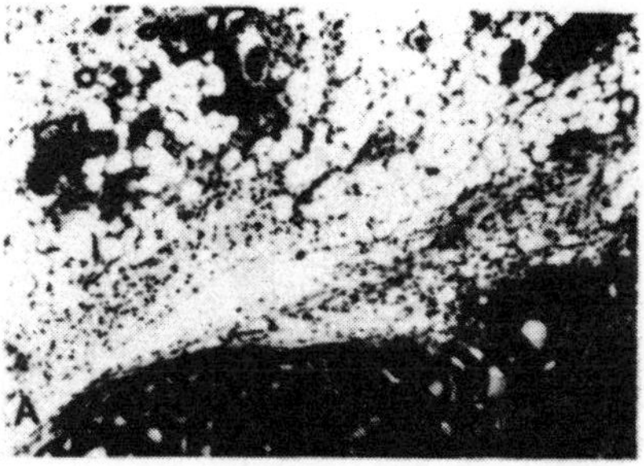

写真6・2　MMTV－*myc*遺伝子の導入により乳腺腫瘍を生じた
トランスジェニックマウス（左）とその組織切片（右）[3)]

これらのマウスは，いずれも正常に成育したが，妊娠すると，2系統で，乳腺腫瘍（mammary adenocarcinoma）を生じた。また，これらのマウスの子供も，親と同様，妊娠中に乳腺腫瘍を生じた（写真6・2）。

*myc*遺伝子の発現を調べたところ，乳腺と顎下腺に，*myc*遺伝子のメッセンジャーRNAが検出されたことから，導入された*myc*遺伝子がMMTVのLTRの支配下に発現し，その産物が腫瘍を誘発したと考えられた。

1.2　制御遺伝子の解析

1.2.1　臓器・細胞に特異的な遺伝子発現を制御する遺伝子

構造遺伝子の臓器や細胞での発現特異性を決定する領域は，その構造遺伝子の5′側上流域に位置するのが一般的であるが，構造遺伝子のイントロン領域や，遠く離れた上流域が発現制御する例，あるいは，ベクターとして使ったバクテリア由来の塩基配列が，隣接するトランスジーンの発現を抑制する例，さらには，染色体上の組み込まれた部位によってトランスジーンの発現が抑制される例がみられることから，トランスジーンの周辺部に隣接する遺伝子発現制御領域の，トランスジーン発現への影響が調べられた。

ラットの骨格筋ミオシン遺伝子（MLC 2）は，マウスの骨格筋に特異的に発現するが，この構造遺伝子をヒトのεグロビン遺伝子と入れ換えると，このグロビン遺伝子は，骨格筋のみならず，心筋でも発現する[4),5)]。またマウス免疫グロブリンκ遺伝子は，脾臓で特異的に発現することが示されていた[6)]。

P. Einatらは[7)]，これらの遺伝子発現系を，試験管内で組み合わせてマウスに導入し，トランスジーンの発現を調べた。

MLC 2とマウス免疫グロブリンの遺伝子発現系を同一方向に隣接してつなげて（図6・2），マ

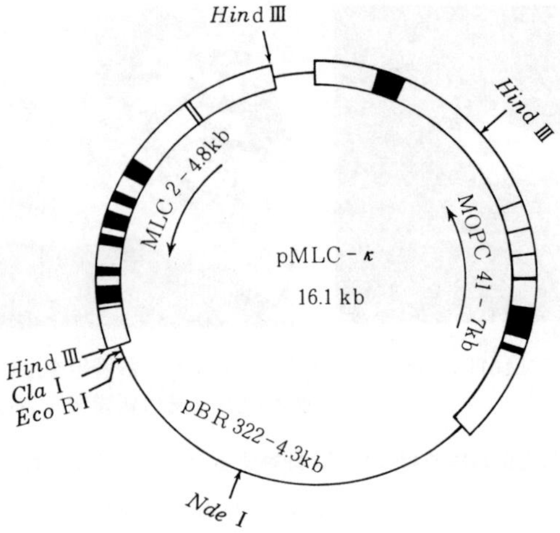

MLC2：ラット骨格筋ミオシン遺伝子
MOPC41：マウス免疫グロブリンκ遺伝子
■　エクソン
□　イントロン

図6・2　二つの遺伝子発現系をもつ組み換えDNA[7)]

ウス初期胚に導入して得たトランスジェニックマウスは，両方の遺伝子を，マウス染色体上の1カ所に，複数個，head－to－tailのタンデム構造で取り込んでいた。これらトランスジェニックマウスの筋肉，脾臓，肝臓，胸腺，肺，腎臓でのトランスジーンの発現を調べたところ，免疫グロブリンのmRNAは，脾臓と胸腺で発現がみられたが，MLC2遺伝子は，その中の1匹でのみ発現がみられ，しかも骨格筋のみで発現していた。

この結果は，隣接した遺伝子発現系が独立して働き，強い発現制御作用をもつマウス免疫グロブリンの制御領域も，MLC2に影響しなかったことを示す。なお，導入した免疫グロブリン遺伝子の発現が，胸腺でも，脾臓の4分の1ほどみられたのは，リンパ系細胞が胸腺に混在したためとみられる。

使用した免疫グロブリン遺伝子は，イントロンに発現制御領域があり[8)]，head－to－tailで連結したMLC2の発現を支配することも考えられたが，免疫グロブリン遺伝子が発現しているマウスでも，MLC2は発現しているとは限らなかった。

同様の結論は，ラットのミオシン（MLC2）遺伝子発現系と，ラットのアクチン遺伝子発現系に，ヒトのεグロビン遺伝子を支配させた，2つの発現系の組み合わせの結果からも導かれた（図6・3）。

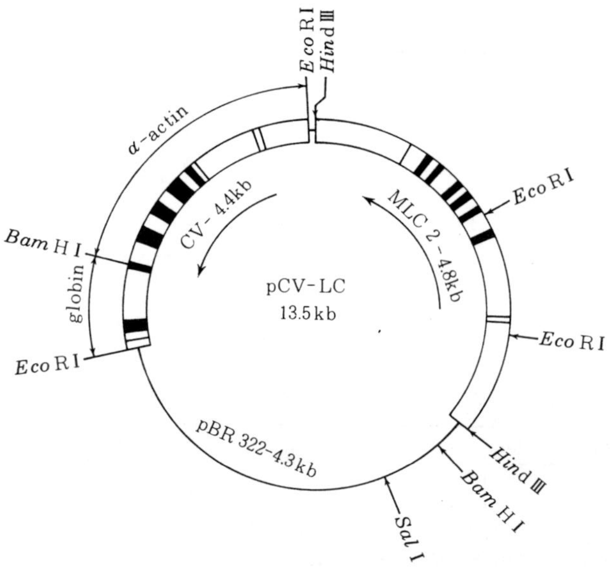

CV：ラット骨格筋アクチン/ヒトεグロビン遺伝子
MLC 2：ラット骨格筋ミオシン遺伝子
■　エクソン
□　イントロン

図6・3　二つの遺伝子発現系を組み合わせた組み換えDNA[7)]

この場合も，隣接する遺伝子発現系は独立して働き，MLC 2はマウスの骨格筋のみで発現し，ヒトεグロビンは，ラットアクチン/ヒトεグロビンを単独に導入した時と同様，マウスの骨格筋と心筋で発現した。また，ヒトεグロビンの成熟マウスの骨格筋と心筋での発現比率も，MLC 2に影響されなかった。

1.2.2　発生時期特異的な遺伝子発現を制御する制御遺伝子

インシュリンは，膵臓のβ細胞で合成され，分泌される。膵臓には，他に内分泌系ホルモンを生産するα細胞，δ細胞と，膵液成分を分泌する細胞（acinar cell）があり，おのおの，特異的に発現する遺伝子を持つ。

S. Alpertらは，ラットのインシュリン発現制御領域の膵臓発生過程特異的な作用を，トランスジェニックマウスの各発生段階での組織切片を比較検討して，決定した[9)]。

彼らは，SV 40 T 抗原遺伝子を用いた。SV 40 T 抗原は，非分泌タンパク質であり，合成した細胞に局在するため，遺伝子の発現する細胞を識別するマーカーとして適切である。

ラットのインシュリンII遺伝子発現制御領域にSV 40 T 抗原遺伝子をつないで，マウス初期胚に導入し，膵臓でSV40T抗原を発現するトランスジェニックマウスを得た。このマウスの子の胎児期，出産後60日目の膵臓組織切片をつくり，SV40Tの発現と，α細胞マーカーであるグルカゴン，β細胞のインシュリン，δ細胞のソマトスタチン，それに膵ポリペプチド（PP）産生細胞を特定した。

SV40Tは，すでに，妊娠10日目の胎児の膵臓原基に検出され，12日目の67細胞期，17日目の膵臓の内分泌ホルモン産生細胞に，すべて発現していた。マウス本来のインシュリンは，胎生期12日目から検出され，ソマトスタチンは17日目，PPは出生直後から検出された（表6・1）。

表6・1　SV40T産生細胞が膵臓で合成される内分泌物質を生産する割合[9)]

発生時期	Glu^+ Tag^+	In^+ Tag^+	Som^+ Tag^+	PP^+ Tag^+
胎生期（10日）	1.0			
〃　（11日）	1.0			
〃　（12日）	1.0	1.0		
〃　（14日）	0.97 ± 0.02	1.0		
〃　（15日）	0.93 ± 0.04	1.0		
〃　（17日）	0.38 ± 0.07	1.0	0.36 ± 0.07	
1日齢	0.35 ± 0.06	1.0	0.29 ± 0.08	0.25 ± 0.05
60日齢	0.02 ± 0.01	1.0	0.08 ± 0.03	0.04 ± 0.03

Glu, glucagon：In, insulin：Som, somatostatin：PP, pancreatic polypeptide.
Tag：SV40T抗原

この結果，ラットインシュリンⅡ発現制御領域は，胎生期10日目の膵臓原基で機能を発揮し，成熟マウスにおいても，β細胞で機能し続けることが示された。また，この領域は，出生直後までは，α細胞，δ細胞，PP産生細胞等の内分泌系細胞でも機能していた。

すなわち，ラットインシュリンⅡ発現制御領域は，マウスに内在するインシュリン遺伝子の発現制御領域とはいくぶん異なり，マウスインシュリンの発現する以前の胎生期10日目で機能し始めただけではなく，マウスインシュリンの検出されない胎生期のα細胞でも機能した。また，胎生期には，マウスインシュリン同様，δ細胞，PP産生細胞でも機能し，SV40Tを発現した（図6・4）。

1.3　Cell Lineageの解析

多細胞生物も，最初は，受精卵の1個の細胞から出発し，細胞分裂と分化が繰り返されて動物個体が形成されるが，細胞分化の最終段階にいたるまで，幹細胞と，その分裂と分化のパターン

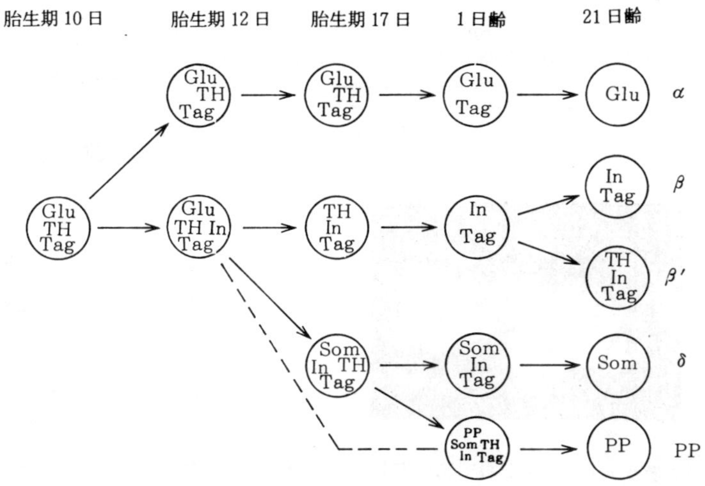

図6・4　膵内分泌細胞の発生段階とSV40T（Tag），インシュリン（In），グルカゴン（Glu），チロシンヒドロキシラーゼ（TH），ソマトスタチン（Som），膵ポリペプチド（PP）の産生[9)]

を繰り返す。

どの幹細胞がどの細胞に分化するのかという，cell lineageを調べるには，細胞へのマーカー色素の注入，キメラ動物の解析，発色遺伝子の導入，顕微手術による特定細胞の除去，等の方法が用いられてきたが，1987年，アメリカの2つのグループから，同時に，顕微手術に代って，遺伝的に特定の細胞を除去するgenetic ablation法の開発が報告された[10),11)]。以下，この方法について紹介する。

ジフテリア毒素（DT）のA鎖は，細胞質でタンパク質合成を阻害し，細胞を死に至らしめる[12)]。DTは，細胞当り1分子あれば，十分に殺細胞効果を示す猛毒である[13)]ため，DTを有する細胞と持たない細胞を厳密に選別できる。

一方，トランスジェニックマウスの研究から，遺伝子発現制御領域は，その支配下の構造遺伝子を制御して，細胞特異的に活性化させる例のあることが明らかになってきた。

そこで，このような細胞特異的な遺伝子発現制御領域に，DTA鎖の構造遺伝子をつないで，マウス受精卵の前核に導入し，発生させると，特定の発生時期に特定の細胞でDTA鎖が合成され，その細胞は死ぬため，得られたトランスジェニック動物は，この細胞が分裂と分化を繰り返して形成される細胞組織を欠損した個体となる。

たとえば，マウスのγ_2－クリスタリン発現制御領域にDTA鎖をつないだDNAを導入したマウスは，小眼症となった（図6・5）[11)]。また，エラスターゼI発現制御領域にDTA鎖の発現を支配

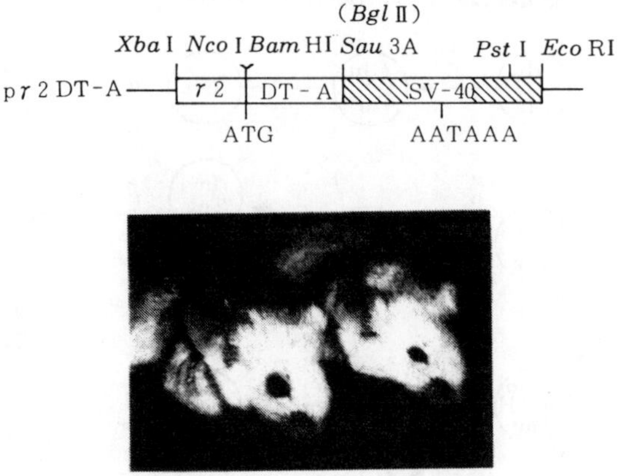

図6・5　ジフテリアトキシンを眼で発現するマウス（右）と正常マウス（左）[11]
（生後4カ月，上図は導入したDNA）

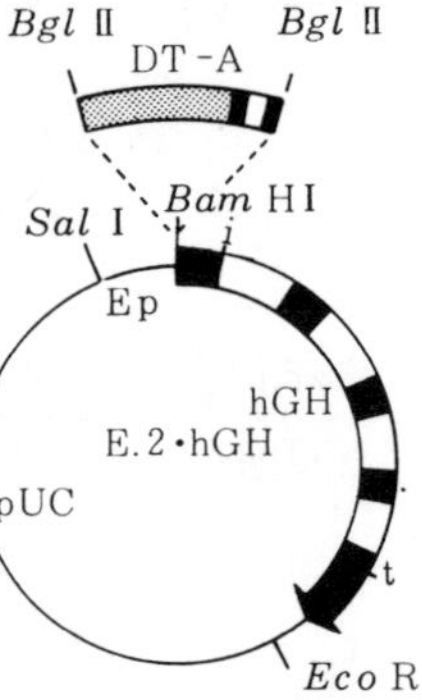

図6・6　エラスターゼI発現制御領域（Ep）に支配されたジフテリアトキシン遺伝子（DT-A）[10]

i ; initiation codon
t ; termination codon

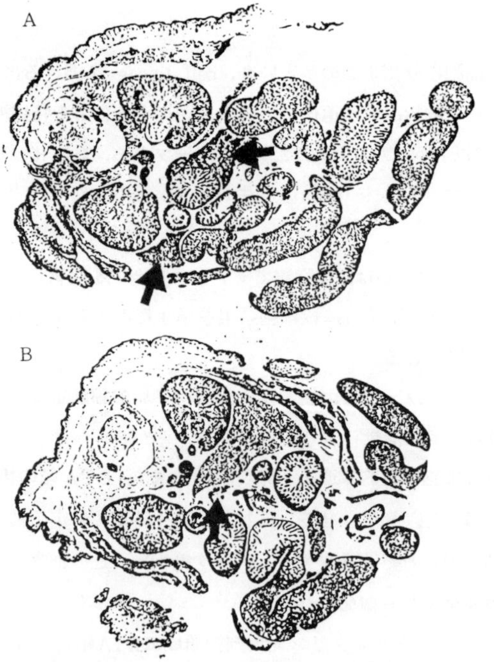

写真6・3　ジフテリアトキシンにより発生不全を示したマウスの膵臓（B. 矢印）と正常マウスの膵臓（A. 矢印）[10]

させた場合，膵臓の発生異常が観察された（図6・6，写真6・3）[10]。さらに，ラット成長ホルモン発現制御領域にDTA鎖をつないだトランスジーンは，下垂体の発生を阻害し，結果として，トランスジェニックマウスの成長阻害を引き起こした（図6・7，写真6・4）[14]。

DTは，毒性を示すA鎖と，A鎖を細胞に運ぶB鎖とからなるが，genetic ablation法では，A鎖の遺伝子のみを発現させる系を受精卵に導入するため，DTの毒性は，これを発現する細胞に限定され，周辺の細胞には作用しない。

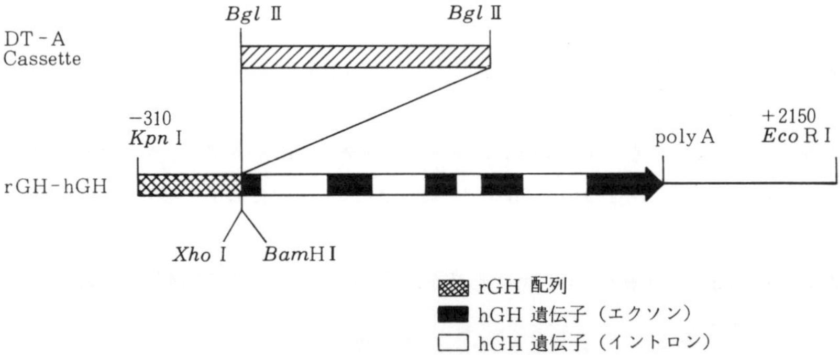

図6・7　ラット成長ホルモン発現制御領域に支配された DT-A（ジフテリアトキシンA）遺伝子[14]

写真6・4　ジフテリアトキシンを下垂体で発現するマウス（左）と正常マウス（右）[14]

このため，この方法により，トランスジーン発現細胞および，この細胞由来の細胞と組織を，厳密に解析できる。

1.4　潜在的な受容体動物遺伝子の活性化 ― 新規遺伝子の探索 ―

遺伝子には，トランスに働く，エンハンサーとよばれる遺伝子グループがある。このグループに属する遺伝子の産物は，自己の，あるいは他の遺伝子の発現制御領域に作用して，この制御領域に支配される構造遺伝子の発現を促進する。また制御領域によっては，トランスのエンハンサーにより抑制されるものもある。

ヒトアデノウイルスの初期遺伝子E1Aは，感染後，宿主細胞によって活性化され，その産物は，ウイルスの他の初期遺伝子を活性化する[15]。E1Aは，培養細胞の遺伝子発現をも制御し，β－チュビュリン遺伝子[16]，熱ショックタンパク質遺伝子[17]，β－グロビン遺伝子[18]，インシュリン遺伝子[19]等の発現を促進し，逆に，主要組織抗原遺伝子[20]やインターフェロン遺伝子[21]の発現は抑制する。

一方，細胞の遺伝子は，細胞の増殖に必須な遺伝子のように，細胞にとって基本的に重要な遺伝子以外は，個体の発生過程で一時的に発現するか，細胞の分化，個体の防御等に応じて，一時的に発現する程度である。

そこで，このような潜在的な遺伝子を活性化して遺伝子を探索することが試みられている[22]。以下にその例を紹介する。

トランスジェニックマウスλE1A/1は，ファージベクターにE1A遺伝子を2コピー組み込んだCharon 10－gE1A－2を，およそ70コピー組み込んでいる。その子を解析したところ，個体間に変動があり，また，弱いながらE1A遺伝子の発現がみられた。

これらのE1A遺伝子の発現がみられた個体を，臓器ごとに分けて抽出物をつくり，そのタンパ

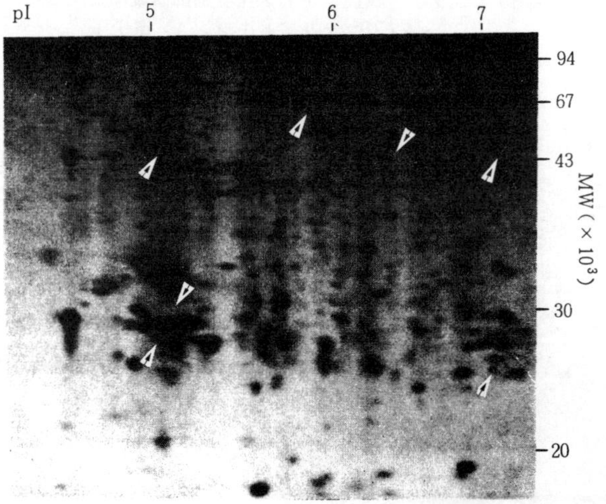

写真6・5　λE1Aマウスの脾臓タンパク質の二次元電気泳動による分画[22]

↗　正常マウスになく，λE1Aマウスにみられるスポット

↙　正常マウスにみられ，λE1Aマウスにはみられないスポット

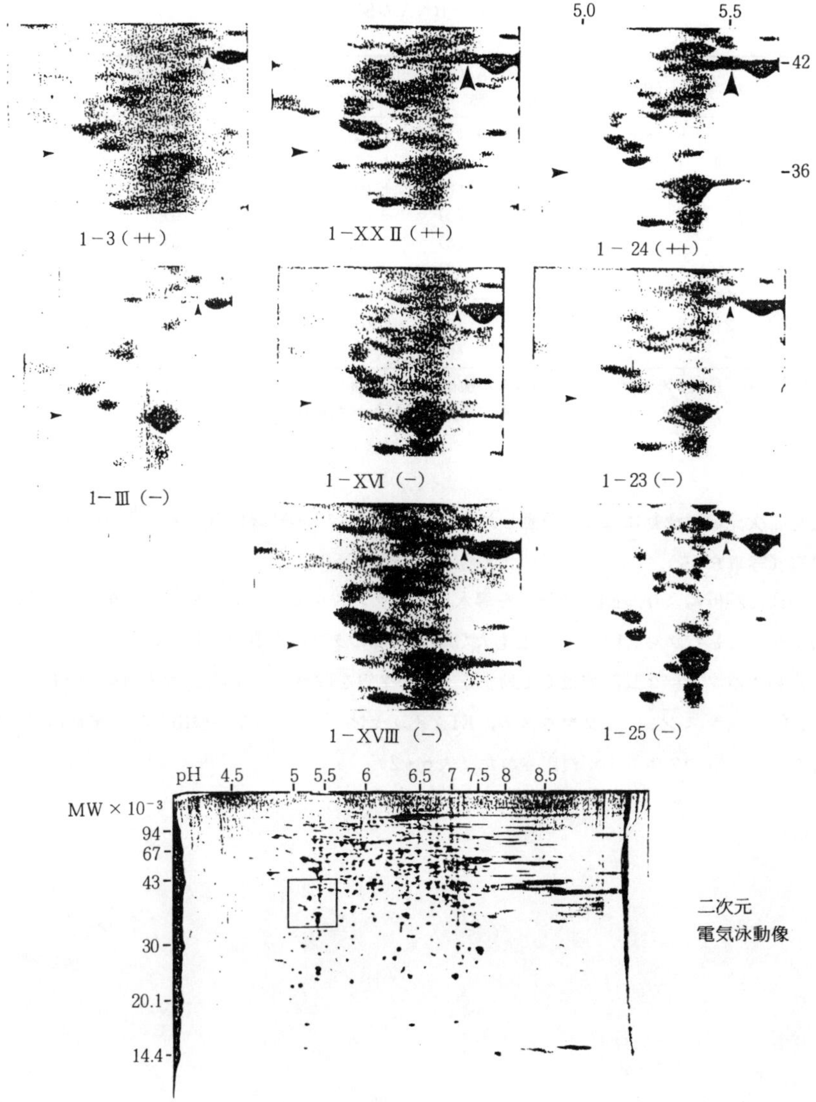

図6・8　λE1Aマウス3個体（上段）とその同腹仔野生型（中・下段）の肝臓タンパク質の比較

表6・2　λE1Aマウスに特徴的なタンパク質の数とE1Aメッセンジャー RNAの検出

マウス	DNA	RNA（特異的に検出されたタンパク質スポット）					
		脾臓	膵臓	腎臓	肝臓	肺	脳
1－3	＋＋	＋(2)	＋(1)	＋(0)	－(0)	＋(0)	－(0)
1－XXII	＋＋	＋(0)	－(0)	＋(0)	＋(2)	＋(0)	－(0)
1－24	＋＋	＋(0)	－(0)	＋(0)	＋(2)	＋(0)	－(0)
2－IV	＋	＋(0)	－(0)	－(0)	－(0)	－(0)	－(0)
1－III	－	(0)	(0)	(0)	(0)	(0)	(0)
1－XVI	－	(0)	(0)	(0)	(0)	(0)	(0)
1－XVIII	－	(0)	(0)	(0)	(0)	(0)	(0)
1－23	－	(0)	(0)	(0)	(0)	(0)	(0)
1－25	－	(0)	(0)	(0)	(0)	(0)	(0)

＋　E1Aメッセンジャー RNAが検出された臓器
－　E1Aメッセンジャー RNAが検出されなかった臓器

ク質を二次元電気泳動によって分画したところ，λE1A/1に特異的なタンパク質のスポットが見られた（写真6・5）。

その後の解析により，E1A遺伝子を導入したトランスジェニック動物間の相異，そして，λE1A/1を親としながらE1A遺伝子をもたない兄弟間のタンパク質の変動も観察されたため，兄弟間で変動するタンパク質，雌雄で変動するタンパク質を除外して比較したが，図6・8に示すように，E1Aトランスジェニックマウスの，E1Aメッセンジャー RNAが検出された臓器にのみ特異的なタンパク質のスポットが検出された（表6・2）。

2　病態モデル動物の作製

2.1　ヒト遺伝子を導入した病態モデル動物

遺伝子は，これを発現し，その発現産物が機能する場を得て，初めて生物学的な機能を発現する。したがって，ヒトの病気のうち，遺伝子産物の活性の変化に起因するもの，遺伝子発現の調節機構の異常に基づくものも，遺伝子レベルでの異常が個体の異常に表現されるまでに，いくつかの段階を経るため，無細胞系，培養細胞系のみでは，その解析は不充分になる。

そこで，よりヒト個体に近い条件でヒトの病気を追求し，その治療に役立たせる目的で，ヒトのクローン化された遺伝子を導入したトランスジェニックマウスが開発されてきている。

(1)　ダウン症候群モデルマウス

ヒトのダウン症候群では，21番染色体が3本あり，このため，21番染色体上の遺伝子産物である酵素，CuZn-SOD(Cu/Zn-superoxide dismutase）が，正常2倍体の1.5倍に増えている[23]。そして，このCuZn-SOD量の増加が，ヒトのダウン症とアルツハイマー病に関連していることが示唆されている[24]。

図6・9　ヒトCuZn-SOD遺伝子[25]

ヒトのCuZn-SODをコードする遺伝子(図6・9)を導入したトランスジェニックマウスは，活性のあるヒトの酵素を合成し，しかも，これらのマウスの脳でのCuZn-SOD量も，野生型の1.6倍から6倍に増加して，ヒトのダウン症に類似した条件をつくり出していた（図6・10）[25]。

また，別のグループで開発された同様のトランスジェニックマウスは，舌の筋肉と神経に，ヒトのダウン症にみられる異常を示した[26]。

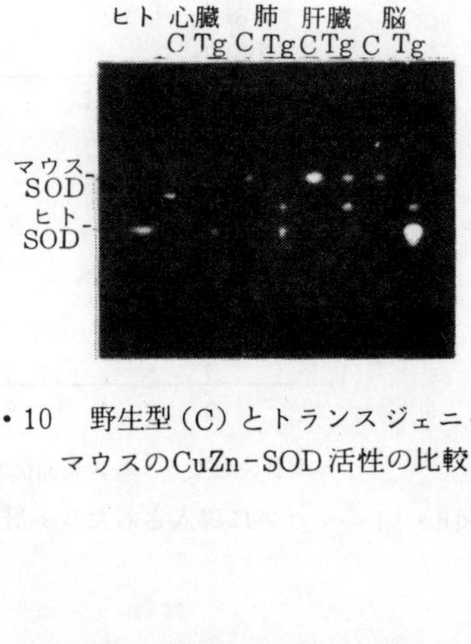

図6・10　野生型（C）とトランスジェニック（Tg）マウスのCuZn-SOD活性の比較[25]

(2) ウイルス遺伝子・ガン遺伝子を導入したモデルマウス

ヒト本来の遺伝子ではないが，ヒトの病気との関連が問題となっている遺伝子，とくにウイルス遺伝子とガン遺伝子を導入したモデルマウスの開発も活発である。

JCウイルスとBKウイルスは，動物での発ガン性が示されたSV40と共通点が多いうえ，ヒトの70％以上に感染しているため，その病気との関連，とくに発ガン性が追求されてきた。

SV40T抗原遺伝子に相当する，JCウイルスの初期遺伝子を導入したマウスは，悪性の神経系

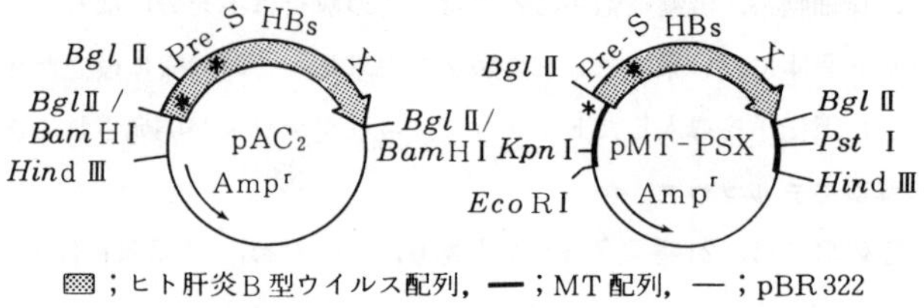

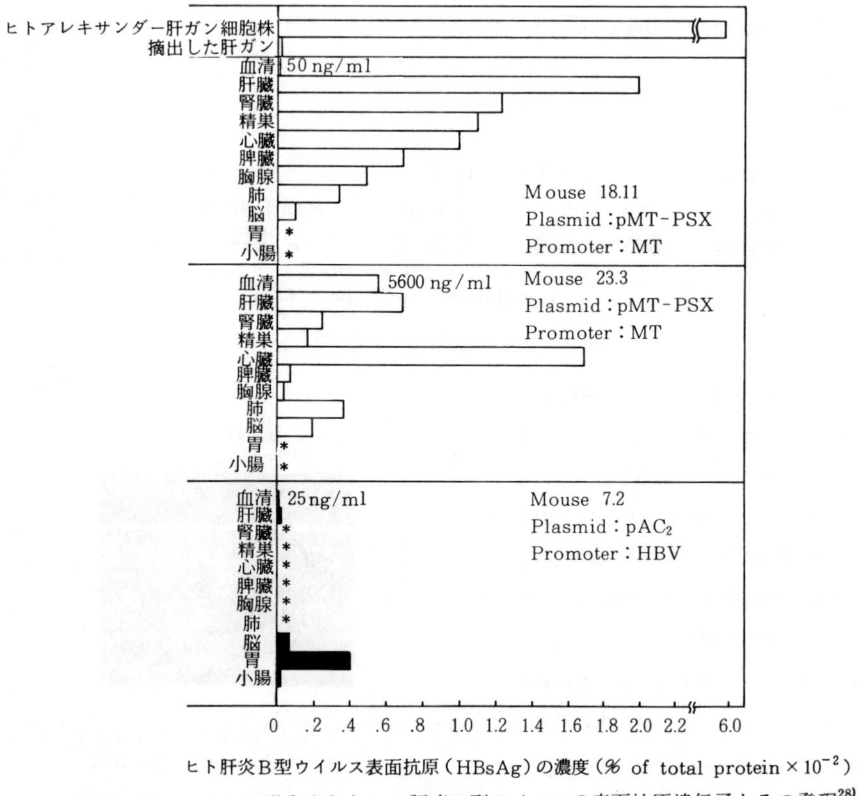

図6・11　マウスに導入されたヒト肝炎B型ウイルスの表面抗原遺伝子とその発現[28]

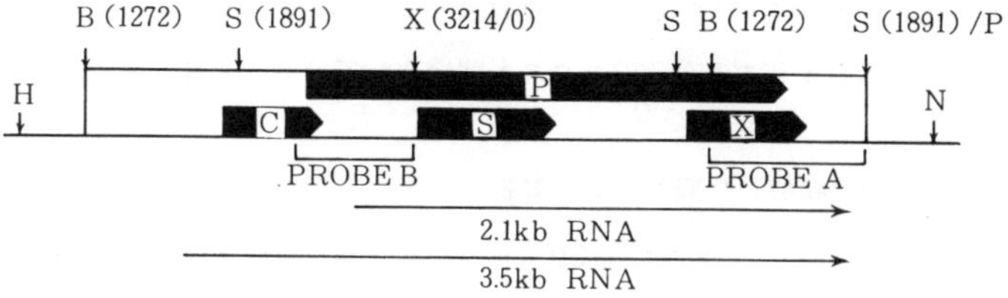

図6・12　マウスに導入されたヒト肝炎ウイルスの全ゲノム[29)]
■は，C；HB_cAg，S；HB_SAg，X；HB_X，P；ポリメラーゼ，の各コード領域
B；*Bam*HI，H：*Hind*III，N；*Nde*I，P；*Pvu*II，S；*Stu*I，X；*Xho*I

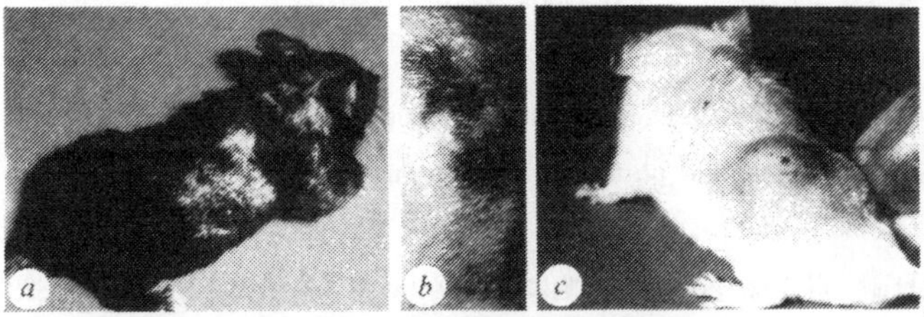

a：生後14カ月のマウス。右肩と横腹に腫瘍が見られる。
b：生後8カ月のマウスの背中出血部の拡大像。
c：生後10カ月のマウス。背下部に出血が拡がっている。
写真6・6　HIV *tat* 遺伝子導入マウスの皮膚ガン[30)]

腫瘍を発生した[27)]。また，BKウイルスの初期遺伝子をトランスジーンとしてもつマウスも，肝臓に腫瘍を生じた。JCウイルスとBKウイルスいずれの場合も，腫瘍部にトランスジーンの発現が活発にみられた[27)]。

同様に，ヒトの肝ガン発症機構との関連が問題となっているヒト肝炎B型ウイルスの表面抗原を導入したマウス[28)]（図6・11），あるいは，全ゲノムを導入したトランスジェニックマウス（図6・12）[29)]も開発され，肝ガン発症機構の解明と対策の検討に供されている。

さらに，エイズとの関連が注目されるHIV（human immunodeficiency virus）の遺伝子の1つ，*tat*を導入したマウスも開発され，エイズに特徴的な腫瘍，Kaposi's sarcomaを発症させることに成功した（写真6・6）[30)]。

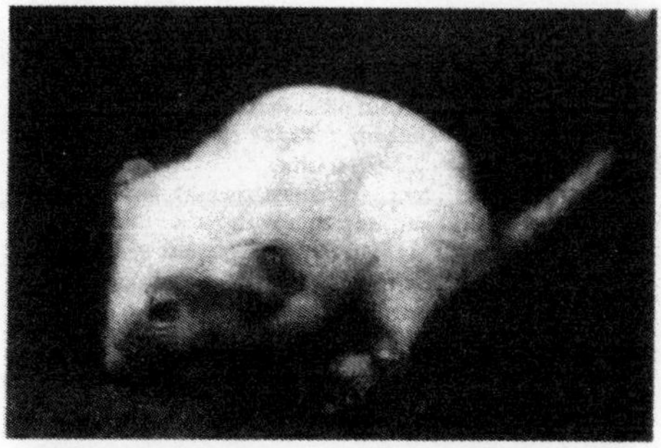

写真6・7　HTLV-1 *tat* 遺伝子導入マウス[31)]
（前・後肢，耳，尾部のガンが多発している）

また，ヒト白血病ウイルス（HTLV－1）の*tat*遺伝子を導入することにより，ヒトのレクリングハウゼン病様の腫瘍を多発する系統のマウスも開発されている（写真6・7）[31]

2.2　ヒト疾病と病状の類似した病態モデル動物

ヒトの遺伝子欠損あるいは組織の機能欠損に基づく病気は，そのままモデル動物に移すことはできない。

このような場合には，実験動物の遺伝子で，ヒトの病気の原因となる遺伝子と相同の機能をもつ遺伝子を同定し，破壊して，ヒトの病状と類似した症状を示す実験動物をモデルとする。組織の機能欠損に基づくヒト病態モデルも，同様の方策をとる。

(1)　レッシュニーハン症候群モデルマウス

レッシュニーハン症候群（Lesch－Nyhan syndrome）は，プリン合成系に関与する酵素，HPRT（hypoxanthine－guanosine phosphoribosyl transferase）の遺伝子欠損による神経系の病気である[32]。

HPRT活性は測定可能なので，ES細胞にレトロウイルスを感染させて，挿入突然変異による遺伝子欠損細胞が得られることを利用して（図6・13），HPRT活性をもたないES細胞の突然変異株を採取した。

さらに，このES細胞をマウス初期胚に注入して，レッシュニーハン症候群と同様，HPRT活性をもたないマウスの開発に成功している[33),34]。

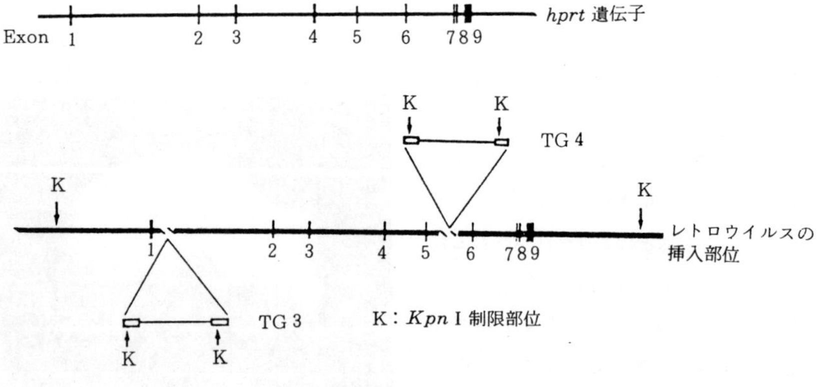

図6・13　レトロウイルスの*hprt*遺伝子への挿入[39]

⑵　インシュリン依存性糖尿病モデルマウス

インシュリン依存性の糖尿病は，インシュリン産生細胞である膵臓エンゲルハンス島のβ細胞の欠失に起因する。β細胞は，自己免疫によって破壊されると推察される[35]。

そこで，β細胞特異的な遺伝子発現制御領域であるヒトインシュリン遺伝子の5′側上流域に，組織特異抗原（MHC）遺伝子をつないでマウスに導入し，MHCをβ細胞特異的に発現させたところ，このマウスの子でトランスジーンを受けついだマウスは，すべて，インシュリン依存性糖尿病を発症した（表6・3）[36]。

また，インターフェロン－γをβ細胞で発現させても，エンゲルハンス島の損傷したマウスが得られた（図6・14，写真6・8）[37]。

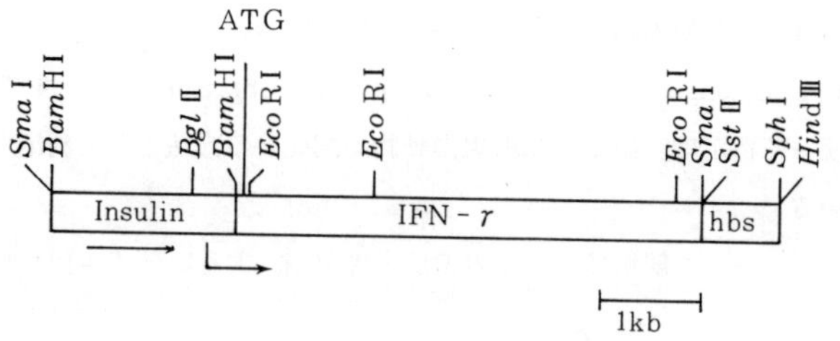

図6・14　γ－インターフェロン遺伝子を膵臓で発現させる組み換えDNA[37]

表6・3　インシュリン依存性糖尿病マウスの作製[36]

トランスジェニックマウス	トランスジーンの子孫への伝達	糖尿病発症数／トランスジェニックマウス数
187－1F	3/9	3/3
187－7M	25/57	25/25
190－2M	1/5	1/1
190－5M	8/62	8/8
191－2M	0/29	0
191－5F	0/0	0

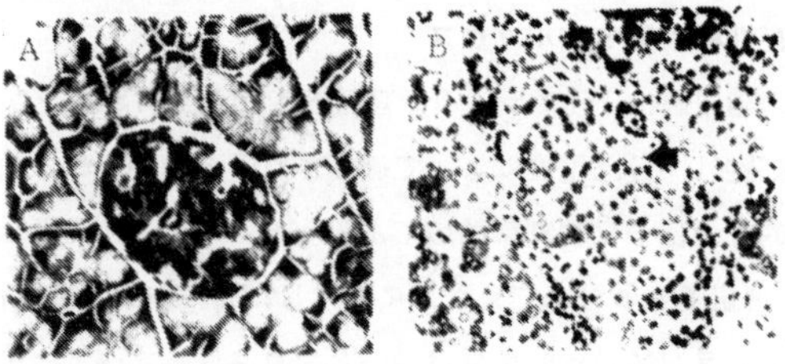

写真6・8　γ－インターフェロンにより破壊されたランゲルハンス島（B）と正常マウスのランゲルハンス島（A）

2.3　欠損症動物

特定の遺伝子，あるいは細胞，組織の機能を調べるためには，遺伝子の欠損動物，あるいは細胞や組織の機能不全動物を入手し，健全な個体と比較解析する方法が有効である。また，ヒトの遺伝病には，単一の遺伝子異常による遺伝病が知られてきていることから，遺伝病モデル動物の開発にも，特定の遺伝子欠損動物の開発が重要な課題となる。

1節1.3項のCell Lineageのところでも記したgenetic ablation法は，すでに，トランスジェニック技術を使って特定細胞由来の組織欠損動物を開発する方法として利用されて，その成功例も報告されている。

一方，トランスジェニック技術は，特定の遺伝子の欠損，あるいは不活化を起こす技術にも利用されている。

以下，これらについて紹介する。

2.3.1　レトロウイルスを用いた不活化

遺伝子に外来DNAを挿入すると，挿入の位置によっては，遺伝的コードが乱され，その遺伝子産物が本来の活性を失うなど，正常に機能することができなくなる。このような挿入突然変異により，遺伝子の不活化を引き起こすことができる。

しかし，外来DNAは，染色体にランダムに組み込まれるため，目的とする遺伝子に外来DNAが挿入される割合は低い。

この課題を解決する目的で，ES細胞に，外来DNAとして，レトロウイルスを感染させて導入してから，目的とする遺伝子が不活化されたES細胞を選択して，動物の初期胚に注入することによって，遺伝子欠損キメラマウスを開発する方法が示された（2.2項(1)参照）[38),39)]。

この方法は，億の単位の細胞から，目的とするES細胞を選択できるため，遺伝子産物の検定法がある遺伝子については，その挿入突然変異動物を開発するのに適している。

2.3.2　gene targeting法による不活化

不活化したい遺伝子がクローン化され，その構造が判明している場合には，不活化したい遺伝

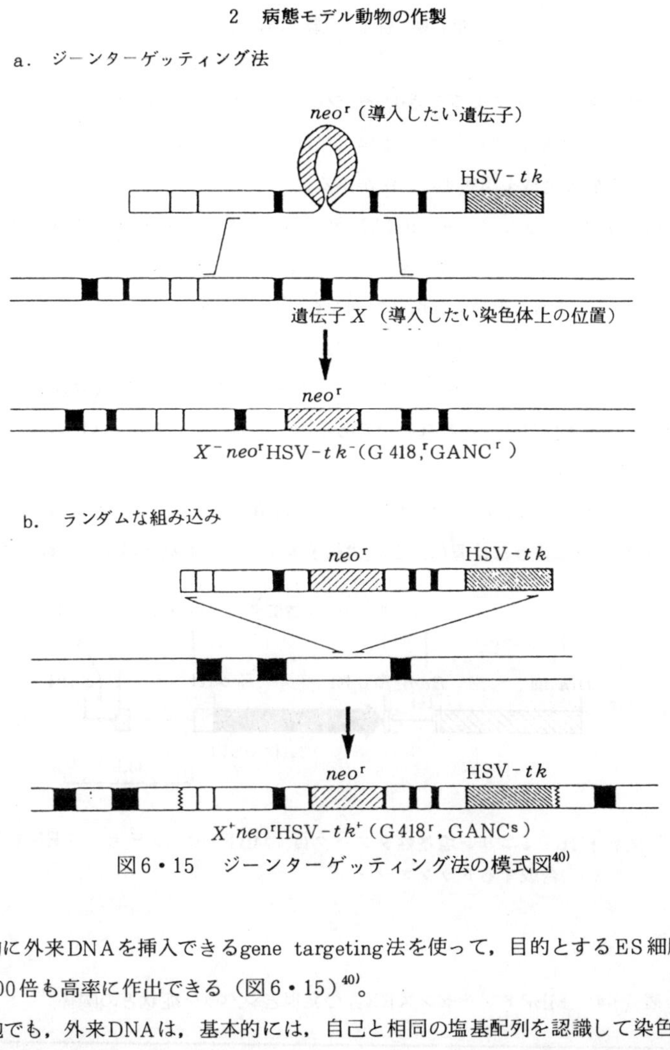

図6・15　ジーンターゲッティング法の模式図[40]

子に特異的に外来DNAを挿入できるgene targeting法を使って，目的とするES細胞を，ランダム法の2,000倍も高率に作出できる（図6・15）[40]。

動物細胞でも，外来DNAは，基本的には，自己と相同の塩基配列を認識して染色体に組み込まれる。試験管内組換え技術で，不活化しようとするのと同じ遺伝子に，あらかじめ外来DNAを組み込み，この組換え体DNAをES細胞に導入する。外来DNAとして，ネオマイシン耐性遺伝子を使うことにより，外来DNAを染色体上に組み込んだ細胞のみを増殖させ，選択できる。

ネオマイシン耐性遺伝子の両側にある，不活化したい遺伝子と相同の塩基配列が，ES細胞染色体上の，自己と同じ配列を識別するため，ES細胞に導入した組換え体DNAは，不活化したい遺伝子部分に，最も高頻度で組み込まれる。

この方法を適用して，proto－oncogene（*int*－2）遺伝子の挿入変異株[40]，En－2変異株[41]，HPRT変異株[40]の開発に成功している。

2.3.3 アンチセンスRNA法による不活化 ― シバラーマウスの作製 ―

不活化したい遺伝子の構造が判明している場合には，アンチセンス法でメッセンジャーRNAを不活化し，遺伝子産物の合成を阻害する方法がある。

すなわち，遺伝子は，メッセンジャーRNAに転写され，トランスファーRNAがメッセンジャーRNAの遺伝コードを読みとって，これをタンパク質のアミノ酸配列に翻訳するが，もし，細胞内に，メッセンジャーRNAと相補的な塩基配列をもつRNA（アンチセンスRNA）が充分量存在すると，メッセンジャーRNAとアンチセンスRNAは二本鎖RNAを形成し，トランスファーRNAが識別する遺伝コードをふさいでしまうため，メッセンジャーRNAとしての機能を果たせず，したがって，この遺伝子産物は合成されないのである[42]。なお，アンチセンスRNAの長さは，メッセンジャーRNAよりも短くてもよい。

そこで，クローン化されたミエリン塩基性タンパク質遺伝子が，ちょうど逆方向からメッセンジャーRNAに転写されるような位置に，この遺伝子本来の発現制御領域を組み換えて（図6・16），

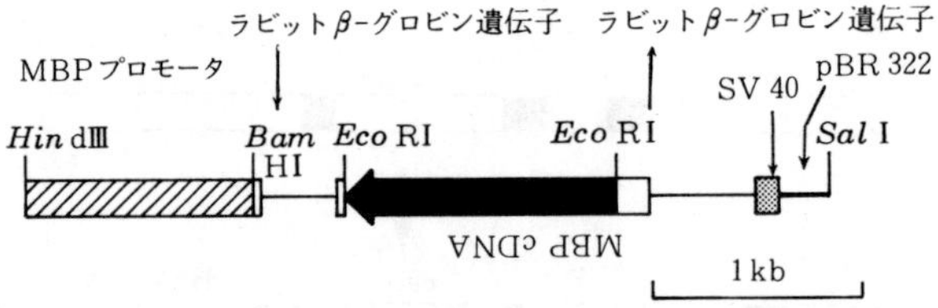

図6・16　ミエリン塩基性タンパク質（MBP）のアンチセンスRNAを合成するトランスジーン[43]

表6・4　MBPアンチセンスRNAの発現とシバラー症状との関係[43]

マウス	遺伝形質	トランスジーン	MBP アンチセンス RNA	MBP mRNA（%）（野生型を100%とする）	小脳中のMBP	マウスの震え
AS 100 - 10	+/+	−	−	100	+	−
AS 100 - 9	*shi*/+	−	−	50	+	−
AS 100 - 11	+/+	B型	+	50	+（m）*	−
AS 100 - 12	*shi*/+	A型	++	30	±（m）*	±
AS 100 - 14	*shi*/+	B型	++	20	∓	+

*（m）：発現のモザイク

野生型マウスに導入した。

その結果，得られたトランスジェニックマウスは，ミエリン塩基性タンパク質のメッセンジャーRNAが合成される時期に，同じ細胞でアンチセンスRNAも合成されるため，このタンパク質不足に起因する，シバラーの症状を呈した（表6・4）[43]。

3　遺伝子導入による遺伝病治療効果の検定（遺伝子治療モデル）

3.1　はじめに

近交系マウスには，様々な遺伝病が見られるが，トランスジェニック技術により，これらを治療することが試みられている。

ヒトの体細胞に遺伝子を導入して，遺伝病の患者を救おうという遺伝子治療は，倫理面の問題もあって，現在のところ，試みられていないが，マウスを使ったこのような方法の検討は，将来の遺伝子治療のモデルとして注目される。

3.2　正常遺伝子の導入による治療

単一の遺伝子産物の活性が欠損している遺伝病は，活性ある産物を発現する遺伝子を導入することによって，治療が可能と考えられる。

すでに，このような考えのもと，小人症，β－サラセミア，不妊症，シバラー，表皮異常症，免疫不全，等いくつかの遺伝病マウスで，遺伝子導入による遺伝病の治療効果が示されている。

(1)　小人症

小人症（lit）マウスは，成長ホルモンが不充分なため，成長不全を示し，雄では生殖不能，雌でも性成熟の遅れを示す[44]。

litマウスには，成長ホルモン遺伝子は検出されるが，その転写機構に欠損があり，結果として，血中成長ホルモン量は，正常マウスに比べて少ない[45]。

表6・5　ラット成長ホルモン遺伝子導入による成長の回復[46]

マウス	性別	遺伝形質	トランスジーンのコピー数	血清中の成長ホルモン（ng/ml）	マウス重量（g）
20－1	♀	*lit/lit*^{1}	4	2,600	50.0
41－1	♂	*lit/lit*^{2}	17	31,200	41.8
41－2	♀	*lit/lit*^{2}	98	29,300	38.0
41－3	♀	*lit/lit*^{2}	1	1,463	12.9
54－1	♂	*lit/lit*^{1}	8	2,764	43.7
65－1	♀	*lit/lit*^{1}	10	1,630	39.0
65－2	♀	*lit/lit*^{1}	12	6,540	37.5
Control	♂	*lit/lit*	－	66±11	14.6±1.8
Control	♀	*lit/lit*	－	76±8	12.6±0.4
Control	♂	*lit/+*	－	254±90	28.8±2.3
Control	♀	*lit/+*	－	254±60	23.0±1.9
Control	♂	+/+	－	110±18	31.0±0.7
Control	♀	+/+	－	240±55	25.9±1.0

lit/lit^1：*lit/lit*(♂)×*lit/lit*(♀)，*lit/lit*^{2}：Hd+/+*lit*(♂)×*lit/lit*(♀)

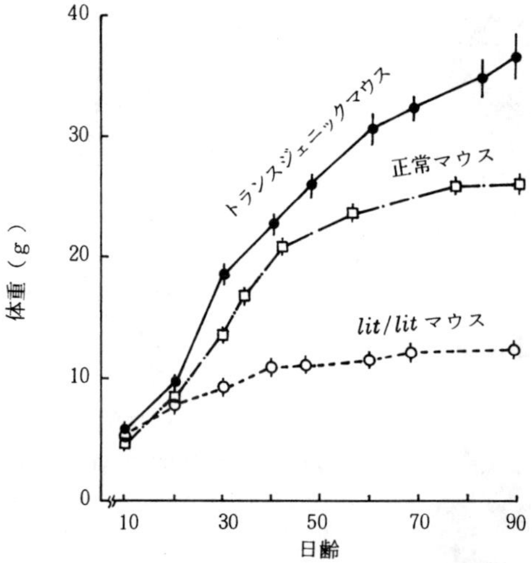

図6・17　トランスジェニックマウスの成長曲線[46)]

このlitマウスに，メタロチオネインのプロモーター/エンハンサー領域に制御されたラットの成長ホルモン遺伝子を導入すると，このトランスジーンは，マウスで効率的に発現され，6週齢では，7系統のトランスジェニックlitマウスのうち6系統が，ほぼ正常マウスに近い成育を示しただけではなく，雄の不妊症も治療できた（表6・5，図6・17）[46)]。

(2)　β－サラセミア

β－サラセミアは，β－グロビン遺伝子の変異によるβ－グロビンの機能欠損，あるいは，β－グロビン遺伝子の種々の発現障害によるβ－グロビンの欠損病である。

β－グロビン遺伝子の1つ，β^{maj}遺伝子が失われたために，β－グロビン量の不十分な系統のマウスに，ヒトβ－グロビン遺伝子，あるいは，クローン化されたマウスβ^{maj}－グロビン遺伝子を導入したところ，これらのトランスジーンは，活性のあるヒトあるいはマウスのβ－グロビンを発現し，赤血球異常が修復された（写真6・9，写真6・10）[47)]。

この結果は，ヒトのβ－グロビンが，マウスのβ－グロビンの代りになって，マウス個体で機能を発揮することを示している。

(3)　免疫不全

プロモーター領域の欠損によりE_{α}遺伝子を発現できず，そのため，抗原に反応して抗体を生産できないマウスに，E_{α}^{κ}を導入したところ，E_{α}^{κ}は正常に発現し，抗原に反応して抗体を産生する能力を回復した（図6・18）[48)]。

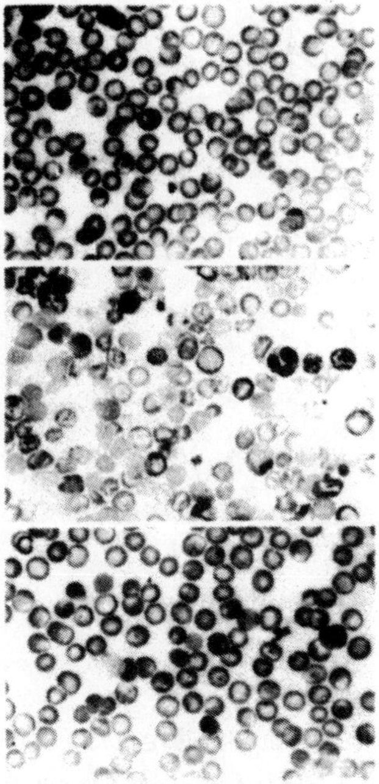

A．正常マウス
B．サラセミアマウス
C．ヒトβ－グロビン遺伝子を導入したトランスジェニックマウス

写真6・9　マウス赤血球の形態[47]

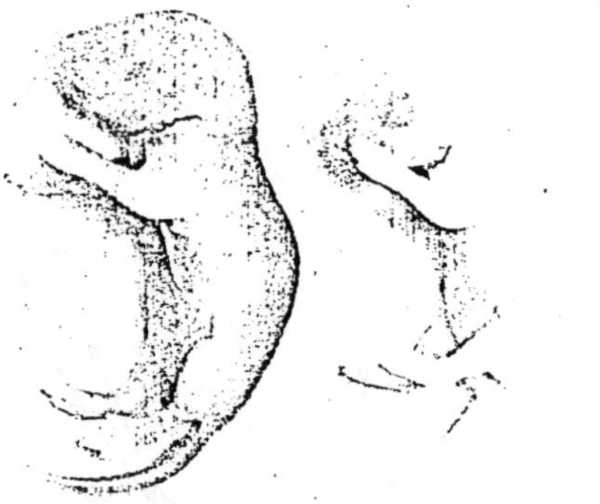

写真6・10　新生児マウスにおける遺伝子導入の効果

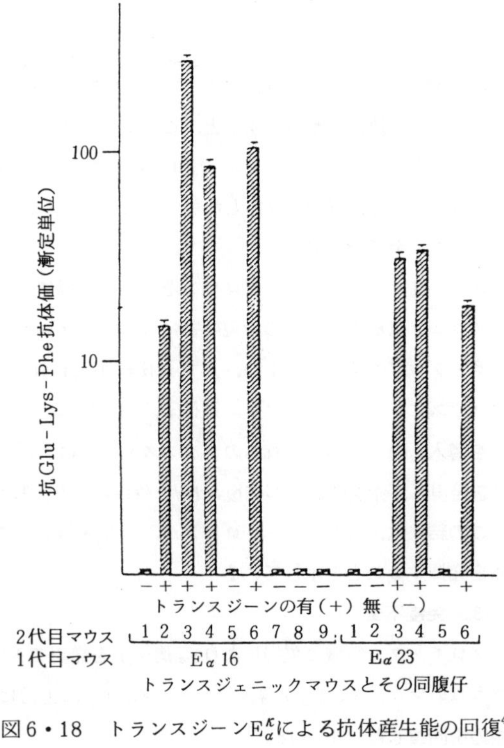

図6・18　トランスジーンE_{α}^{κ}による抗体産生能の回復[48]

(4)　不妊症

ゴナドトロピン放出ホルモン（GnRH）遺伝子欠損染色体を対にもつマウスは，生殖能力に欠ける。

そこで，まず，クローン化したGnRH遺伝子を野生型マウスの受精卵に導入して，トランスジェニックマウスをつくり，これをGnRH遺伝子欠損染色体をもつマウスと交配して，

GnRH遺伝子欠損染色体を対にもつと同時に，導入したGnRH遺伝子をもつマウスを得た。

このようにして得たトランスジェニックマウスは，雄も雌も生殖能力を回復していた[49]。

(5)　シバラー

シバラーマウスは，前述のように，ミエリン塩基性タンパク質（MBP）の欠損による中枢神経不全で，ふるえと短命を症状とする。

そこで，クローン化したMBP遺伝子を，このシバラーマウスに導入したところ，トランスジェニック体には，正常なMBPが検出された（図6・19）[50]。そして，トランスジーンの発現したマウスのMBP量は野生型に比して少ないながら，シバラーマウス特有の症状は消失した（表6・6）[50]。

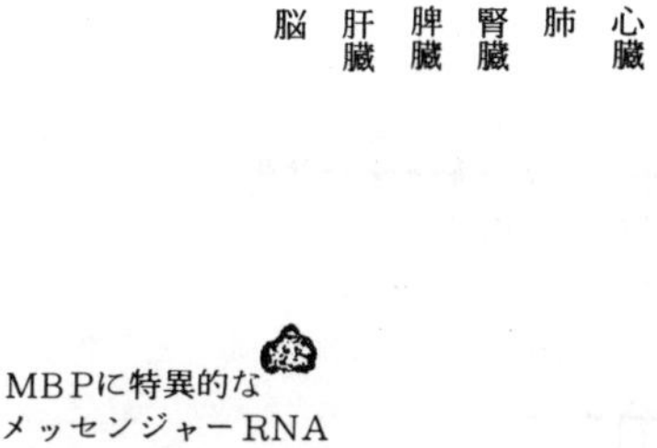

図6・19　MBPトランスジーンの脳での発現[50]

表6・6　MBPトランスジェニックマウスの症状[50]

遺伝形質	痙攣発生時期（月）	寿命（月）
+/+	症状なし	24 − 36
shi/shi；−/−（同腹仔）	2 − 3	2 − 5
shi/shi；*MBP*¹/−（同腹仔）	2 − 3	6
shi/shi；*MBP*¹/*MBP*¹	7カ月齢まで症状なし	＞7

shi：シバラー遺伝子
*MBP*¹：MBPトランスジーン

3.3　欠損遺伝子修復による治療

以上のように，正常に発現する遺伝子を導入して，細胞の機能を補う方法を一歩進め，欠損遺伝子を健全な遺伝子へと修復する試みも成功している。

S.Thompsonら[51]は，*hprt*遺伝子の一部が欠損しているマウスのES細胞に，2.3.2項で記したジーンターゲッティングの方法を用いて，*hprt*遺伝子の欠損部分を導入し，このES細胞を胚盤胞に注入したところ，正常レベルのHPRT活性を示すマウスを得ることができた（図6・20）。

3.4　課題と展望

トランスジェニック技術により効果が認められた遺伝病の治療モデルは，ここに述べた例にとどまらない。

このような成功のつみ重ねにより，多くの遺伝子欠損病は，外から，正常遺伝子を発現する系を導入することによって，遺伝的に正常化（治療）できることが明らかになってきている。

しかし，今のところ，外来遺伝子の導入率とトランスジーンの発現率，すなわち治療の成功率

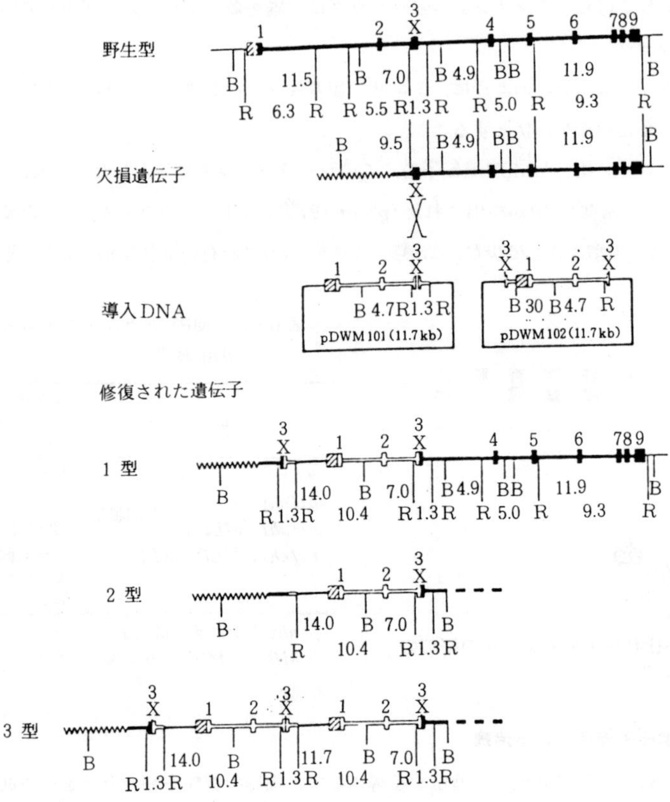

図 6・20　ジーンターゲッティング法による欠損 ***hprt*** 遺伝子の修復[51)]

が低いこと，さらには，遺伝子の導入により動物に障害が出た時に，導入した遺伝子を取り除く技術がないこと，などから，トランスジェニックの手法による遺伝病の永久的な治療の適用は，マウスを使ったモデル実験に限定されている。

とはいえ，研究の進展により，今後，より高等な動物の遺伝子治療も可能になろう。

4　希少細胞のクローン化

動物細胞を，培養細胞としてクローン化するには，個体から分離した初期培養細胞に，SV40T抗原遺伝子等の不死化遺伝子を導入し，細胞を不死化して継代能力を獲得させる方法が，一般的方法として確立されている。

しかし，この方法では，初期培養細胞の処理が難しく，どんな細胞でも培養細胞としてクローン化できるわけではない。特に，数少ない細胞の場合，他の多数の細胞から選別してくるのが難しい場合が多い。また，この方法では，仮に初期培養細胞を得ることができても，不死化遺伝子で処理した細胞集団のごく一部のみが不死化されるため，あらかじめ充分数の細胞を準備する必要がある。

このような困難を解決する手段として，腫瘍組織から細胞を採取し，培養化することも行われている。

このような中，トランスジェニック動物の特徴の1つである，外部から導入した遺伝子が，その個体のすべての細胞に分布することを利用して，不死化遺伝子を，特定細胞で発現するように，制御遺伝子と組み合わせて動物に導入することにより，他の多くの細胞との混合物から，不死化遺伝子が発現する細胞を選択的にクローン化する方法が開発された。

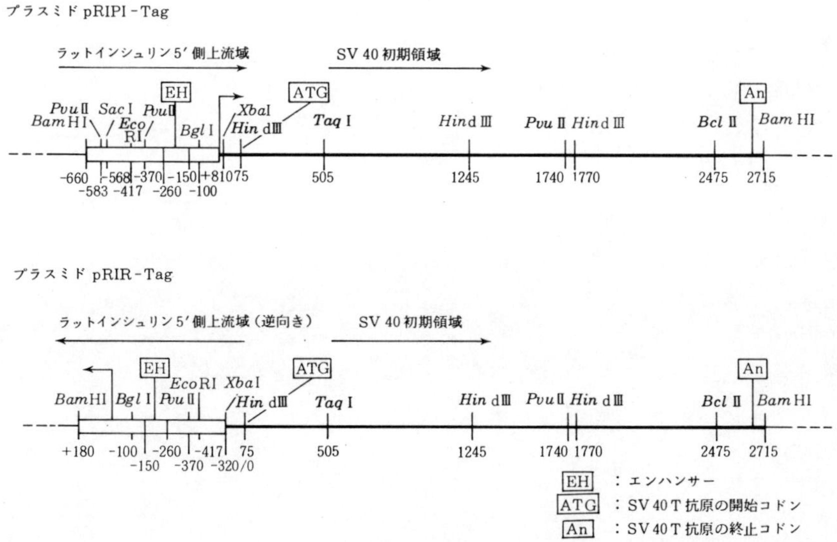

図6・21　インシュリン発現制御領域に支配されたSV 40 T 抗原遺伝子[52)]

膵臓のβ細胞は，エンゲルハンス島に散在する。インシュリンは，このβ細胞で特異的に生成されるが，インシュリン遺伝子をβ細胞で特異的に発現させる制御領域は，インシュリン構造遺伝子の5′側上流域に局在する。

そこで，この領域にSV40T抗原遺伝子をつなぐことによって（図6・21），SV40T抗原をβ細胞のみで生産させることができた[52]。そして，このマウスの膵臓から得た細胞を継代することによって，β細胞のみを不死化させ，クローン化することに成功した[53]。

文　献

1) フィリップ・レダー，ティモシ・エイ・スチュアート：特公昭 61-81743 (1986)
2) R. L. Brinster *et al.*: *Cell*, **37**, 367-379 (1984)
3) T. A. Stewarl *et al.*: *Cell*, **38**, 627-637 (1984)
4) M. Shani: *Nature*, **314**, 283-286 (1985)
5) M. Shani: *Mol. Cell. Biol.*, **6**, 2624-2631 (1986)
6) R. L. Brinster *et al.*: *Nature*, **306**, 332-336 (1983)
7) P. Einat *et al.*: *Genes & Development*, **1**, 1075-1084 (1987)
8) D. Picard, W. Schaffner: *Nature*, **307**, 80-82 (1984)
9) S. Alpert *et al.*: *Cell*, **53**, 295-308 (1988)
10) R. D. Palmiter *et al.*: *Cell*, **50**, 435-443 (1987)
11) M. L. Breitman *et al.*: *Science*, **238**, 1563-1565 (1987)
12) A. M. Pappenheimer, Jr.: *Ann. Rev. Biochem.*, **46**, 69 (1977)
13) M. Yamaizumi *et al.*: *Cell*, **15**, 245 (1978)
14) R. R, Behringer *et al.*: *Genes & Development*, **2**, 453-461 (1988)
15) T. Yamashita *et al.*: *Virus*, **36**, 79-111 (1986)
16) R. Stein, E. B. Ziff: *Mel. Cell Biol.*, **4**, 2792-2801 (1984)
17) J. R. Nevins: *Cell*, **29**, 913-919 (1982)
18) M. R. Green *et al.*: *Cell*, **35**. 137-148 (1983)
19) R. B. Gaynor *et al.*: *Proc. Natl. Acad. Sci. USA*, **81**, 1193-1197 (1984)
20) P. I. Schrier *et al.*: *Nature*, **305**, 771-775 (1983)
21) I. Takahashi *et al.*: *Agric. Biol. Chem.*, **50**, 819-825 (1986)
22) M. Hoshi *et al.*: *Jap. J. Animal Rep.*, **33**, 27-35 (1987)
23) I. Fridovich: *Advances in Enzymology and Related Areas of Molecular Biology*, **58**, 61-97 (1986)
24) Y. Groner *et al.*: *Cold Spring Harbor Symp. Quant. Biol.*, **51**, 381-393 (1986)
25) C. J. Epstein *et al.*: *Proc. Natl. Acad. Sci. USA.*, **84**, 8044-8048 (1987)
26) K. B. Avraham *et al.*: *Cell*, **54**, 823-829 (1988)
27) J. A. Small *et al.*: *Proc. Natl. Acad. Sci. USA.*, **83**, 8288-8292 (1986)
28) F. V. Chisari *et al.*: *Science*, **230**, 1157-1160 (1985)
29) K. Araki *et al.*: *Proc. Natl. Acad. Sci. USA*, **86**, 207-211 (1989)
30) J. Vogel *et al.*: *Nature*, **335**, 606-611 (1988)
31) S. H. Hinrichs *et al.*: *Science*, **237**, 1340-1343 (1987)
32) M. Lesch, W. L. Nyhan: *Am. J. Med.*, **36**, 561-570 (1964)
33) M. Hooper *et. al.*: *Nature*, **326**, 292-295 (1987)
34) M. R. Kuehn *et. al.*: *Nature*, **326**, 295-298 (1987)
35) G. F. Bottazzo *et al.*: *Immunol. Rev.*, **94**, 137-169 (1986)
36) D. Lo *et al.*: *Cell*, **53**, 159-168 (1988)
37) N. Sarvetnick *et al.*: *Cell*, **52**, 773-782 (1988)
38) M. Hooper *et al.*: *Nature*, **326**, 292-295 (1987)

39) M. R. Kuehn *et al.*：*Nature*, **326**, 295-298 (1987)
40) S. L. Mansour *et al.*：*Nature*, **336**, 348-352 (1988)
41) A. L. Joyner *et al.*：*Nature*, **338**, 153-156 (1989)
42) H. Weintraub *et al.*：*Trends Genet.*, **1**, 22 (1985)
43) M. Katsuki *et al.*：*Science*, **241**, 593-595 (1988)
44) E. M. Eicher, W. G. Beamer：*J. Hered.*, **67**, 87-91 (1976)
45) J. A. Phillips *et al.*：*J. Endocr.*, **92**, 405-407 (1982)
46) R. E. Hammer *et al.*：*Nature*, **311**, 65-67 (1984)
47) F. Costantini *et al.*：*Science*, **233**, 1192-1194 (1986)
48) M. L. Meur *et al.*：*Nature*, **316**, 38-42 (1985)
49) A. J. Mason *et al.*：*Science*, **234**, 1372-1378 (1986)
50) C. Readhead *et al.*：*Cell*, **48**, 703-712 (1987)
51) S. Thompson *et al.*：*Cell*, **56**, 313-321 (1989)
52) D. Hanahan：*Nature*, **315**, 115-122 (1985)
53) 宮崎純一ほか：第12回日本分子生物学会講演要旨集 (1989)

第７章　物質生産への応用

— 遺伝子産物生産工場としてのトランスジェニック動物 —

1　動物の分泌物の利用（殺さないで利用できる方法）

トランスジェニック動物を，遺伝子産物の生産系（アニマルファーム）として利用する場合，動物を殺さないで利用できる方が望ましい。

動物を殺さないで利用できる成分には，乳汁，尿，唾液，それに毛がある。

1.1　乳　汁

1.1.1　本生産系の特徴

以上の各成分のうち，乳汁は，以下のように，いくつかの観点から，遺伝子工学によるタンパク質性物質の生産系として優れた系である。

(1)　生産動物の保護

トランスジーンの産物が，宿主動物が本来持っていない生理活性物質の場合，宿主の成育不全や，極端な場合には死を招くことがある。また，宿主に毒性を示さない外来物質でも，人工的な操作を加えて大量に合成させることによって，宿主の消耗をまねく。

そして，このような場合には，しばしば，宿主が外来物質を排除する機構が働いて，外来物質の凝縮や分解が見られる。

これに対して，泌乳器系では，一層の構造をなしている乳腺細胞で合成されたタンパク質は，逐次，乳汁として動物の体外に分泌されるため，生産動物の機能を阻害する可能性は少なくなる。

(2)　タンパク質の修飾

乳腺細胞は，カゼインにみられるリン酸化や糖鎖の付加のような，遺伝子産物のpost-translational modificationが活発で，正常な機能を持ったタンパク質の生産に適している。

これは，バクテリアによる生産系などに比べて，ヒトなど高等動物のタンパク質生産において，有利な点といえる。

(3)　生 産 性

ミルクは，現状の酪農規模のままで考えて，非常に安価に，しかも大量に生産できる。

たとえば，ウシは，その泌乳期間中，１頭当たり6,000 ℓ のミルクを出す。牛乳１ℓ には30g

以上のタンパク質が含まれるので，このすべてをトランスジーンの産物に変換したと仮定すると，ウシ１頭が１回の出産で，ミルクを１日平均 20 ℓ，タンパク質にして 600 g の量を，300 日間にわたって供給し，総量 180 kg のタンパク質性物質を生産することになる。

さらに，すべての乳タンパク質をトランスジーンの産物に変換しなくても，α_{S1} カゼインあるいは β カゼインを変換するだけで，１ ℓ当たり 10 g のタンパク質が得られ，わずか１頭のウシが，総量 60 kg のトランスジーン産物を生産しうることになる。α－ラクトアルブミン，β－ラクトグロブリンのようなマイナーコンポーネントでさえ，１ ℓ 当たり３～４g の量を分泌する。

ウシとは比べようもないが，他の動物の泌乳量も，付加価値の高いタンパク質を生産する系として考えた場合，決して少なくはない。１回の出産で，ヒツジでは 400 ℓ，ウサギで 2.8 ℓ，ラットのような実験動物でも，400 ml もの乳汁を分泌する。

このようなミルクの生産量の多さ，タンパク質濃度の高さを考えると，高価な培地を必要とする培養細胞系に比べて，はるかに安価な生産系になると思われる。

(4)　発現時期の制御

ミルクタンパク質遺伝子の発現制御機構は，妊娠から出産期にのみ活性化されるため，必要な時にのみトランスジーンの産物を生産できる。

これらの利点が考慮されて，乳汁へのトランスジーン産物の分泌系の研究は，他の系に優先して着手された。

1.1.2　トランスジェニックマウスによるモデル実験

1987年，スコットランドで，ヒツジの乳清タンパク質遺伝子の一つである β－ラクトグロブリン遺伝子を導入して，その遺伝子産物をミルクに分泌するトランスジェニックマウスの開発に成功し，その結果が報告された[1]。

これらのマウスの１系統では，ヒツジの β－ラクトグロブリンを１ ℓ 当たり 23 g も分泌していた。ヒツジの乳中の β－ラクトグロブリン量は，１ ℓ 当たり 4.6 g であるから，このマウスは，ヒツジの５倍近くの濃度のヒツジ β－ラクトグロブリンを分泌したことになる。

この成果は，異種動物の遺伝子発現制御遺伝子がマウスでも機能することを示しただけではなく，複数個の遺伝子を導入できるトランスジェニック技術を活用して，天然の分泌量よりも高い濃度の乳タンパク質を分泌する動物の開発が可能なことを示した。

1.1.3　トランスジェニック動物によるヒトタンパク質の分泌

(1)　ヒツジによる血液凝固因子IXおよび α_1-アンチトリプシンの分泌

上記のモデル実験に成功した A. John Clark が率いるエジンバラ大学の研究グループは，家畜のミルクにヒトのタンパク質を分泌させることに成功している[2]。

同グループは，ヒツジのβ－ラクトグロブリン遺伝子の発現制御部分に，ヒト血液凝固因子IXの構造遺伝子をつないだDNA（図7・1），あるいは，ヒトのα_1－アンチトリプシンの構造遺伝子をつないだDNAを，ヒツジの前核期受精卵にマイクロインジェクション法で注入し，これらの組み換えDNAを染色体に組み込んだトランスジェニックヒツジの開発に成功した。

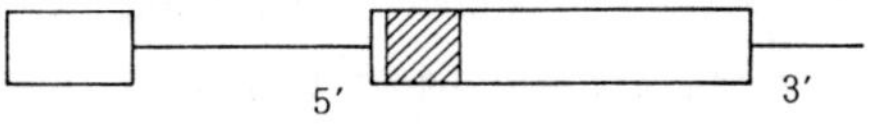

図7・1　ヒツジに導入されたヒト血液凝固因子IXの遺伝子[2)]

――：ヒツジβ－ラクトグロブリンの調節遺伝子を含む塩基配列
□：ヒツジβ－ラクトグロブリンの構造遺伝子
▨：ヒト血液凝固因子IXの構造遺伝子

これらのヒツジは，活性のある血液凝固因子IX，あるいはヒトα_1－アンチトリプシンをミルク中に分泌した（表7・1）。

英国Pharmaceutical Proteins社は，これらのトランスジェニックヒツジを，それぞれ，血友病治療薬と遺伝的気腫症治療薬の原料の安価な供給源として利用するための研究に取り組んでいる。

表7・1　トランスジェニックヒツジのミルクに分泌されたヒト血液凝固因子IX（FIX）[2)]

	粗ミルク	部分精製したミルク	
トランスジェニックヒツジ	FIX抗原(iu/ℓ)	FIX抗原(iu/ℓ)	FIX活性(iu/ℓ)
6 LL 231	2.7,　5.0	0.08	0.15
6 LL 240	4.0,　5.4	0.12	0.16
野 性 型	＜0.13, ＜0.13	＜0.04	＜0.05

(2)　マウスによるtPAの分泌

米国Integrated Genetics社のK. GordonのグループはNIHのL. G. Henninghausenらと協力して，ヒトの血栓溶解酵素tPA（tissue plasminogen activater）の構造遺伝子をマウスの乳清酸性タンパク質（WAP）の発現制御部分につなげて導入したトランスジェニックマウスを開発し，これらのマウスのミルクに，活性のあるヒトtPAが分泌されるのを確認している[3)]。

マウスWAP制御領域につないだtPAのcDNAは，ヒトtPAを，tPA活性で測定して400 μg/ℓ までミルクに分泌した。この濃度は，乳腺由来の細胞MCF 7に導入して生産されるtPAの40倍に達する。

K. Gordonらは，マウスでの成果を適用して，tPAを乳汁に分泌するブタ，ヤギ等の家畜の開発にも取り組んでいる[4)]。

1.1.4　課題と展望

トランスジェニック動物の乳汁中に遺伝子産物を生産させる系において，現在の課題とその解決の方向を，最も研究の進んでいるClarkらの研究を例に，解説する。

(1)　タンパク質の生産量

1986年初夏に生まれたトランスジェニックヒツジは，活性のあるヒト血液凝固因子IXをミルク中に分泌したが，その濃度は低く（25 μg/ℓ），ヒツジβ－ラクトグロブリンの10万分の1，ヒトの血中濃度に比べても，250分の1だった。トランスジーンのmRNA量を調べたところ，血液凝固因子IXのmRNAは，ヒツジβ－ラクトグロブリンの1,250分の1だった。

このように，同じβ－ラクトグロブリンの発現制御領域に支配されながら，構造遺伝子が異なるだけで分泌量が激減する理由の一つは，トランスジーンの染色体上の位置が不適切なことによるmRNA合成不全，あるいは，イントロン不在によるmRNAの急速な崩壊により，トランスジーンのmRNAが乳腺細胞に充分蓄積しなかったためであることが判明した。

この発表は，世界で最初に得られた2匹のトランスジェニックヒツジのうちの一匹に関するもので，トランスジーンの構造とその発現との関連が充分判っていない1985年に着手された研究だったので，今後，小動物で充分テストされた遺伝子発現系を導入し，優れたトランスジェニック動物を選択することによって，生産量も大幅に改善されることが期待できる。

実際，1988年のPharmaceutical Proteins社の発表では，血液凝固因子IXのミルクへの分泌量は，わずか25 μg/ℓだったが，1989年には，すでに，その500倍近くの10 mg/ℓに増加し，tPAも，400 μg/ℓだったのが，100 mg/ℓと250倍に増加している。さらに，α_1アンチトリプシンにおいては，cDNAを，イントロンを含むgenomic DNAに入れ換えただけで，2 g/ℓと，目標どおり，乳タンパク質と同じレベルの生産量を示すまでになっている[5)]。

一方，最近の非公式発表では，ヒツジのβ－ラクトグロブリンの制御領域につないだ何種類かの構造遺伝子のうち，トランスジェニックヒツジでヒツジβ－ラクトグロブリンと同レベルまで発現した遺伝子は，α_1アンチトリプシンのみで，他は，構造遺伝子の種類によって，10分の1から1万分の1しか発現されなかったという。

この結果は，遺伝子産物の分泌量を増大させるためには，遺伝子の発現制御領域のみではなく，個々の遺伝子とその産物に応じた遺伝子工学的な処理が必要なことを示している。

(2)　生産タンパク質の活性

ヒトでは，血液凝固因子IXは，肝臓で合成され，分泌されるまでに，糖鎖の付加，β－ヒドロキシル化，グルタミン酸のビタミンK依存性γ－カルボキシル化，等の複雑な修飾をへて，活性のあるタンパク質になる。

では，トランスジェニック動物の乳汁中に分泌された血液凝固因子IXは，同様な構造を維持しているだろうか。

電気泳動による結果では，ヒトの肝臓で合成された血液凝固因子は，トランスジェニックヒツジの乳汁中に分泌されたものと移動度が異なるため，付加された糖鎖は異なると考えられる（図７・２）。

しかし，ミルクに分泌された血液凝固因子Ⅸも，活性を有することから，少なくとも活性に不可欠なγ－カルボキシル化は，乳腺でも，肝臓と同様に行われているとみられる。

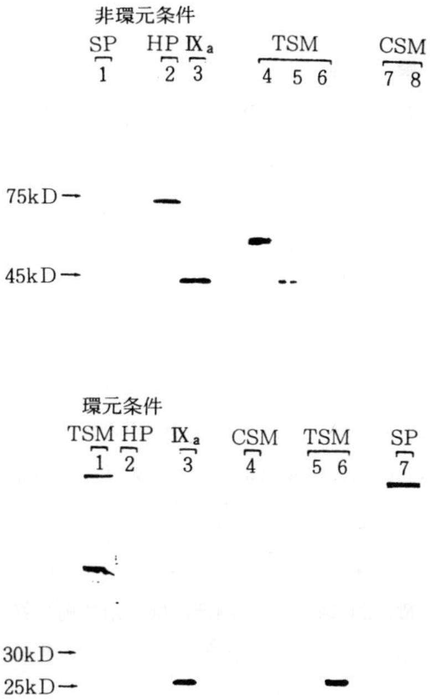

SP：ヒツジ血漿，HP：ヒト血漿
IX_a：活性化されたヒト血液凝固因子Ⅸ
TSM：トランスジェニックヒツジのミルク
CSM：野生型ヒツジのミルク

図７・２　トランスジェニックヒツジのミルクに分泌されたヒト血液凝固因子Ⅸの電気泳動による解析[2)]

1.2　尿

尿は，ウロキナーゼやエリスロポイエチンに示されるように，ヒト生理活性物質のソースとして利用されることがあり，また体外に排出される排泄物であるため，乳汁と同様に動物を傷つけず，また乳汁のように性成熟を待つ必要もない。

このため，トランスジーンの産物を尿に排出するトランスジェニック動物の開発は，随所で提案されているが，この方向を目指した研究成果は今のところ出ていない。

尿中の有用生理活性物質は，腎臓で濾過される血液成分のうち，再吸収され残った物質が主で，尿中に積極的に分泌されるものではない。したがって，トランスジェニック技術で物質を尿中に生産させるには，その産物の血中濃度を上げるだけではなく，腎臓の濾過と再吸収の過程をも操作する必要が出てくるということが，尿にトランスジーンの産物を生産するトランスジェニック動物の開発を難しくしている理由だろう。

しかし，マウス尿タンパク質の主要成分であるMUP（Major urinary proteins）遺伝子群の構造が明らかにされており，それぞれの遺伝子の肝臓，乳腺，涙腺，顎下腺，耳下腺等での発現と，その制御機構が，トランスジェニックマウスを使って解析されているので[6)]，将来，尿を利用した生理活性物質生産系が開発される可能性はある。

1.3 唾液腺

主として乳腺で発現するミルクタンパク質の制御遺伝子は，唾液腺でも活性化される。

たとえば，マウスの乳清タンパク質WAPの発現制御領域につないだHa-*ras*を唾液腺で発現する雄のトランスジェニックマウスが報告されている[7]。また，ラットのβ-カゼインの発現領域をつないだCAT遺伝子を乳腺と唾液腺で発現するマウスも得られている[8]。さらに，MMTV(Mouse mammary tumor virus)のLTRは，v-Ha-*ras*，c-*myc*[9]，*int*-1[10]等を唾液腺に発現させる。

これらの成果は，唾液に生理活性物質を生産させる目的で研究されて得られたわけではないが，これらは，いずれも，乳腺での発現とは異なり，雌だけでなく雄でも発現し，また，雌でも，妊娠泌乳期以前にも発現するので，乳汁への分泌にはない有利さがある。

唾液を大量に回収するのは難しく，また，動物が飲み込んだ時に有害な物質を生産するには適さないが，唾液は常時分泌されているうえ，けっして少ない量ではないので，成育期間の長い動物で，暫定的に利用する場合には，捨て難い系である。

2　動物の組織，臓器の利用

血液，肉，内臓等は，動物の生育に必須なため，これらを改変するには限度があること，導入遺伝子の産物が体内に生産されるため，動物に無害な遺伝子産物に利用が限定されること，また，動物を殺さないと利用できないこと，等が理由になって，開発は後回しになったが，最近，血液等を活用するモデルとしてのトランスジェニックマウスの報告が出始めてきた。

血液，肉，内臓等は，屠場で大量に得られるものであるため，人為的に制御できる遺伝子発現系の開発が進めば，必要な時にのみ，目的とする臓器で，一挙にトランスジーンを発現させてから屠殺して，その産物を回収できる。

このような生理活性物質大量生産のためのトランスジェニック動物が開発される可能性は高いだろう。

2.1　血　　液

受容体動物の血中に異種動物の高分子を導入すれば，抗体の誘発等，種々の障害が予測される。特に，血液は，個体の全組織に影響を与えるので，どのようなトランスジーンの産物でも生産できるかどうか，疑問がある。

しかし，血液は，屠場では大量に得られ，生きた動物からの採血による回収も可能なことから，その有効利用が考えられてきた。

(1)　ヒトヘモグロビンの生産

1989年にいたり，トランスジェニック動物の血液利用の第一歩ともいえる，ヒトヘモグロビン生産のマウスモデルが，アメリカ[11]とイギリス[12]から報告された。

アメリカの三つのグループは，共同で，ヒトα－グロビン(hα)遺伝子をヒトβ－グロビンの赤血球特異的発現制御領域につないだDNAと，同じ制御領域にヒトβ－グロビン(hβ)をつないだDNAとを混ぜて，マウスの受精卵へ導入し，hαとhβを発現するトランスジェニックマウスを得た(図7・3)。

使用したヒトの発現制御領域は，site effectを解除する領域を含み，マウスでも赤血球特異的に機能して，hαとhβが，マウスα－グロビン(mα)，マウスβ－グロビン(mβ)とほぼ同量合成されただけではなく，酸素を運搬する能力があり，hα2分子hβ2分子からなる4分子複合体，すなわち，活性のあるヒトヘモグロビンを作っていた(図7・4)。また，hαとmβ，mαとhβからなる複合体もみられたが，いずれも，酸素運搬能力を持っていた(図7・5)。

一方，イギリスのグループは，発現制御領域を含むβ－グロビン遺伝子にα－グロビンの構造遺伝子を挿入してマウスに導入し，アメリカのグループと同様の結果を得た。

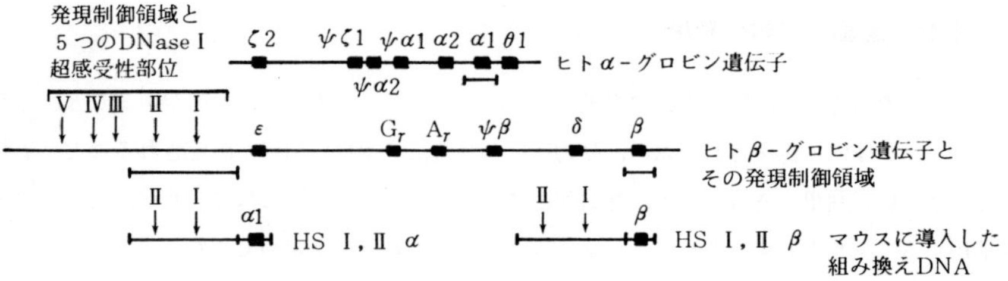

図７・３　トランスジェニックマウスに導入したヒトα－グロビン遺伝子とヒトβ－グロビン遺伝子[11]

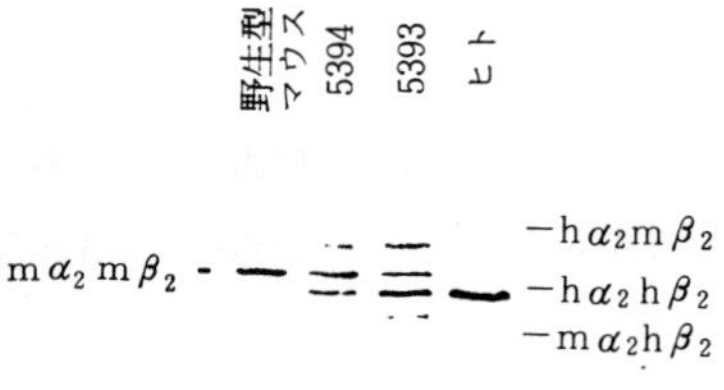

図７・４　トランスジェニックマウス5394と5393に検出されたヒトヘモグロビン[11]

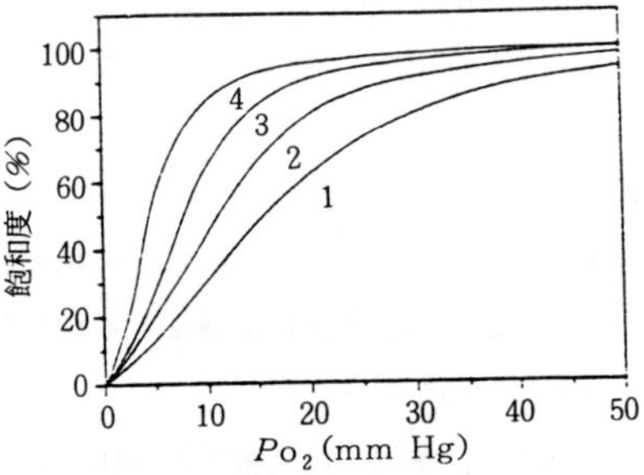

１：$h\alpha_2 m\beta_2$（ヒト・マウス雑種ヘモグロビン）
２：$m\alpha_2 m\beta_2$（マウスヘモグロビン）
３：$h\alpha_2 h\beta_2$（ヒトヘモグロビン）
４：$m\alpha_2 h\beta_2$（ヒト・マウス雑種ヘモグロビン）

図７・５　トランスジェニックマウスで合成されたヒトヘモグロビンの酸素運搬能力[11]

これらの研究から，マウスで活性のあるヒトヘモグロビンを生産しうることが明らかになっただけではなく，いくつかの留意点も示された。

第一に，α－グロビンとβ－グロビンをバランスよく発現しないマウスは，貧血のため，生まれる前に死亡するため，たとえばhα のみを生産することは難しい。第二に，外来のグロビン遺伝子をバランス良く発現させても，赤血球の増加はいくぶんみられるものの，マウス体内の全ヘモグロビン量は，一定量以上にはならなかった。

後者がどのような制御機構によるものかは，明らかになってはいないが，肝臓で合成させることによって，マウス本来の800倍もの成長ホルモンが血中に検出されるスーパーマウスがつくれることから，合成臓器の選択次第では，すべての外来産物が，血中でこのような量的制御を受けるとは限らないようである。

しかし，血液のような閉鎖系を利用する場合には，高濃度生産よりも活性産物の生産を念頭においたほうが，現状では，より現実的かもしれない。

(2) ヒトプロテインCの生産

K. Gordon のグループは，ミルクでの tPA の生産研究に続いて，血液の利用を試み，ヒトプロテインCの構造遺伝子をアルブミンの発現制御系につないでマウスに導入して，このトランスジェニックマウスの血清から，最大 2.8 ng/ml のヒトタンパク質を回収するのに成功している[13]。

肝臓で合成され血液中に分泌されるタンパク質の遺伝子は，アルブミンのほかにも研究が進んでいるので，今後とも，ヒトの血液成分を中心に，動物の血液を利用した生産系が開発されていくだろう。

2.2 筋　　肉

筋肉に有用物質を生産させる系の開発を目指した研究の報告は，まだないが，M. Shani のラットアクチン遺伝子を導入したトランスジェニックマウスは，この方向への道をひらいたものといえる[14]。

Shani は，ラットアクチンの構造遺伝子の 3′側を一部削り取り，これにヒトの ε－グロビン遺伝子をつないで(図7・6)，ラットアクチン／ヒトグロビン雑種タンパク質を生産する組み換え DNA をマウスに導入した。

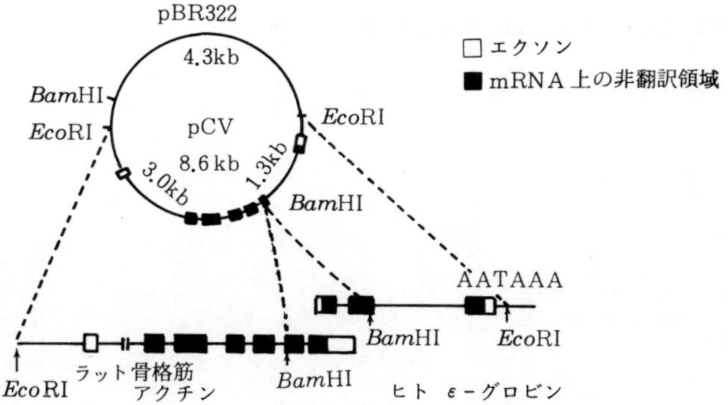

図7・6　ラットアクチン／ヒトグロビン雑種タンパク質を筋細胞に発現する遺伝子[14]

その結果，このトランスジーンが，ラットアクチンの発現制御機構にしたがって，筋細胞特異的に，しかも発生時期特異的に発現することが，トランスジーンに特異的な mRNA の解析で示された。

この雑種タンパク質がマウス個体のどこにあるかは報告されていないが，この結果は，少なくとも受容体動物の機能を損なわずに，異種動物のタンパク質を筋細胞で合成できることを示している。

文　献

1) J. P. Simons *et al.*：*Nature*, **328**, 530 (1987)
2) A. J. Clark *et al.*：*Biotechnology*, **7**, 487 (1989)
3) K. Gordon *et al.*：*Biotechnology*, **5**, 1183 (1987)
4) *Biotechnology Newswatch*, Oct. 17 (1988)
5) I. Wilmut : Second Symposium on the Genetic Engineering of Animals (1989)
6) Y. Shi *et al.*：*Proc. Natl. Acad. Sci., USA.*, **86**, 4584 (1989)
7) A. C. Andres *et al.*：*Proc. Natl. Acad. Sci., USA.*, **84**, 1299 (1987)
8) K.-F. Lee *et al.*：*Mol. Cell. Biol.*, **9**, 560 (1989)
9) E. Sinn *et al.*：*Cell*, **49**, 465 (1987)
10) A. S. Tsukamoto *et al.*：*Cell*, **55**, 619 (1988)
11) R. R. Behringer *et al.*：*Science*, **245**, 971 (1989)
12) O. Hanscombe *et al.*：*Genes & Dev.*, **3**, 1572 (1989)
13) K. Gordon：Conference about Transgenic Technology in Medicine and Agriculture, Bethesda, USA (1988)
14) M. Shani：*Mol. Cell. Biol.*, **6**, 2624 (1986)

第８章　家畜育種への応用

1　成育促進

トランスジェニック技術を用いて，成長ホルモン（GH）遺伝子，成長ホルモン放出因子（GRF）の遺伝子等を導入することにより，家畜の成長促進を図る研究が行われている。その中でも，トランスジェニックブタの研究が盛んなので，これを中心に紹介する。

表8・1　トランスジェニックブタにおける成長ホルモン（GH），成長ホルモン放出因子（GRF），インシュリン様成長因子（IGF −1）の増加[4)]

トランスジェニックブタ	細胞当りのトランスジーンコピー数	血漿			寿命
		GH (ng/ml)	hGRF (pg/ml)	IGF-1 (ng/ml)	
MThGH					
3.06 M	490	22		NA	7 months
7.03 F	90	104		NA	24 days
11.02 M	1	52		NA	11 months
16.09 M	1	85		NA	9 months
20.02 M	2	52		NA	2 months
20.08 M	110	3		465 ± 106	9 months
23.08 F	7	949		478 ± 141	11 months §
25.02 F	17	140		350 ± 47	8 months
Control				158 ± 13	
MTbGH					
26.01 F	5	302		NA	5 days
29.01 M	5	884		378 ± 18	6 months
31.04 M	28	944		105 ± 30	21 months
32.04 F	2	94		350 ± 75	7 months
37.06 M	3	59		622 ± 43	6 months
39.02 F	1	5		516 ± 58	13 months §
41.03 F	1	70		322 ± 74	9 months
58.01 F	5	260		NA	4 days
Control				134 ± 13	
MThGRF					
86.04 M	100	11 ± 2	380	NA	2 years
93.01 F	30	16 ± 5	220	NA	2 months §
Control		14 ± 5	＜20	NA	
MThIGF-I					
111.06 F	10	NA		311 ± 86	3 months
野生型		NA		122 ± 13	

M：雄，F：雌，§：臓器検査のため屠殺，NA：未検定
MT：マウスメタロチオネイン発現制御領域，h：ヒト，b：ウシ

(1) 異種成長ホルモン遺伝子の導入

マウスでは，すでに1982年に，成育が早く大型になるトランスジェニックマウスの開発に成功し，スーパーマウスの名が与えられた[1)]が，より大型の動物の場合，受容体動物の違いによる問題が顕著にあらわれた。

すなわち，マウスのメタロチオネイン遺伝子の発現制御領域に支配されたヒトあるいはウシのGH遺伝子は，確かにブタの肝臓で発現し，血中GH量も上昇するが（表8・1）[2)]，このようなトランスジェニックブタでは，GH遺伝子の作用，すなわち，成長促進，タンパク質同化促進，泌乳促進，脂質代謝促進のうち，脂質代謝促進作用が顕著に現れ，雌の生殖能力の減退，病原菌への抵抗力の減退，短命，等の欠点があらわれた。

類似した結果は，トランスジェニックヒツジでもみられ，血中GH量は50～500％も増加するが，顕著な成長促進はみられず，脂質が最大80％も減少した[3)]。

しかし，希望の芽もみられる。

GHを導入したブタの場合，乳腺の発達が顕著で，また高タンパク質高リジン含量の飼料を与えることによって，野生型に比べて15％の成育促進がみられた[4)]。

V. G. Purselらは，これについて，ブタの飼育に要する費用の60％以上が飼料に費やされているアメリカの現状から見て，GH遺伝子を導入したトランスジェニックブタの持つ良好な飼料効率の特性は，追及する価値が高いと指摘している。

(2) 同種成長ホルモン遺伝子の導入

以上は，異種動物のGH遺伝子を導入されたブタの例だが，オーストラリアのP. D. Vizeらは，ブタの成長ホルモン遺伝子を導入することにより，成育の早いトランスジェニックブタの開発に成功した[5)]。

表8・2　ブタ成長ホルモン遺伝子を導入したトランスジェニックブタの成育と血漿中の成長ホルモン濃度[5)]

トランスジェニックブタ	性別	細胞当りのトランスジーンのコピー数	血漿中の成長ホルモン濃度（mIU/ml）		1日当りの体重増加（g）
			誕生直後	生後50日	
177	F	3	2.5	10.4	758
180	M	6	4.2	15.3	845
295	F	15	27.8	27.8	1,273
375	F	0.5	6.3	ND	680
736	M	6	1.1	11.1	646
739	F	0.5	0.5	6.9	700
野生型同腹子	F＋M	−	6.4±5.2	11.3±2.7	781±44

F：雌
M：雄

このトランスジェニックブタは，成長期には，野性型の50％増の速さで成育し，出荷時の90kgに成育するのに，野性型では22週から25週かかるところを，17週間で90kgに達した（表8・2）。

ただし，同時に取れた4頭のトランスジェニックブタのうち，この1頭だけが，注入したDNAをhead-to-tailのタンデム構造で組み込んでおり，他の3頭のDNAは，再編成による構造変化を起こしていた。

このことより，ブタでは，導入したGH遺伝子が構造の再編成を起こしやすく，そのため変異GHを生じやすい，という可能性も考えられた。

(3)　発現制御領域の工夫

GHは，本来，脳下垂体前葉の好酸性細胞で産生されるが，その分泌は，GHRFによって促進され，ソマトスタチンによって抑制される。これらのホルモンは，相互に調整しあっているので，トランスジェニックブタでは，肝臓で合成されるトランスジーン由来のGH量が増えると，ブタ本来の脳下垂体でのGH生産は抑制され，ほとんど血中には検出されなくなる（表8・1参照）。

スーパーマウスを作出する際には，このような動物個体での制御作用を避けてGHを大量に合成させるため，メタロチオネインの発現制御領域を使用したが，ブタやヒツジのような大型動物では，トランスジーンによってホルモンの不均衡を引き起こすため，トランスジェニック動物は開発できないのではないか，という悲観論が，一時期支配的だった。

しかし，上記のオーストラリアでの成功と，飼料に応じて発現が活性化されるPEPCK（P-enolpyruvate carboxykinase）遺伝子の発現制御領域の開発成功とにより，飼料効率が良く，脂質の少ないトランスジェニックブタの開発が，アメリカとオーストラリアで進められている。

2　乳質の変換

ヒツジのβ-ラクトグロビン遺伝子を導入されたマウスが，このヒツジの乳タンパク質をマウスの乳中に大量に分泌することが確かめられた。

このような乳質改良のモデル動物が得られたことから，成果は未発表ながら，ヒトの乳タンパク質を分泌するヒツジの開発や，異種動物のカゼイン遺伝子を導入した新チーズの開発，などが考えられている。

(1)　チーズ好適乳の開発

ウシκ-カゼインのB型変異体は，148番目のアスパラギン酸がアラニンに置き換わった変異体で，この変異体を含む牛乳からは，ある種のチーズが高率に，しかも早くできる。

このため，B型κ-カゼインを大量に分泌するトランスジェニックウシの開発が，フランスで試みられているという。

(2) 乳清の活用

チーズを製造する際に生ずる甘性乳清は，重量にして，元の牛乳の90％に達するという。

そこで，トランスジェニック技術を用いて，この乳清画分に残るタンパク質を増量し，あるいは，付加価値の高いタンパク質に入れ換えて，乳清の活用を図る研究が計画されているときく。

(3) 高カルシウム乳の開発

ウシのα－カゼインは，そのセリン残基がリン酸化されて，高リン酸タンパク質となっているが，この部分のリン酸基とカルボシキル基による負の荷電が，カゼインのカルシウム結合に寄与する。

そこで，自然変異体カゼイン遺伝子，あるいはタンパク質工学により改変した乳タンパク質遺伝子を，トランスジェニック技術でウシに導入し，高カルシウム含量のミルクを生産させることも，未公表ながら試みられている。

(4) 乳腺炎の予防

バクテリアの遺伝子を乳中に分泌し，乳腺炎の発生を防ぐ動物の開発も，成果は未公表ながら，進められている[6)]。

3　肉質の改変

トランスジェニック技術を用いて，家畜の肉質を改良する試みも，2つの方向から検討されている。

(1) 成長ホルモンの生理作用の利用

前述のように，GHの生理活性の一つとして，脂質代謝促進作用がある。これをうまく利用すれば，肉の脂肪分を調整できると思われる。

実際に，メタロチオネイン遺伝子の制御部分にウシのGH構造遺伝子をつないだDNAを導入して，脂肪分の少ない肉質を持つトランスジェニックブタが得られた（写真8・1）[4)]。

(2) 筋タンパク質遺伝子の操作

ラットのミオシン遺伝子をマウスに導入すると，このトランスジーンは筋細胞で特異的に発現し，マウスの個体発生に応じて，その発現が制御される。トランスジーンの発現と，マウスが本来持っているマウスミオシン遺伝子の発現を，平行して調べたところ，マウ

野生型　　　　トランスジェニックブタ

写真8・1　脂肪層のうすいトランスジェニックブタの肉[4)]

スの発生が進むにしたがって，トランスジーン発現が活発になり，逆にマウスミオシン遺伝子の発現は抑制された（図８・1）[7]。

したがって，このマウスの筋肉ミオシンは，ラットのミオシンに一部置き換わっていることが考えられるが，このトランスジェニックマウス個体は，特別な異常を示さないで成育した。

このことから，ラットのミオシンは，マウスで正常に機能するか，少なくともマウス筋肉の機能を阻害しないと考えられる。

この研究成果は，第７章で述べたラットアクチンの例と共に，筋タンパク質遺伝子の操作による肉質改善のモデルとみなされる。

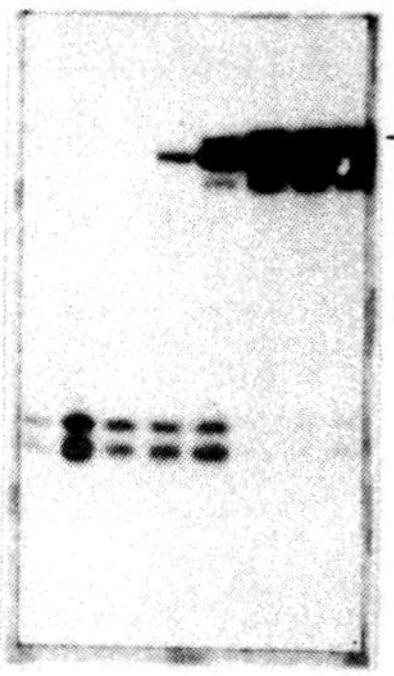

図８・1　トランスジェニックマウスMLC－4でのラットミオシン遺伝子の発現とマウスミオシン遺伝子の発現制御[7]

4　その他

上記以外のトランスジェニック家畜育種の研究は，明瞭な方向性を示していないが，関連する臓器や分子の発生を支配する遺伝子の解析が進むに従って，さまざまな例が登場してこよう。

4.1　高泌乳量動物の開発

インシュリン遺伝子，GH遺伝子，あるいはGRFの遺伝子を導入したトランスジェニック動物の研究は，必然的に，乳量や肉量の多い家畜の開発にもつながっていく。

GH遺伝子導入による高泌乳量動物の開発研究も，今後盛んになるだろう。

4.2　羊毛，毛皮，皮革の改変・増量

羊毛，毛皮，皮革の改変，増量を図ることも試みられている。1987年12月には，オーストラリアで，すでに，“The Biology of Wool and Hair”と題するシンポジウムが開催され，羊毛生産とトランスジェニックヒツジの関連が討論された。

その後，オーストラリアAdelaide大学のグループは，細菌由来のシステイン（アミノ酸の一種で，羊毛の構成成分）遺伝子をヒツジに導入し，体内のシステイン遺伝子の合成能を強化し，羊

毛の発育速度を20％上げることに成功したという。

同様な効果は，GH遺伝子の導入によっても得られると思われる。

4.3　耐病性動物の開発

ヘルペスウイルスの増殖を阻害する変異体初期遺伝子の導入による遺伝的なヘルペスウイルス耐性の付与[8)]，コロナウイルス抗原遺伝子を導入したコロナウイルス耐性動物の開発[9)]，等が試みられている。

文　献

1)　R. D. Palmiter *et al.*：*Nature*, **300**, 611 (1982)
2)　K. F. Miller *et al.*：*J. Endocrinology*, **120**, 481 (1989)
3)　J. D. Murray *et al.*：*Reprod. Fert. Dev.*, **1**, 147 (1989)
4)　V. G. Pursel *et al.*：*Science*, **244**, 1281 (1989)
5)　P. D. Vize *et al.*：*J. Cell. Sci.*, **90**, 295 (1988)
6)　I. Wilmut：Second Symposium on the Engineering of Animals (1989)
7)　M. Shani *et al.*：*Mol. Cell. Biol.*, **8**, 1006 (1988)
8)　A. D. Friedman *et al.*：*Nature*, **335**, 452 (1988)
9)　J. van Brunt：*Biotechnology*, **6**, 1149 (1988)

第9章　課　　題

1　技術的課題

1.1　受容体動物の大型化に伴う課題

パイオニア達の努力によって，ヒツジ，ブタ，ウシ等の家畜でも，マウスでの技術を適用して，トランスジェニック動物を開発できることが示された。

しかし，一方で，トランスジェニック技術の対象となる動物の大型化に伴って，高価であること，妊娠成育期間が長いこと，産子数が少ないことが，課題として無視できなくなってきた。

そこで，その後，トランスジェニック家畜を，より一般化するため，次のような努力がなされてきている。

①ミルクも，ウシとかヤギに限定せず，ブタやウサギのミルクを利用する，など，既成の概念にとらわれずに，家畜の新しい利用価値を見直すこと。

②採卵後，肥育して肉用に売る等，研究に使用した動物を廃物としないで，有効に利用して，節減を図ること。

③屠殺ウシの卵巣から受精卵を得る等，畜産業の廃物を活用すること。

以上のように，研究開発管理面からの努力がなされてきている一方，技術面からの努力もなされている。

まず，より高率にDNAを動物に導入する技術，トランスジーンのより高率な発現系の構築など，受精卵と動物を効率よく利用してトランスジェニック動物をつくるための技術開発がある。また，長期にわたる妊娠期間に原因する長期にわたる研究期間の短縮と，DNA処理した受精卵を子にまで発生させる仮親雌との節約を図るため，DNAの導入と導入DNAの発現を受精卵段階で検定する技術の開発も進められている。

以下，これらについて検討し，現在の研究開発の動向も紹介する。

1.2　トランスジェニック動物作出の効率化

大型動物は高価である。動物が高価になるにしたがって，受精卵も高価になる。しかし，まだ，動物の卵を試験管内で培養して増殖させる技術はないため，マウスの卵はマウスから，ウシの卵はウシから採ってくる必要がある。

ブタからは，マウスと遜色のない数の卵が得られるが，ヒツジ，ウシからはわずかしか採れず，1回の実験だけのためにも，数十頭の卵供給動物が必要になる。

しかし，もし，DNA処理した卵がすべてトランスジェニック動物になる技術が開発されれば，必要な卵の数も，10分の1から100分の1ですむので，より高率なDNA導入法，より高率に卵を発生させる技術，より高率にトランスジーンを発現させる技術の開発努力が，今後とも必要になる。

これらの技術が発展すれば，卵を有効に利用できるようになるだけではない。卵を子にまで発生させる，仮親雌の大幅な節約にもつながる。

これら，より高率なDNA導入法，より高率にトランスジーンを発現させる技術などの研究開発の現状については，第3章，第4章，第5章で紹介してきたので，ここでは省略する。

ただ，これがいかに重要な課題かをご理解いただくため，一つの実例を紹介しておく。

1989年，Granada Genetics社は，トランスジェニックウシを開発するのに，雌ウシから，3,902個の1細胞期卵を回収し，使用した。このうち，1,704個の卵にうまくDNAが注入でき，うち261個が胚盤胞まで発生した。DNA処理受精卵を移植されて妊娠した仮親雌は，実に71頭に達したが，そのうち，分娩したウシは16頭にすぎず，誕生した子ウシのうち，1頭のみがトランスジェニックだった。

東ドイツでのトランスジェニックウシ作出成果と比べても，高率なDNA導入技術，高率に卵を発生させる技術が，いかに卵と仮親雌の節約につながるかを，Granada社の数値は示している。

1.3 受精卵段階での選択

1.3.1 早期検定の必要性

現在最も一般的なマイクロインジェクション法でトランスジェニック動物を作出する場合，前核期受精卵にDNAを注入し，その卵を仮親に移植して発生させ，生まれた子の体の一部からDNAを抽出して解析し，注入したDNAを組み込んだ子をトランスジェニック動物として選択する。

トランスジェニックマウスでは，外来DNAを導入した受精卵から発生したマウスが離乳するまで待って，選択を行っている。離乳するまで成長したマウスは，個体標識するに充分なほど大きく，また，切りとった尾の一部から，その後のDNA検定に充分な量のDNAを抽出できるからである。そして，ブタでも，産仔の耳の一部を切りとってDNAを抽出し，トランスジーンの有無を検定する。

この方法を使うと，マウスでは，少なくとも3週間，実際には，子マウスが離乳するまで育つのを待ってDNAを検定するため，6週間かかる。ブタでは4カ月弱，ヒツジで5カ月，ウシで

表9・1　トランスジェニックアニマル作出に使われる動物の比較[1]

	マウス	ブタ	ヒツジ	ウシ
繁殖期の有無	なし	なし	あり	なし
性成熟に要する期間（週）	6	25～32	25～40	52～65
卵母細胞数	5～10	8～10	1～3	1
卵母細胞数（過排卵処理）	20～30	15～20	4～10	3～6
妊娠期間	3	15	20	39
同腹子数	5～10	8～10	1～2	1

は，10カ月弱待って，初めてトランスジェニック動物ができたかどうかを検定できる。

たとえば，生きたトランスジェニックウシが得られるまでに時間がかかった理由は，ウシの妊娠期間が長いため，出産まで待たずに妊娠中絶して胎児をとり出し，そのDNAを抽出して検定することにより，トランスジェニックウシ作出法の確認を行うことを優先させたためである。

そして，成体での導入遺伝子の効果を検定するためには，ブタやヒツジで，さらに半年以上，ウシでは1年以上育てなければならない。また，ミルクを利用する目的で，性的に成熟した雌が妊娠出産し，ミルクを分泌するまで待つことにすると，ブタ，ヒツジで1年，ウシでは2年以上待たなければならない。

さらに，仮にトランスジェニック動物が得られたとしても，現有の技術では，このようなDNAならば，確実に目的とするトランスジェニック動物ができる，という保証はないため，実際にトランスジェニック動物を作って，その結果を解析し，DNAをデザインし直して動物に注入するという操作の繰り返しが必要な場合が多い。また，同じDNAを注入しても，できたトランスジェニック動物は，すべて同じではないため，少なくとも10匹以上のトランスジェニック動物を作り，目的にかなった個体を選択する必要がある。

したがって，マウスでの方法をそのまま適用すれば，大型のトランスジェニック動物を実用化するには，10年以上の期間を要することになる。

このため，実験の1サイクルを短縮するため，胎児や受精卵の段階でトランスジェニック動物を検定する工夫が必要となるのである。

1.3.2　PCR法の利用

以上のような目的から，胎児の細胞を羊水から回収して，そのDNAを分析する方法も試みられたが[2]，妊娠動物を傷めず，流産による胎児の損失をも避け得る，より経済的な方法として，受精卵段階でトランスジーンの有無を検定する手段が，著者らのグループとアメリカ農務省（USDA）から発表された[3],[4]。

1985年，超微量のDNAを試験管内で増幅し，検定に充分な量を調製する画期的な技術，PCR

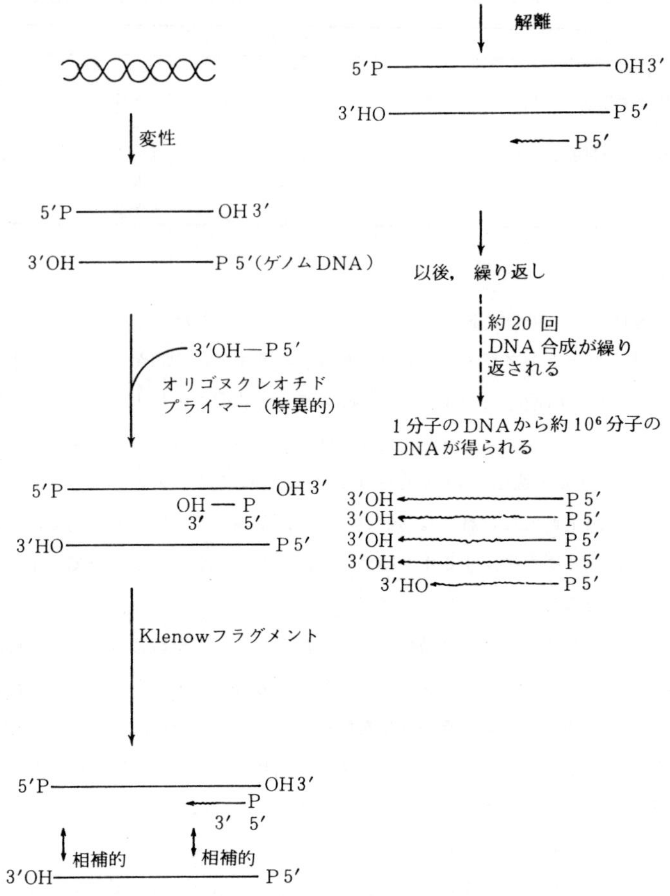

図9・1　PCR法によるゲノムDNA断片の増幅法

（Polymerase chain reaction）法が発表され（図9・1）[5]，以後，各方面に広く適用されてきている。両者の方法は，このPCR法を用いている。

(1)　USDAグループの方法

USDAのD. KingとR. J. Wallは，PCR法によって，ウシゲノム25個に相当するDNA量で，細胞当り1コピーしかないウシ黄体形成ホルモンβ鎖（bLHβ）の遺伝子を検出できることを示した（図9・2）。

ウシ胚盤胞は60以上の細胞からなるので，この検出感度は，1コピー以上のトランスジーン

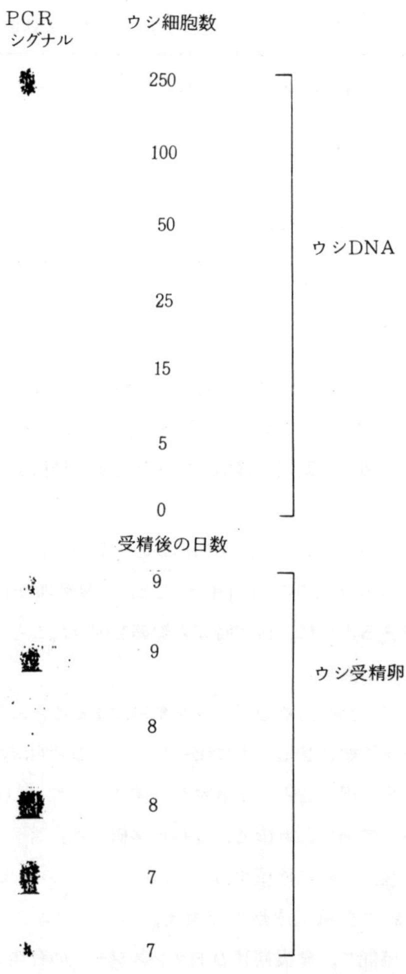

図9・2　PCR法によるウシ黄体形成ホルモンβ鎖遺伝子の検出[3)]

を，胚盤胞の発生段階で検出可能なことを意味する。実際，7日，8日，9日目のウシの胚からDNAを抽出して，bLHβ遺伝子を検出できた。

さらに，バクテリアのネオマイシン耐性遺伝子を1コピー，トランスジーンとしてもつマウスの胚盤胞期受精卵を，PCR法によって分析したところ，そのほぼ50％（20個中11個）にトランスジーンが検出できた（表9・2）[3)]。

表9・2　PCR法によるトランスジェニックマウス胚盤胞のトランスジーンの検出[3)]

マウス	トランスジーンの細胞当りのコピー数	分析した胚盤胞数	トランスジーンが検出された胚盤胞数	検出率(%)
305	15	20	11	55
313	1	11	6	55

トランスジーンを一対の染色体の一本に持つマウスと，野生型マウスとを交配すると，産仔の約半分にトランスジーンが伝わる。したがって，上記の結果は，PCR法によって，交配後3.5日目の胚盤胞期で，すでに，トランスジェニックマウスを選択できることを示している。

(2) 著者らの方法

著者らは，KingとWallと平行して，PCR法によるトランスジェニック受精卵選択技術を実用に供せるよう研究を進め，DNA注入卵を体外培養し，仮親に移植する前に，そのトランスジーンの検定をした上，残りの細胞を仮親に移植して産仔とする技術を開発した[4)]。この方法の模式図を図9・3に示す。

実用化のための改良のポイントは，①初期胚の一部の細胞のみを使ってトランスジーンの有無を検定できるよう，PCR法の感度を上げたこと，②受精卵が仮親へ移植可能な間にトランスジーンの有無が判定できるように，検定時間の短縮を図ったこと，の2点にある。

①トランスジーン検出実験

マウス桑実期胚を二分割し，その半割球を熱処理することによって，DNAを露出させ，PCR法でトランスジーンを増幅させることによって，6個の細胞があれば，細胞当り1コピー以上のトランスジーンを検出し得ることが示された（図9・4）。残りの半割球は，そのまま培養すると，翌日には胚盤胞まで発生したので，仮親に移植した。

桑実期胚を二分割後，仮親に移植するまでの間にPCRの結果を判定するため，トランスジーンに特異的なDNA断片を電気泳動で分画後，エチジウムブロマイドで染色して検出する方法を採用し，わずか7時間で，桑実期胚のトランスジーンの有無を判定し得た。

なお，KingとWallの使用したドットブロット法，あるいはサザン法では，PCRによるトランスジーンの増幅後，トランスジーンの有無の判定まで，少なくとも2日はかかる。

②検定の実際

このトランスジェニック受精卵を選択する方法で，マウスの受精卵を検定したところ，トランスジーンをヘテロに持つ雄と野生型雌を両親とする桑実期胚半割球の半数に，トランスジーンが検出された。さらに，トランスジーンを持つ受精卵の半割球を胚盤胞にまで培養後，仮親に移植し，発生したマウス胎児のDNAを検定すると，トランスジーンの検出された半割球由来のマウス胎児41匹中，36匹がトランスジェニックマウスだったが，5匹にはトランスジーンは検出さ

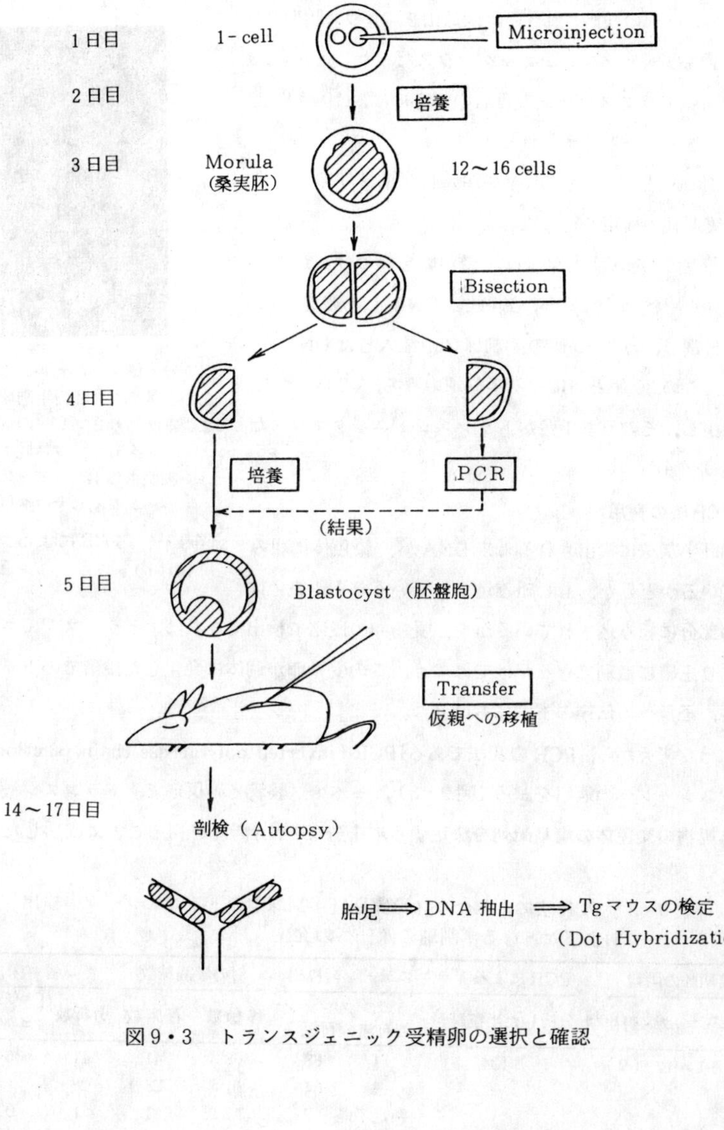

図9・3　トランスジェニック受精卵の選択と確認

れなかった（表9・3）。

トランスジーンの検出されない半割球由来のマウス胎児28匹のうち1匹はトランスジェニックマウスだったことから，PCR法によるトランスジーンの有無の判定には，10％程度の誤りがつきまとうと考えられる。

次に，この方法で，外来DNAを注入した前核期卵から発生する桑実期胚の検定を行った。

前核期卵へのDNA注入操作は，受精卵を傷つけるため，胎児への発生率は低くなるが，84個のDNA注入卵を，おのおの二分割し，うち30個の半割球に，注入したDNAが検出され，この30個と対になる半割球のうち，2個が胎児にまで発生し，そのうち1匹がトランスジェニックマウスだった（表9・4）。

M：分子量マーカー
1.：正常マウス胚の半割球
2.：細胞当り2コピーのトランスジーンをもつマウス胚半割球
3.：細胞当り120コピーのトランスジーンをもつマウス胚半割球

図9・4 PCRによるマウス半割球中のトランスジーンの検出[4)]

(3) IPCR法の利用

桑実期胚半割球に検出される外来DNAが，染色体に組み込まれているかどうか，もし組み込まれているなら，染色体上のどの部分に組み込まれているかを，受精卵の段階で検出できれば，トランスジェニック受精卵を，より正確に識別できるだけではなく，この受精卵が個体に発生した段階でのトランスジーンの発現，子孫への伝達の予測にも役立つ。

このような考えから，PCRの変法であるIPCR（inverted polymerase chain reaction）法[6),7)]のトランスジーンへの適用を試み（図9・5），一本の試験管での反応で，トランスジーンと接する受容体動物の染色体の塩基配列を決定するに十分なDNA断片を得ることに成功した[8)]。

表9・3 PCR法によるマウス桑実期胚半割球中のトランスジーンの検出および対となる半割球の産仔への発生[4)]

桑実期胚の両親	PCRによるトランスジーンの検出			対の半割球数		着床胚		
トランスジェニック×野生型	分析した半割球数	トランスジーンの有無の判定		移植数	着床数	分析数	トランスジェニック	野生型
λ1/+(♂)×+/+(♀)	134	有	68	68	41	41	36	5
		無	64	61	28	28	1	27
		判定不能	2	2	1	1	0	1
λ4/+(♂)×+/+(♀)	19	有	4	4	4	4	3	1
		無	13	13	8	8	0	8
		判定不能	2	2	2	2	1	1

表9・4　外来DNAを注入した前核期卵からの発生と桑実期胚半割球のPCRによる検定[4)]

実験番号	PCRによる分析		対の半割球数		着　床　胚		
	半割球数	トランスジーン有無の判定	移植数	着床数	分析数	トランスジェニック	野生型
1	33	＋　9	3	0	0	−	−
		−　21	10	2	2	0	2
		UC[a]　3	1	0	0	−	−
2	15	＋　1	1	0	0	−	−
		−　8	8	1	1	0	1
		UC　6	6	2	2	0	2
3	36	＋　20	8	2	2	1	1
		−　16	11	4	4	0	4
		UC　0	0	0	0	−	−
合 計	84	＋　30	12	2	2	1	1
		−　45	29	7	7	0	7
		UC　9	7	2	2	0	2

[a]UC，判定不確定

さらに，IPCR法を自動シークエンサーと組み合わせることにより，トランスジーンに接する染色体の塩基配列の決定にも成功している[9)]。

1.3.3　薬剤耐性マーカーの利用

バクテリアに始まり，培養細胞，ES細胞等では，導入したい遺伝子に薬剤耐性遺伝子を連結して，この遺伝子が導入された細胞のみを薬剤耐性にし，薬剤添加培地で増殖させて選択する方法が，一般的にとられる。トランスジェニック受精卵の選択にも，この方法が適用できれば，外来DNAが導入された受精卵のみを選択的に発生させて選択できるので，トランスジェニック受精卵の選択は飛躍的に簡便化される。

この目的に沿って，以下のように，着床前受精卵の薬剤感受性が研究されている。

α－アマニチンは，2細胞期卵が4細胞になる段階以降を阻害し，1 μg/ml以上の濃度で顕著な効果を示す（表9・5）[10)]。アクチノマイシンDも，わず

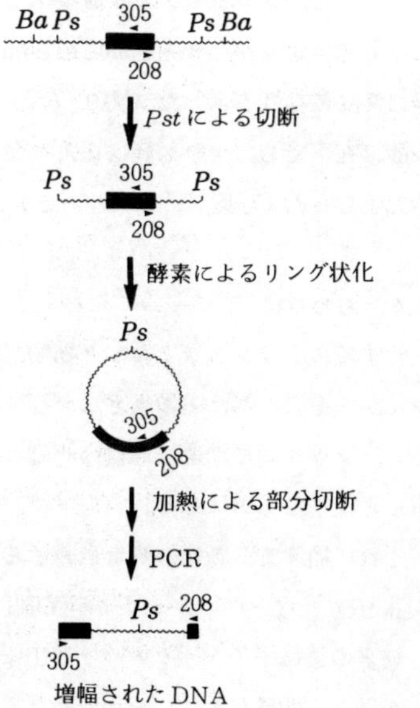

▬，トランスジーン；　〰，マウス染色体DNA；　►，プライマー；　Ps，PstⅠ；Ba，BamHⅠ

図9・5　IPCR法の模式図[8)]
（トランスジーンに接する染色体DNAの増幅）

表9・5　α－アマニチン存在下でのマウス1細胞期胚の発生[10]

α－アマニチンの濃度 (μg/ml)	各段階に発生した卵の数					
	卵の数	2細胞期	4細胞期	8細胞期	桑実期	胚盤胞期
0	150	131(87)	107(71)	102(68)	89(59)	68(45)
0.1	60	51(85)	43(72)	42(70)	32(53)	27(45)
1	150	113(75)	68(45)	51(34)	6(4)	1(0.6)
10	150	113(75)	8(5)	－	－	－
100	150	94(63)	4(3)	－	－	－

か0.1 μg/mlの濃度で，発生時期にかかわらず，初期胚のRNA合成を阻害する[11]。

一方，ミコフェノール酸による阻害作用は，発生時期に特異的であるだけでなく，発生初期の細胞では，分化した体細胞とは異なり，キサンチンの添加により，ミコフェノール酸の作用が消去される[12]。

すなわち，ミコフェノール酸を10 μg/ml培地に加えても，マウスの1細胞期胚は8細胞期胚にまで発生するが，8細胞期でのcompaction以降の発生を阻害し，この作用はミコフェノール酸の濃度依存性を示した（図9・6）。しかし，キサンチンを培地に添加すると，ミコフェノール酸存在下でも，マウス胚は正常に発生し，仮親雌に移植すると，無処理の卵と同様に着床し，胎児となった（写真9・1，表9・6）。

1.4　おわりに

今までにトランスジェニック動物が開発された動物種は，マウス，ウサギ，ブタ，ヒツジ，ウシだが，そのうち，一番小さなマウスと一番大きなウシの価格は，100倍以上の開きがある。もし，マウス同様，遺伝形質の明確なウシを揃えて使用することを考えるならば，この価格差はもっと大きなものになる。

これに加えて，動物の飼育に要する施設，要員，維持管理費をも考慮するとき，Granada Genetics社などのパイオニアが採用したような，荒削りな研究開発は難しい。

従来の遺伝子工学やタンパク質工学同様，トランスジェニック動物の場合も，その研究開発目的を個々に明確にして，そのために必要な技術を系統的に開発しなければ，トランスジェニック家畜の開発は，単なる夢物語に終わるだろう。

そして，このように考えたとき，異なるバックグラウンドを持つ研究者，技術者の協力がうまくいくかどうかが大きなポイントとなり，これは動物が大型になるに従って，ますます無視できなくなる。

たとえば，大型動物の遺伝子をクローン化し，試験管内組換え操作を繰り返して，適切な

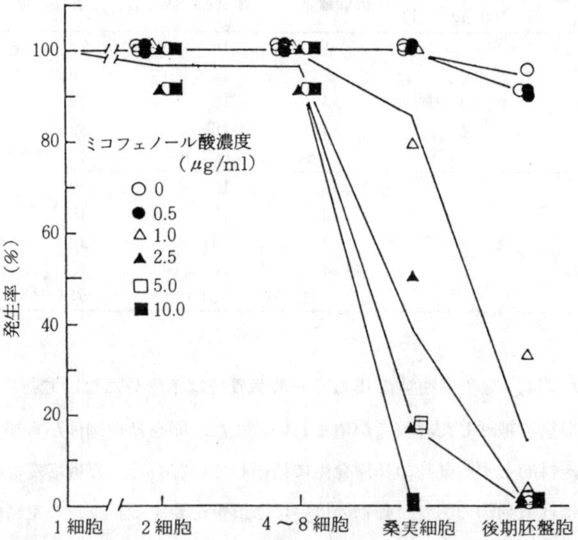

図9・6　ミコフェノール酸のマウス1細胞期胚の発生への影響[12)]

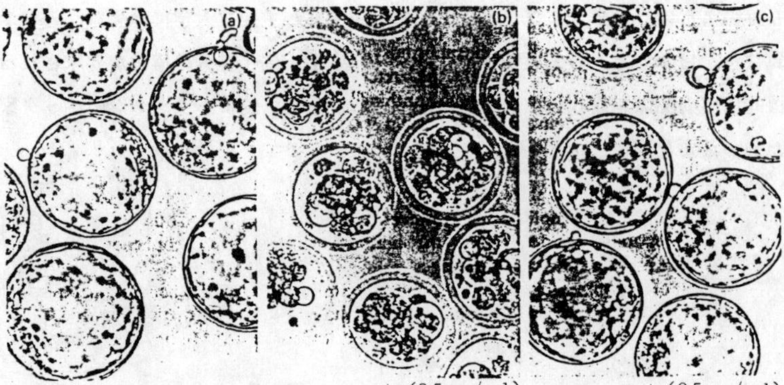

	(a)	(b)	(c)
ミコフェノール酸	−	＋（2.5 μg/ml）	＋（2.5 μg/ml）
キサンチン	−	−	＋（100 μg/ml）

写真9・1　キサンチンによるミコフェノール酸の影響の回復[12)]

表9・6　キサンチンによるミコフェノール酸の胎児発生への影響の回復[12)]

ミコフェノール酸 (2.5 μg/ml)	キサンチン (100 μg/ml)	仮親雌番号	移植した胚の数	着床数	生残胚数
無添加	無添加	1	18	13	5
		2	16	9	1
		3	16	12	11
		4	16	9	7
		合計	66 (100)	43 (65.2)	24 (36.4)
添加	添加	1	15	9	3
		2	15	15	11
		3	16	12	8
		4	16	15	11
		合計	62 (100)	51 (82.3)	33 (53.2)

DNAを作り出すには，分子生物学の単なる一般教養では不十分になっている。目的とする遺伝子の構造と発現機構に精通した経験者が望ましい。また，卵を動物個体から採り，仮親に移植するまでの操作も，目的とする動物の初期発生に精通していないと，臨機応変な対処が難しい。さらに，大型家畜は経済動物であり，動物の扱いには慎重を要する。ウシの受精卵の移植には資格が必要である，といった具合である。一方，組み換えDNAの動物個体での作用を予備的に検討するには，マウス等の小動物を多数扱う必要があるし，遺伝子産物の定性と定量には，生化学の養素が要求される。

アメリカのように，トランスジェニック動物の研究室が主要な大学には少なくとも1つはある国とは異なり，日本では，分子遺伝学，獣医学，発生学，生化学等の協力が要求されるため，いかに有機的に協力関係を作り出すかが，短期に，しかも経済的にトランスジェニック家畜をつくり出すための重要な課題といえよう。

2　社会的側面

トランスジェニック技術は，従来にない革新的技術だけに，技術面での課題以外に，社会的な面での課題も多い。

2.1　特許の問題

トランスジェニック動物に関する最初の特許として，1988年4月12日に，米国の商務省特許商標局（USPTO）は，Harvard大学より出願されていた，ガン遺伝子を組み込んだマウスの特許（第11章2節）の成立を認めた。他にも，すでに10件近い特許が公開されている。

Industrial Biotechnology Association（IBA）など産業界を中心とした，遺伝子組み換え等で人工的に作った動物は特許の対象とすべき，という声もあって，これに先立ち，USPTOでは，1987年4月22日に，ヒトを除く動物を特許の対象とする方針を決定している。

この方針は，米国ワシントン大学が出願した3倍体のカキ（牡蠣）新品種の審査結果として公表したものだが，この特許自体は新規性の欠如から拒絶されたため，上記トランスジェニックマウスが，米国で最初の動物特許となった。

この方針を受けて，米国では，1989年4月までに，44件もの動物特許が出願されている（米議会技術評価局の調査による）というが，一方で，動物権利団体などは，動物をモノ扱いする風潮を助長して動物迫害に継がるとして，また，家族経営農場組合などの農業団体は，家畜生産のコスト上昇を招くとして，反発しており，動物特許承認の延期を求める法案の提出（不成立）や，動物特許無効の申し立て（棄却）も行われるなど，論争をまき起こしている。

さらに，1989年に，欧州特許庁（EPO）は，ヨーロッパ特許規約には動物は含まれない，という理由で，暫定的ながら，上記トランスジェニックマウスに関する特許を拒絶する決定を下している。

このように，動物特許を認めるかどうかの問題は，今後，大きな課題となりそうである。

このような状況を受けて，米国議会技術評価局（OTA）では，1983年，特許の扱いについての報告書をまとめて公表しているが，そこでは，当面，動物特許の受理を棚上げする案から，特許法の改正または動物新品種保護法の制定により保護対象とする案まで，いくつかの選択肢が提案されている。

日本においては，かつて，真珠養殖用のアコヤガイが特許になった例があり，原則的には，条件を満たせば認められるものと思われるが，現在のところ，正式には，特許庁も態度を決めかねている。

そのような中，実験動物の生産業者の集まりである日本実験動物協会が，「特許に関する小委員会」(委員長・鈴木潔 東京医科大学客員教授）を発足させ，アンケート調査なども行って，業界の見解統一を図るなど，新たな動きが出てきている。

一方，すでに公開されているトランスジェニック動物関連の特許の中には，請求範囲のきわめて広いものもあり，今後，特許の出願やトランスジェニック動物の商品化が増加する中で，他の遺伝子工学関連特許と同様，特許係争が発生する可能性も大きい。

特に，最近，知的所有権保護の動きが強まる中，米国では，従来よりも請求範囲の広い基本特許的性格の強い出願を受け入れる方向にあり，国際的な係争問題が生じるかもしれない。

いずれにしても，国際的協調を図りながら，早急に，請求範囲を含めて，動物特許に関する明確な基準が作成されることが望まれる。

2.2　規制（安全性基準）の問題

現在のところ，動物個体を対象とした組み換えDNA実験のガイドラインは，日本はもちろん，世界的に見ても，存在していない。すなわち，明確な基準はどこにも示されていない。

したがって，日本においても，トランスジェニック動物作出に関する実験を行う際には，個別に申請を行い，審査を受けなければならない。

この問題については，第12章で解説されているので，ここでは詳しく述べないが，現在，科学技術会議ライフサイエンス部会で，動植物の遺伝子操作の基準を明確化するため，「組換えDNA実験指針」の改訂が検討されているとも聞く。

いずれにせよ，今後，早急に，明確な基準が示されることが望まれる。

さらに，トランスジェニック動物関連のレギュレーション（規制）問題としては，将来的には，上記の規制に付随して，他に2つの点が課題となろう。

一つは，トランスジェニック動物を産業化段階で利用する場合の安全性基準，および，それによって作られた製品（医薬品，食品など）の安全性基準の問題である。

たとえば，日本では，組換えDNAの大規模利用のためのガイドラインが，「組換えDNA実験指針」に定められている他，1986年6月19日に，通産省から「組換えDNA技術工業化指針」が，1986年12月11日に，厚生省から「組換えDNA技術応用医薬品の製造のための指針」が，1989年4月20日に，農水省から「農林水産分野における組換え体の利用のための指針」が発表されているし，厚生省は，1988年11月に，「食品分野における組換えDNA技術応用のための指針(案)」も公表している，といった具合に，各省所管の産業分野における組換え体利用の安全性確保のための基準が示されている。

しかし，これらは，いずれも，主に宿主として微生物を対象としたものであり，厚生省の1988年6月6日の通知「細胞培養技術を応用して製造される医薬品の承認申請に必要な添付資料の作成について」を含めて，組換え動物個体の利用に関する基準はほとんど示されていない。これは，世界の他の国においても同様である。

将来，トランスジェニック動物のアニマルファームとしての利用が現実的になってきた場合のことを考えると，これらの基準が明確化されていることが望まれる。その際には，微生物等の系に比較して，物理的封じ込めが容易なことや，ミルク中の目的物質の濃度が高く，精製が容易で混入物が少ないと期待されることは，有利な点になるかもしれない。

もう一つの課題は，トランスジェニック動物を開放系で利用する際の安全性基準の問題である。

これは，将来，トランスジェニック技術により育種された家畜等の利用を考えるとき，どうしても問題となろう。

遺伝子組換え体を開放系で利用する際の安全性確保の問題は，遺伝子組換え微生物の農薬としての利用，トランスジェニック植物の利用などが現実的になってきた近年，その野外放出実験を巡って大きな問題となり，各国で規制の基準が示されるようになってきた。

たとえば，米国では，NIH，環境保護局（EPA），農務省がそれぞれ規制を行っており，日本でも，環境庁が1989年2月に「組換え体の開放系利用に伴う環境保全の基本的考え方」を公表したのに続いて，1989年4月に農林水産省より発表された「農林水産分野における組換え体利用のための指針」で，日本で初めて，組換え植物の開放系での利用のための基準が示された（科技庁，通産省でも基準を検討中という）。

これらの基準では，組換え動物個体は対象となっていないが，英国遺伝子操作諮問委員会（ACGM）のガイドラインでは，対象に含まれており，米国でも基準作成中という。日本でも，農水省が，組換え微生物，組換え動物の開放系での利用に関する規定について検討を開始している。

組換え動物は，微生物などに比べて，物理的封じ込めが容易であり，一度細胞内に導入されたDNAが細胞外に出てくる可能性は少なく（ウイルスベクター法による場合は除く），開放系で利用する上での問題は少ないと考えられる。

以上，研究段階，産業化段階，開放系それぞれの規制問題は，トランスジェニック動物の研究開発が進む中で，大きな課題の一つといえよう。

2.3　生命倫理の問題

最後に，倫理面の問題にも触れておきたい。

遺伝子工学技術については，かつてより，その安全性に対する不信，生命操作に対する倫理的反発などから，エコロジー論者，宗教家，等による批判が続いてきたが，トランスジェニック動物は，高等動物を対象とするだけに，より強い批判が考えられ，それへの対応も，今後，大きな課題となろう。

特に，動物個体の遺伝子操作は，人間の遺伝子操作という問題に継がるだけに，慎重な対応が必要とされよう。

この面で最も問題となるのは，遺伝子治療（ジーンセラピー）との関連である。

遺伝子操作技術を利用して遺伝病等の治療を行おうとする遺伝子治療は，まだ技術面での課題が多く，これからの技術といえるが，今後の発展が期待されている。

米国NIHの組換えDNA実験ガイドラインには，特例事項として，人体についての遺伝子操作に関わる項目があり，①人体実験の場合の原則を遵守し，安全性を確認した上で行い，対象を体細胞に限定する，②なぜ遺伝子治療の対象とするかを説明する，③実験結果はすべてNIHに報告する，の3点があげられている。

人体実験については，1964年のヘルシンキ宣言など，医学面での倫理基準が設けられているので，それらに従うとして，最も重要なのは，対象を体細胞に限定する，ということである。

一部の学者で，人間改造を唱えている者もいるが，一般には，科学者の間でも，ヒト生殖細胞の遺伝子操作を行ってはならない，すなわち，トランスジェニック・ヒトは作ってはならない，というのは，意見の一致するところであろう。たとえ，どのような目的であれ，この規範を踏みはずすことは，絶対に許してはならない。

臓器移植の問題をきっかけに，日本においても，生命倫理の問題に対する関心が高まってきており，パブリック・アクセプタンスの面を含め，対応を誤らないようにしたいものである。

文　献

1) R.B.Church：*TIBTECH*, **5**, 13 (1987)
2) S.P.Leibo *et al.*：*Theriogenology*, **27**, 269 (1987)
3) D.King, R.J.Wall：*Mol. Reprod. Dev.*, **1**, 57 (1988)
4) T.Ninomiya *et al.*：*Mol. Reprod. Dev.*, **1**, 242 (1989)
5) R.K.Saiki *et al.*：*Science*, **230**, 1350 (1985)
6) T.Triglia *et al.*：*Nucleic Acids Res.*, **16**, 8186 (1988)
7) H.Ochman *et al.*：*Genetics*, **120**, 621 (1988)
8) T.Ninomiya, A.Yuki：*Agric. Biol. Chem.*, **53**, 1729 (1989)
9) 二宮　隆ほか：第12回日本分子生物学会講演要旨集 (1989)
10) I.L.Levy *et al.*：*J. Reprod. Fert.*, **50**, 147 (1977)
11) V.Monesi *et al.*：*Exp. Cell Res.*, **59**, 197 (1970)
12) M.Hoshi *et al.*：*J. Reprod. Fert.*, **83**, 85 (1988)

1) R.B. [illegible] (1958)[illegible] 6, 1[illegible]
2) [illegible] et al., [illegible] 27, 263 [illegible]
3) [illegible] Mat. Res. [illegible] 1 [illegible]
4) [illegible] et al., [illegible] 4 [illegible]
5) R. [illegible] et al., Science, 280 [illegible]
6) T. [illegible] Nucl. Acids Res., 16, [illegible]
7) [illegible] et al., [illegible] 120 [illegible]
8) [illegible] Agric. Biol. Chem., 53 [illegible]
9) [illegible]
10) [illegible] et al., J. [illegible] 50, 1[illegible]
11) [illegible] et al., [illegible] 53 [illegible]
12) [illegible]

第Ⅳ編　動向・資料

第10章　研究開発企業とその動向

1　海　　外

1980年，米国エール大学のJ. Gordon博士らが最初のトランスジェニックマウスを作成して以来，ワシントン大学のR. Palmiterとペンシルバニア大学のR. Brinsterらが作って話題を呼んだ"スーパーマウス"を始め，欧米を中心に世界各国で，様々なトランスジェニックマウスが作られるようになった（表10・1）。いくつかの企業もこの技術を実験動物の開発に利用しようと研究を始めた。

その後，1985年には，米国農務省（USDA）とペンシルバニア大学のグループが，マウスより大型で，しかも妊娠期間も長いウサギ，ヒツジ，ブタに，ヒト成長ホルモンの遺伝子を導入することに成功したが，この報告は，マウス以外の動物を扱うことに対する精神的な障害を取り除き，家畜を積極的に利用しようとする気運を生んだ。

表10・1　トランスジェニックマウスに発現された外来遺伝子の種類

組　　織	プロモーターおよび遺伝子
脳	髄梢塩基性タンパク，Thy－1抗原，神経線維タンパク，パゾプレッシン，成長ホルモン，髄梢塩基性タンパクアンチセンス
水晶体	クリスタリン
乳腺上皮	β－ラクトグロブリン，乳清酸性タンパク
精巣	プロタミン
膵臓	インシュリン，エラスターゼ，MHC（H－2K^b）
腎臓	レニン－2
肝臓	アルブミン，α1酸性糖タンパク，C反応性タンパク，α2Uグロブリン，α1抗トリプシン，B型肝炎ウイルス抗原
卵黄嚢	α－フェトタンパク
造血系細胞	
赤芽球	β－グロビン
B細胞	κIg，μIg
T細胞	T細胞レセプター，インターロイキン2レセプター
マクロファージ	マウス乳癌ウイルスプロモーター（LTR）
結合組織	マウス肉腫ウイルスプロモーター（LTR），コラーゲン，ビメンチン
筋肉	αアクチン，ミオシン短鎖
全身組織	H－2，HLA，β2ミクログロブリン，銅亜鉛スーパーオキサイドジスムターゼ

まず第一に実行されたのが，成長ホルモン遺伝子を導入したトランスジェニック豚の作出研究で，やがて世界各国でこのような豚が得られたが，成長促進，泌乳促進，脂質代謝促進といった成長ホルモンの効果のうち，脂質代謝促進効果が最も高頻度で現れ，初期の狙いであった“スーパー豚”(巨大化する豚）はなかなか得られなかった。そのような中，最初の“スーパー豚”作出に成功したのは，畜産バイオ分野に高い技術を誇る，オーストラリアのアデレード大学のグループであった。

一方，スコットランドのエジンバラにある英国動物生理学遺伝学研究所（IAPGR）のグループは，1987年，トランスジェニック羊の乳中にヒト血液凝固因子を分泌生産させることに成功し，トランスジェニック動物は，医薬品等の製造プロセス（アニマルファーム）としても注目されることとなった。

この両者が，アメリカ等に比べて遺伝子工学研究で遅れをとっている，オーストラリア，スコットランドで開発されたことは興味深い。最近，中国でも，中国科学院細胞生物研究所，江蘇農学院などの共同研究により，B型肝炎ウイルス表面抗原およびヒト成長ホルモンを発現するトランスジェニック・ウサギが得られたという報告があり，この技術は，欧米以外にも広がりつつあるといえる。

ともかく，トランスジェニック技術が，実験動物の作出以外に，家畜の育種や医薬品等の生産へも利用できることがわかって，多くの企業が，この分野の研究に参入してきた。

以下に，トランスジェニック動物作出技術の研究を行っている主な企業を紹介する。

(1)　Granada Genetics社（米）

米国グラナダ・ジェネティクス（Granada Genetics）社（Texas州College Station）は，5年ほど前にトランスジェニック牛の研究を始めた。既に基礎技術を確立し，40頭を妊娠させることに成功し，1989年には，1頭のトランスジェニック牛が誕生したことが，K. Bondiolè によって発表された。

同社は，肉牛の飼育，牛肉の生産を行う大手パッカー（食肉加工会社）Granada社の研究サービス部門の子会社で，受精卵移植サービスを主な事業としている。受卵牛として，常時2500頭の雌牛を維持しているという，大きな利点をもち，クローン牛（核移植技術）の開発など，他の畜産バイオ分野でも全米トップレベルの技術水準にある。

同社のトランスジェニック牛開発の目的としては，ラクトフェリン（抗菌物質）やウシ濾胞刺激ホルモン（FSH）などの医薬品を乳汁中に分泌させて生産すること，高ラクトフェリン乳や低脂肪乳など乳質の改良を図ること，脂肪分の少ない肉など肉質の改良を図ること，成育を促進すること，などがあげられている。

親会社のGranada社は，1988年に日本支社を開設し，既に牛肉の対日輸出も始めており，畜産バイオ技術の対日輸出も検討していると伝えられている。

(2) Integrated Genetics 社（米）

米国インテグレーテッド・ジェネティックス（Integrated Genetics）社（Massachusetts 州 Framingham）ではK.Gordon が中心になってトランスジェニック動物の開発を進めている。1987年には，NIHのL.Hennighausen らと協力して，ヒト t-PA を乳汁中に分泌するマウスの作出に成功した。

同社では，この成果をもとに，Tufts大学と協力して，ヒト t-PAを分泌するブタ，ヤギ，ウシなどの開発に取り組んでおり，1988 年には，20 個のヤギ受精卵に tPA 遺伝子を導入し，3匹のトランスジュニックヤギを得たという。また，このトランスジュニック動物の特許も出願している（特公昭 63-291，第 11 章参照）。

さらに，同社では，最近ヒトプロテインCを血液中に分泌するマウスの作出にも成功している。

同社は，1981年に設立されたバイオベンチャー企業（従業員約 200 人）で，遺伝子組換え技術を用いた医薬品，動物薬，診断薬（DNA プローブ）の開発を行ってきた。特に，LH，FSH，hCG などの生殖ホルモン，tPA，プロテインC，血液凝固第Ⅷ因子などの循環器系薬に強みをもっている。

従来，主に培養細胞系での生産研究に重点をおいてきたが，トランスジェニック動物の乳汁中への生理活性物質の分泌生産技術を新たな柱にしようとしている。

同社には，伊藤忠も出資しており，B型肝炎診断薬で富士レビオと，tPA で東洋紡と提携した実績があるが，トランスジェニック技術については提携の意向を明らかにしていない。

(3) Pharmaceutical Proteins（PPL）社（英）

英国ファーマシューティカルプロテインズ（Pharmaceutical Proteins）社（Edinburgh，Scotland）は，英国エジンバラ大学の J.Clark のグループと協力して，ヒト血液凝固第Ⅸ因子，α_1-アンチトリプシン，tPA，EPO等のタンパク質性医薬品をトランスジェニックヒツジの乳汁中に分泌させて生産することを目的として研究を進めている。

すでに，これらの遺伝子を，ヒツジのβ-ラクトグロブリン遺伝子の発現制御領域につないで受精卵に導入し，血友病治療薬となるヒト血液凝固第Ⅸ因子，肺気腫治療薬となるヒトα_1-アンチトリプシンを，50 頭以上のヒツジの乳汁中に分泌させることに成功している。血液凝固第Ⅷ因子などの生産も可能になる見通しという。

同社は，AFRC（英国農業食糧研究会議）のエジンバラ支所にある動物生理学遺伝学研究所（Institute of Animal Physiology and Genetics Research，IAPGR）の研究チームが開発した，トランスジェニック動物（マウスおよび羊）の乳汁中に導入遺伝子産物を分泌させる技術に注目したスコットランド開発公社（SDA）が，1987 年 3 月に，この技術をタンパク質性医薬品の生産に応用することを目的に設立したベンチャー企業である。

同社は，当初，SDA等から約40万ポンドの出資を受け，上記技術の使用権を得て，IAPGR，エジンバラ大学，バーミンガム大学などと協力して研究を進めてきたが，1988年には，新規融資120万ポンドのうち25万ポンドをフランスのTransgene社から受け，同社との共同研究も注目される。さらに，最近，AFRCとSDAが，エジンバラ大学内に設立することを決めたCAGR（動物ゲノム研究センター）とも緊密な協力関係を持っていく予定で，研究の進展が期待される。

同社は，既に，上記技術の特許を出願しており（特公昭64－500162），今後，広い請求範囲をもつIntegrated Genetics社出願の特許との関係が問題となりそうだ。

(4) Transgenic Sciences社（米）

米国トランスジェニック・サイエンシズ（Transgenic Sciences）社（Massachusetts州Worcester）は，実験動物の開発，家畜の育種，医薬品生産動物の開発の3つをテーマに，トランスジェニック技術の開発研究を行っている。

大きな成果の発表はまだないが，いくつかの公共研究機関や企業と提携して，トランスジェニック技術を用いた様々な研究に着手している。

実験動物分野では，マウス等を用いて，糖尿病，アルツハイマー病，AIDSなどの疾患モデル動物や，医薬品などの化学物質の毒性（発癌性）検査用動物の開発に取り組んでおり，AIDSモデル動物の開発に関して，国立アレルギー・感染症研究所（NIAID）と共同研究をしている。また，家畜の育種では，主に豚を対象としており，過剰の成長ホルモンのために糖尿病などの副作用がでているトランスジェニック豚の改良に関して，米国農務省（USDA）と提携している。

医薬品生産動物に関しては，tPAなどの循環器系医薬品などを乳汁中に生産させることを主な目的に，マウスを使ったモデル実験に力を入れており，マサチューセッツ大学，英国Animal Biotechnology Cambridge社，フランス国立農学研究所（INRA）などと提携している。また，哺乳動物ではないが，レトロウイルスベクターを利用したトランスジェニックニワトリにより，卵中にタンパク性医薬を生産させる研究も，Tufts大学と共同で進めている。

同社は，1986年，トランスジェニック動物の開発を目的に，前Integrated Genetics社取締役の一人によって設立されたベンチャー企業（従業員12名）である。

同社の現在の製品は，最近販売を開始した，動物細胞を用いた発癌物質検査テストだけで，今まで，主な収益源は受託研究費ぐらいだったが，1989年末に，科学機器大手のEG&G社から，傘下の全米最大手の動物実験サービス会社，メーソン・リサーチ社を買収し，収益源を確保するとともに，研究開発力も強化した。

実際，最近，NIHから研究費を得て，トランスジェニック技術ではなく核移植技術を用いた遺伝性高脂血症ウサギの開発に着手するなど，今後は，実験動物分野に力を入れていくようである。

(5) GenPharm International（GPI）社（米）

米国ジェンファーム・インターナショナル（GenPharm International）社（California州 South San Francisco）は，トランスジェニック動物の乳汁中に組換えタンパクを生産させ，医薬品，食品などとして利用する研究を行っている。また，トランスジェニック技術を，ヒト疾患モデル動物や家畜の育種に利用する目的で研究を進めている。

同社は，1989年，トランスジェニック動物の開発を目的に，オランダのGenPharm社（Leiden）と米国Chimera Biotech社（South San Francisco）によって設立されたベンチャー企業である。

GenPharm社（GenPharm Europe社と改称）自体も，1988年，Leiden大学と米国バイオベンチャーのGenencor社によって設立された畜産バイオ企業で，米国のベンチャーキャピタルが同様な目的で設立したChimera Biotech社（GenPharm US社と改称）と協力することにより，資金力と研究開発力のアップを狙ったものと思われる。

このため，GPI社は，Genencor社とLeiden大学から，技術ライセンスに加え，研究スタッフと研究施設の提供も受けてスタートした。既に，トランスジェニック動物に関する特許も出願中という。

同社は，ヨーロッパ部門では，家畜の乳汁中への組換えタンパク生産や，家畜の乳質や肉質の改良といった育種への利用を主な目的として研究を進めており，当面は，医薬品よりも低脂肪乳などの改質ミルクの生産などを目標としている。すでに，1990年初めにはトランスジェニック牛が誕生の予定という。

一方，アメリカ部門は，実験動物の開発を目標としており，ユタ大学から技術供与を受けるなどして，AIDSなどの疾患モデル動物等の開発を行う一方，実験動物サービス事業を行うことも予定している。

(6) DNX社（米）

ディーエヌエックス（DNX）社（New Jersy州 Princeton）は，医薬品の探索や医薬品・化学品の安全検査に用いるトランスジェニック実験動物の開発研究を行っている。また，トランスジェニック動物の乳汁や血液中に生理活性タンパク質を生産させる研究，トランスジェニック技術による家畜の育種の研究も行っている。

実験動物分野では，Upjohn社から疾患モデルマウスの開発研究を受託している。また，家畜育種の分野では，米国Pig Improvement（PIC）社と，トランスジェニック豚開発の共同研究を行っている。さらに，哺乳動物ではないが，Merck社と提携して，レトロウイルスベクターを利用したトランスジェニック・ニワトリの育種を試みている。

同社（旧社名Embryogen社）は，1980年に設立されたバイオベンチャー企業で，当初，毒性検査などの実験動物開発を行ってきたが，最近は，トランスジェニック動物開発に特化してきている。

同社は，Ohio 大学の Edison Animal Biotechnology Center の研究成果を最初に企業化する選択権をもっているが，最近，同センターの T. Wagner 所長と Jackson 研究所の C. Hoppe が開発した，広い請求範囲をもつトランスジェニック動物作出法に関連する特許（＃4,873,191）が認められたため，そのライセンス権をもつことになる同社の立場が問題になりそうだ。

1989 年 7 月，日本の岩谷産業が，前記の DNX 社と PIC 社のトランスジェニック豚開発計画に長期出資すると発表した。抗生物質や農薬の含まれない，安全で高品質のブタ肉生産を可能にしようというものだ。

成長ホルモン遺伝子を導入したトランスジェニック豚は，過剰の成長ホルモンによる副作用のため，実用化が遅れているが，DNX 社では，糖合成等の酸素ホスホエノールピルビン酸カルボキシキナーゼ（PEPCK）のプロモーターによって成長ホルモン遺伝子の発現を制御することを試みており，マウスの実験では，糖質の餌を与えることにより，成長ホルモンの発現抑制に成功したという。

(7) Transgene 社（仏）

フランスのトランスジーン（Transgene SA）社（Courbevoie）は，肝臓などの組織中に異種タンパク質を生産するトランスジェニック動物の開発研究を行っている。

ただし，組織中に生産させる方法では，実験動物の開発などにはいいかもしれないが，医薬品などの物質生産には問題がありそうだ。

同社は，1980 年，Pasteur 研究所や Strasbourg 大学の研究者が中心になって設立された国策型バイオベンチャー企業で，Elf－Aquitaine（石油），Moet Hennesy（酒類・香水），Banque Paribas（銀行），B. S. N－Gervais Danone（食品）などのフランスの代表的企業が出資している。

研究分野は，医薬品から食品，酵素，化学品まで多岐にわたっているが，Pasteur 研との関係から，AIDS や狂犬病などのワクチン開発に強みを持っている。

研究は，外部の企業から受託する形で進めているものがほとんどだが，自社開発として，組換え動物細胞を利用した α_1－アンチトリプシン，血液凝固第Ⅸ因子の生産研究を進めており，トランスジェニック技術の導入は，これらをトランスジェニック動物による生産に転換することを目的としているものと思われる。

最近，英国の Pharmaceutical Proteins 社に出資し，今後の共同研究が注目される。

Transgene 社は，東ソーと IL－6 の開発で，日本ゼオンとビオチンの生産で提携している。

(8) Charles River Laboratories 社（米）

米国チャールズ・リバー・ラボラトリーズ（Charles River Laboratories）社（Massachusetts 州 Wilmington）は，Harvard 大学が開発した，ガン遺伝子を導入した病態モデルマウス（第 11 章 2 節参照）を生産している。販売は，Du Pont 社が行っている（一匹 50 ドル）。

このトランスジェニックマウスは，主に発癌物質のスクリーニングに利用されており，Du Pont 社が日本でも販売する予定という。

同社は，Bausch & Lomb 社傘下の実験動物メーカーの大手で，日本にも，味の素（株）と折半出資の日本チャールズリバー（株）を設立している。

(9) Albermarle Farms 社（米）

米国で大農場を経営しているアルバーマール・ファームズ（Albermarle Farms）社（Virginia 州）は，Colorado 州立大学の，遺伝子工学を利用した耐病性ウシの開発計画に 170 万ドルの研究資金を供与した。

Colorado 州立大学では，トランスジェニック技術により，特定のウイルス病に抵抗性をもたせる遺伝子を組み込んだ牛を作る予定。まず，ヒツジを使って基礎実験に着手するという。

(10) Embrex 社（米）

エムブレックス（Embrex）社（North Carolina 州 Raleigh）は，ニワトリ，シチメンチョウのトランスジェニック技術による育種の基礎研究に取り組んでいる。

同社は，Cornell 大学が開発した，金属微粒子表面に DNA をコートして核内に打ち込む高速遺伝子導入法を利用する。

同社は，1985 年に設立された，家きん類に特化したバイオベンチャー企業。

(11) その他

以上の他に，トランスジェニック動物の作出研究を行っているといわれる企業（いずれも米国）には，American Breeders Service 社（Wisconcin 州 De Forest，W. R. Grace 社の一部門），Amgen 社（California 州 Thousand Oaks，ニワトリ，シチメンチョウが対象），Applied Animal Genetics 社，Applied Bio Technology 社（Massachusetts 州 Cambridge），Biogen 社（Massachusetts 州 Cambridge），Biosyn 社，Genetic Engineering 社（Colorado 州 Denver）などがある。

また，Merck，Monsanto，Du Pont，Kodak，SmithKlain Beckman などの大企業も興味を示し，研究に着手しているところもある。

2 国　　内

トランスジェニックマウスは，今や，発生学，腫瘍学，免疫学の各分野の研究に欠かせないものになっており，疾病モデルマウスとしても利用されるようになってきた。

日本国内でも，現在では，熊本大学医学部，東海大学医学部，東京大学医科学研究所，大阪大学細胞工学研究センター，国立小児病院小児医療研究センター，理化学研究所，(財)癌研究会癌研究所など多くの研究機関がトランスジェニックマウスの研究を行っている。

企業でも，この分野の研究を開始するところがでてきた。

しかし，国内の実験動物の市場規模は，数百億円程度といわれており，商業化を考えた場合の本命は，牛，豚などの経済動物の品種改良や，物質生産への利用だろう。

ところが，日本国内では，英米に比べて，研究者自体が少ない上，大型動物のトランスジェニック技術を研究できる研究機関もほとんどないようである。

そこで，農林水産省では，来年度から，「有用トランスジェニック（有用異種遺伝子を保持・発現する）大型家畜の開発・基礎研究」を米国の大学に研究委託することにした。委託先としては，タフツ大学，ウィスコンシン大学，テキサス農工大学などが候補に上っている。期間は3～5年。

一方，各企業のトランスジェニック動物の研究開発動向は，ほとんど明らかになっていないが，以下に，主な企業をいくつか紹介する。

(1) 雪印乳業（株）

雪印乳業は，生物科学研究所と受精卵移植研究所において，トランスジェニック動物の研究を行っている。

既に，1987年に，マウスにヒトウイルスの遺伝子を導入することに成功し，また，この遺伝子が子孫に伝達されることを確認した。さらに，1988年には，北海道の受精卵移植研究所で，ウシ胚に遺伝子を導入するための実験を開始している。

同社の開発目標は，実験動物ではなく，有用物質生産への利用（アニマルファーム）や，優良家畜の育種で，今後，マウスから，より大型の動物へと対象を広げ，トランスジェニック牛の開発へとつなげたい，としている。

今後の研究のポイントとして，受精卵選択技術の確立，乳腺細胞発現調節遺伝子の研究などを挙げており，1989年より，米国ウィスコンシン大学のファースト教授のもとに研究員2人を派遣し，技術交流を進めている。

(2) (財) 実験動物中央研究所

実験動物の大手，(財) 実験動物中央研究所は，トランスジェニック技術を利用した実験動物の開発研究を行っている。

一方，疾患モデル動物の開発を目的とする専門会社の設立を計画し，財団会員企業に出資の呼びかけを行っていたが，最近，DNARD（次項）として成立した。

(3) (株)ディナード

1989年秋，三共，山之内製薬，ヘキストジャパン，中外製薬，協和醗酵工業，実験動物中央研究所，日本クレアの7社は，トランスジェニック技術を利用して，新薬開発に不可欠な疾患モデル動物の受託開発研究を行う合弁会社ディナード（DNARD）を設立した。

新会社の社名はDNAとR＆Dを組み合わせたもので，初年度の資本金は1億6,000万円。今後5年間でさらに6億円増資し，専用の研究所も設ける予定という。

(4) (株)エヌティーサイエンス

1988年3月，総合化学メーカーの東ソーと動物ワクチンの大手メーカー日生研は，農水省の外郭団体である生物系特定産業技術研究推進機構（生研機構）から6,000万円の出資を受けて，実験動物の開発研究を行う(株)エヌティーサイエンス（資本金8,600万円）を設立した。

同社は，トランスジェニック技術による疾患モデル動物の開発を目標に研究を進めており，マウスを中心に，7年間で約12億円の研究費を投入する計画である。施設は，実験動物の生産や安全性試験の受託も行っている日生研が貸与している。

(5) 三井製薬工業(株)

三井製薬工業は，厚生省がヒューマンサイエンス振興財団のもとで進めているエイズ医薬品開発推進事業の新テーマ「エイズ感染モデル動物の開発研究」に参画することになった。

この研究は，治療薬の薬効評価系を動物レベルで確立するため，エイズを継代的に発症するトランスジェニックマウスの開発を目指すもので，国立予防衛生研究所エイズ研究センターの本多三男エイズ予防治療室長を中心に，同社の他，理化学研究所も協力して行う。

トランスジェニック技術を用いたエイズ感染モデルマウスは，最近，米国立衛生研究所（NIH）アレルギー・感染症研究所（NIAID）のM. Martin博士らが作出に成功したと報告されている。

なお，同事業は，昭和63年から始まっており，同研究は平成元年度の新テーマとして決まった。

(6) 岩谷産業(株)

岩谷産業は，前述のように，米国DNX社とPig Improvement（PIC）社のトランスジェニック豚開発計画に長期出資することになった。

この計画では，DNX社が，遺伝子のクローニングなどの分子生物学的技術や化学検査技術を担当し，PIC社が，品種改良技術と肥育技術を担当する。岩谷産業は，この計画で得られた成果を，日本へ優先的に導入する権利を獲得することになる。

岩谷産業は，エネルギー，産業ガス，機械，原材料，建設，食品，園芸など広い分野にわたる多角的企業であるが，子会社に，種豚を扱うイワタニケンボローがある。

(7)　その他

以上の他に，トランスジェニック動物の開発研究を行っているといわれている企業に，伊藤ハム，明治乳業，日清製粉，丸紅飼料，協和醗酵工業，家畜受精卵移植技術研究組合，などがある。

第11章　特　　許

1　概　　説

1988年4月12日，トランスジェニック動物の最初の特許がアメリカで認められた。

1985年に，アメリカのP. LederとT. Stuartにより出願されて以来，3年が経過していた。この間，U. S. Patent and Trademark Officeは，1985年に，人工的に改変された生物は天然物ではない，との見解を出し，1987年4月には，ヒトを除く動物を特許の対象とすることを決定している〔*Biotechnology*, **6**, 544 (1987)〕。

この特許は，トランスジェニック動物が，特許の対象となることを示した記念すべきものなので，次節に，その全文を掲載する。

P.Lederらの特許は，ヒト以外の全動物を特許請求の範囲に含め，DNAの導入時期も1細胞期に限定していない。胚発生の初期段階に導入された，活性化されたガン遺伝子は，体細胞のみならず胚細胞にも含まれる。すなわち，子孫へ伝達することを条件とする。

この発明の効果は，活性化されたガン遺伝子が導入されたために，遺伝的に腫瘍発生率が高い動物が生産され，発ガン因子の検定，抗ガン物質の検定に活用できることにある。

この他，公開されたトランスジェニック動物関連特許には，ヒトのインシュリン遺伝子を導入され，インシュリンを体内に生産するマウス(アメリカのR. F. SeldenとH. M. Goodmanによる発明。1987年出願)，フランスのF. Cusieらによる，動物細胞内で染色体とは独立に増殖機能し，大腸菌内でも増殖可能な，トランスジェニック動物のための大腸菌と動物とのシャトルベクター(1987年出願)，ドイツのO. RottmannとP. Höferによる精子を利用した卵への遺伝子の導入方法(1987年出願)，アメリカのK. GordonとS. Groetによる，希望するタンパク質をミルクに分泌するトランスジェニック動物(1987年出願)，トランスジェニック動物で乳腺にタンパク質を効率的に分泌させるベクター2報(J. Clark，イギリス，1987年出願。J. M. Rosen，アメリカ，1988年出願)，それに，ブタ成長ホルモンなどの特性決定ホルモン遺伝子を導入したウマ，ヒツジ，ヤギ，シチメンチョウ，海洋生物の作出法(1988年出願)，等がみられる。

これらについては，3節で概略を紹介する。

2 成立した特許

トランスジェニック動物の特許として既に成立しているのは，米国 Harvard 大学の P. Leder らが提出した，ヒトガン遺伝子を導入した病態モデルマウスに関するもの（米国特許4,736,866, 特公昭61－81743）が唯一のものである。

なお，1989年，欧州特許庁（EPO）は，米国とは逆に，動物は特許規約に含まれていないとして，暫定的ではあるが，この特許を拒絶した。

以下に，本特許の全文を再構成して紹介する（表現は一部変えてある）。

(1) 発明の名称 遺伝子転移動物

(2) 出願番号 昭60－134452〔昭和60（1985）年6月21日出願〕

(3) 公開番号 昭61－81743〔昭和61（1986）年4月25日公開〕

(4) 優先権主張 1984年6月22日，米国（US）623774

(5) 発明者 フィリップ・レダー(米)，ティモシ・エイ・ステュアート(米)

(6) 出願人 プレジデント・アンド・フェロウズ・オブ・ハーバード・カレッジ(米)

(7) 特許請求の範囲

①胚芽細胞と体細胞とが，動物または，この動物の先祖に胎児段階で導入された活性化腫瘍遺伝子配列を有することを特徴とする，遺伝子転移の非ヒト成熟核動物。

②動物の染色体が，腫瘍遺伝子配列のコード配列と実質的に同じ内生コード配列を含む，特許請求の範囲第1項記載の動物。

③腫瘍遺伝子配列が，内生コード配列の位置とは異なる部位において動物の染色体中へ一体化されている，特許請求の範囲第2項記載の動物。

④腫瘍遺伝子配列の転写が，内生コード配列の転写を制御するプロモータ配列とは異なるプロモータ配列の制御下にある，特許請求の範囲第2項記載の動物。

⑤腫瘍遺伝子配列の転写を制御するプロモータ配列が誘発可能である，特許請求の範囲第4項記載の動物。

⑥腫瘍遺伝子配列がc－*myc*遺伝子のコード配列からなる，特許請求の範囲第1項記載の動物。

⑦腫瘍遺伝子配列の転写が，ウイルスプロモータ配列の制御下にある，特許請求の範囲第1項記載の動物。

⑧ウイルスプロモータ配列がMMTVプロモータの配列からなる，特許請求の範囲第7項記載の動物。

⑨ウイルスプロモータ配列がRSVプロモータの配列からなる，特許請求の範囲第7項記載の動物。

⑩腫瘍遺伝子配列の転写が合成プロモータ配列の制御下にある，特許請求の範囲第1項記載の動物。

⑪動物がゲッ歯動物である，特許請求の範囲第1項記載の動物。

⑫ゲッ歯動物がネズミである，特許請求の範囲第11項記載の動物。

⑬発癌物質の疑いがある物質を試験するに際し，この物質に，特許請求の範囲第1項記載の動物を露出させ，かつ発癌性の表示として新生物を検出することを特徴とする試験方法。

⑭特許請求の範囲第1項記載の動物の体細胞を培養することを特徴とする，細胞培養物の形成方法。

⑮動物の胚芽中へ活性化腫瘍遺伝子配列を導入することを特徴とする，新生物を発生する可能性が増大した遺伝子転移成熟核動物の産出方法。

⑯活性化腫瘍遺伝子配列が，活法化ウイルス配列または合成プロモータ配列に融合した腫瘍遺伝子配列からなる融合遺伝子を含む，特許請求の範囲第15項記載の方法。

⑰活性化腫瘍遺伝子配列が，腫瘍遺伝子 *src, yes, fps, abl, ros, fgr, erb*B，*fms, mos, raf,* Ha－*ras*－1，Ki－*ras*2，Ki－*ras* 1, *myc, myb, fos, ski, rel, sis,* N－*myc,* N－*ras*, B*lym, mam, neu, erb*A 1，ra－*ras,* mut－*myc, myc, myb*－ets，*raf*－2，*raf*－1, Ha－*ras*－2, *erb*B の1種におけるDNA配列からなる，特許請求の範囲第15項記載の方法。

⑱新生物の発生に対し保護を与えると思われる物質を試験するに際し，特許請求の範囲第1項記載の動物を前記物質で処理し，かつ，前記保護の表示として，前記未処理動物に比較して新生物発生の発病率低下を検出することを特徴とする試験方法。

⑲処理動物および未処理動物を，前記物質で処置する時，または後，または同時に発癌物質に露呈させることを，さらに含む，特許請求の範囲第18項記載の方法。

⑳ ATCC受託番号第39745，39746，39747，39748または39749号を有するプラスミド。

(8) 発明の詳細な説明

本発明は，遺伝子転移（transgenic）動物に関するものである。

遺伝子転移動物は，動物または，この動物の先祖の胚芽ライン中へ，初期（通常，単細胞）発育段階にて導入された遺伝子を有する。

ワグナー等[1]およびスチュワート等[2]は，ヒトグロビン遺伝子を含有する遺伝子転移ネズミを記載している。コスタンチーニ等[3]およびレーシ等[4]は，ウサギグロビン遺伝子を含有する遺伝子転移ネズミを記載している。マックナイト等[5]は，鶏トランスフェリン遺伝子を含有する遺伝子転移ネズミを記載している。ブリンスター等[6]は，機能的に転移された免疫グロブリン遺伝子を含有する遺伝子転移ネズミを記載している。パルミター等[7]は，重金属誘発性メタロチオネインプロモータ配列に融合されたラット成長ホルモン遺伝子を含有する遺伝子転移ネズミを記載している。パルミター等[8]は，メタロチオネインプロモータ配列に融合されたチミジンキナーゼ遺伝子を含有する遺伝子転移ネズミを記載している。パルミター等[9]は，メタロチオネインプロモータ配列に融合されたヒト成長ホルモン遺伝子を含有する遺伝子転移ネズミを記載している。

一般に，本発明は，胚芽細胞と体細胞とが，動物または，この動物の先祖に，胚芽段階（好ましくは，単細胞または受精卵細胞の段階，かつ一般に約８個の細胞段階以前）で導入された活性化腫瘍遺伝子配列を有するような，遺伝子転移の非ヒト成熟核動物（好ましくは，たとえばネズミのようなゲッ歯動物）に関するものである。

本明細書に使用する活性化腫瘍遺伝子配列という用語は，動物のゲノム中へ組み込まれると，動物内に新生物（neoplasm），特に悪性腫瘍の発生の可能性を増大させる腫瘍遺伝子を意味する。

腫瘍遺伝子を活性化状態において染色体に組み込むよう，動物の胚芽中へ導入しうる，いくつかの手段が存在する。

１つの方法は，胚芽へ遺伝子を，自然に発生した際に感染させ，かつ，遺伝子が染色体中へ，その活性化を生ぜしめる位置に一体化されている遺伝子転移動物を選択することである。

他の活性化法は，胚芽中へ導入する前に，腫瘍遺伝子または，その制御配列を変化させることを含む。この種の１つの方法は，既に転座した腫瘍遺伝子を含むベクターを用いて胚芽に感染させることである。他の方法は，転写が合成もしくはウイルス性活性化プロモータの制御下にあるような腫瘍遺伝子を使用すること，あるいは，１つもしくはそれ以上の塩基対置換，削除または付加により活性化された腫瘍遺伝子を使用することである。

好適具体例において，遺伝子転移動物の染色体は，内生コード配列（特に好ましくはc－*myc*遺伝子，以下*myc*遺伝子という）を含む。これは腫瘍遺伝子配列と実質的に同じであり，腫瘍遺伝子配列の転写は，内生コード配列の転写を制御するプロモータ配列とは異なるプロモータ配列の制御下にある。

さらに，腫瘍遺伝子配列は，合成プロモータ配列の制御下におくこともできる。好ましくは，腫瘍遺伝子配列の転写を制御するプロモータ配列は誘発可能である。

受精卵細胞段階における腫瘍遺伝子配列の導入は，腫瘍遺伝子配列が，遺伝子転移動物の胚芽細胞および体細胞の全てに存在するよう確保する。引き続いて，遺伝子転移「創出」動物の胚芽細胞における腫瘍遺伝子配列の存在は，創出動物の子孫が全て，その胚芽細胞および体細胞の全てに活性化腫瘍遺伝子配列を有することを意味する。それより後の胚芽段階における腫瘍遺伝子配列の導入は，創出動物のいくつかの体細胞に腫瘍遺伝子の欠如をもたらすが，遺伝子を受け継いだこの種の動物の子孫は，その胚芽細胞および体細胞の全てに活性化腫瘍遺伝子を有する。

腫瘍遺伝子または，その有効配列を使用して，本発明の遺伝子転移ネズミを産出することができる。表11・1は，いく種かの公知のウイルス性および細胞質の腫瘍遺伝子を示し，その多くは，記載したように，ネズミおよび（または）ヒトに対し内生的なDNA配列と同族である。なお，「腫瘍遺伝子」という用語は，ウイルス配列および同族の内生配列の両者を包含する。

本発明の動物を使用して，発癌物質の疑いのある物質にこの動物を露呈し，かつ発癌性の表示として新生物の増殖を決定することにより，発癌性の疑いのある物質を試験することができる。この試験は，遺伝子転移動物が腫瘍を発生する傾向を有するため，極めて鋭敏である。

この感度は，現在，動物の発癌性試験に使用されている量よりもずっと少ない量で，疑わしい物質を試験することを可能にし，したがって，使用した試験材料の量がヒトに対して露呈される量を著しく越えるために，その有効性が疑わしいという，現在の方法における1つの非難の原因を減らす。さらに，これらの動物は，既に活性化腫瘍遺伝子を有するので，ずっと早く腫瘍を発生すると思われる。

さらに，これらの動物は，試験方法としてバクテリヤ（たとえば，アメス試験に使用される）よりも好ましい。なぜなら，これら動物は，ヒトと同様に脊椎動物であり，かつ変異誘発性でなく，発癌性が測定されるからである。

さらに，本発明の動物を，たとえばβ－カロチンまたはビタミンEのような，新生物の発生に対し保護を与えると思われる酸化防止剤などの物質につき，試験動物として使用することができる。動物をこの物質で処理し，そして未処理動物に比較した新生物発生の発病率低下を，保護の表示として検出する。さらに，この方法は，処理動物と未処理動物とを保護物質で処理する前，後または同時に，発癌物質に露呈することを含む。

さらに，本発明の動物を，細胞培養のための細胞源として使用することもできる。これら動物からの細胞は，正常な培養細胞と形質転換した培養細胞との両者の望ましい性質を有利に示すことができ，すなわち，これらは，形態学的にも生理学的にも正常，または正常に近いが，たとえばNIH　3T3細胞のような細胞と同様に，長時間，おそらく，無期限にわたり培養することができる。さらに，腫瘍遺伝子配列の転写を制御するプロモータ配列が誘発可能である場合，細胞成長速度および，その他の培養特性を，誘発因子の添加もしくは除去によって制御することがで

表11・1 腫瘍遺伝子

記号	ウイルス
src	ブカス・サルコーマ・ウイルス（鶏）
yes	Y 73サルコーマ・ウイルス（鶏）
fps	フジナミ(セント・フェライン)サルコーマ・ウイルス（鶏，ネコ）
abl	アベルソン・ネズミ白血病ウイルス（ネズミ）
ros	ロチェスタ・サルコーマ・ウイルス（鶏）
fgr	ガードナー－ファシード・フェライン・サルコーマ・ウイルス（ネコ）
erb B	鳥類赤芽球・ウイルス（鶏）
fms	マクドナウ・フェライン・サルコーマ・ウイルス（ネコ）
mos	モロネイ・ネズミ・サルコーマ・ウイルス（ネズミ）
raf	3611ネズミ・サルコーマ・ウイルス（ネズミ）
Ha－*ras*－1	ハーベイ・ネズミ・サルコーマ・ウイルス（ラット）(Balb/cネズミ：2カ所)
Ki－*ras* 2	キルステン・ネズミ・サルコーマウイルス（ラット）
Ki－*ras* 1	キルステン・ネズミ・サルコーマウイルス（ラット）
myc	鳥類MC 29骨髄球腫・ウイルス（鶏）
myb	鳥類骨髄芽球腫（鶏）
fos	FEJ・オステクサルコーマ・ウイルス（ネズミ）
ski	鳥類セプリオ・ウイルス（鶏）
rel	細胞内皮症ウイルス（七面鳥）
sis	猿サルコーマ・ウイルス（ヨウモウザル）
N－*myc*	神経芽細胞腫（ヒト）
N－*ras*	神経芽細胞腫，白血症サルコーマ・ウイルス（ヒト）
B *lym*	粘液リンパ腫（鶏）
mam	哺乳類癌（ヒト）
neu	神経胚芽腫（ラット）
erb A 1	鶏AEV（鶏）
ra－*ras*	ファシード・サルコーマ・ウイルス（ラット）
mut－ *myc*	癌・ウイルスMH 2（鶏）
myc	骨髄球腫　OK10（鶏）
myb－*ets*	鳥類骨髄芽球腫／赤芽球腫・ウイルス　E26（鶏）
rab－1	3611－MSV（ネズミ）
raf－1	3611－MSV（ネズミ）
H－*ras*－2	Ki－MSV（ラット）
erb B	赤芽球腫ウイルス（鶏）

きる。

(9)　具体例

本発明の他の特徴および利点は，以下の好適具体例の説明から明らかとなるであろう。

①　MMTV－myc融合遺伝子

ネズミの*myc*遺伝子とMMTV LTRとを用いて，遺伝子融合体を作成した。

*myc*遺伝子は，活性化しうる腫瘍遺伝子であることが知られている〔たとえば，レダー等[10]は，バーキット・リンパ腫（Burkitt's Lymphoma）およびネズミ形質細胞腫を特性化する染色体転座が，どのようにして*myc*遺伝子と免疫グロブリン定常領域の1つとの並列をもたらすかを説明しており，*myc*遺伝子の増幅も，形質転換細胞ラインにおいて観察されている〕。図11.1は，*myc*領域が付与されたネズミ*myc*遺伝子のサブクローンを示している。

所要のMMTV機能は，p21タンパク質のホルモン誘発性を示したpA9プラスミド（図11・2）[11]により与えられた。pA9に関するMMTV機能は，糖質コルチコイドの制御に必要とされる領域，MMTVプロモータおよびキャップ部位を含む。

上記プラスミドを使用して，図11・3～図11・6に示した4種の融合遺伝子構造を作成した。

これらの構造は，p21タンパク質コード配列を含む*Sma*－*Eco*RI領域をpA9から削除し，かつ，これを図面に示した4種の*myc*領域で置換することにより作成した。手順は，マニアチス等[12]により記載された慣用技術とした。

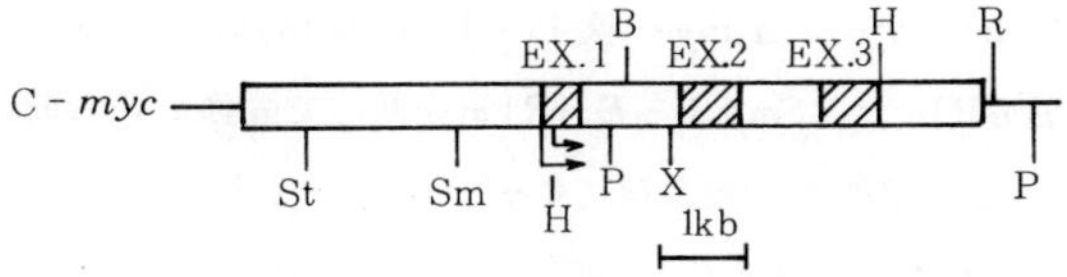

図11・1　ネズミの*myc*遺伝子と整列領域とを有するプラスミドの領域

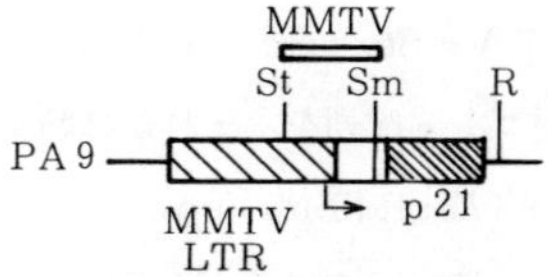

図11・2　ネズミの哺乳類腫瘍ウイルスの長い末端反復（MMTV LTR）配列を有するプラスミドpA9領域

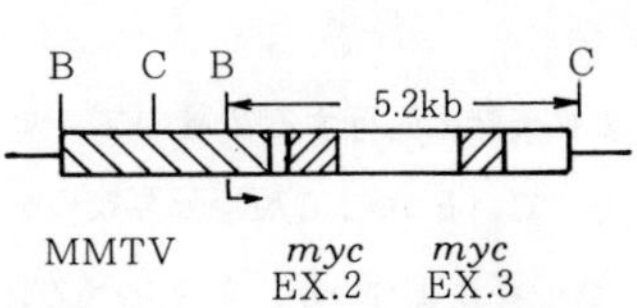

図11・3　活性化腫瘍遺伝子融合体 MMTV-*Xba myc*

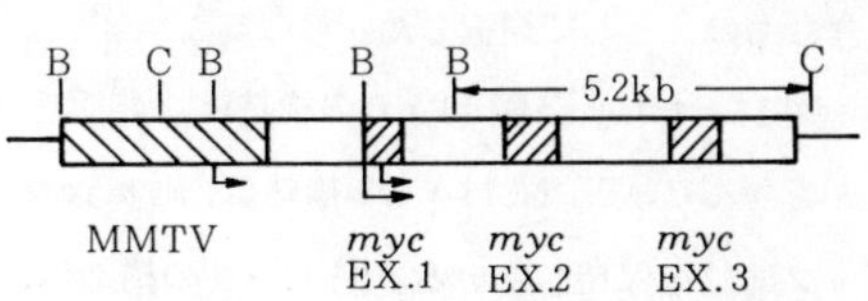

図11・4　活性化腫瘍遺伝子融合体 MMTV-*Sma myc*

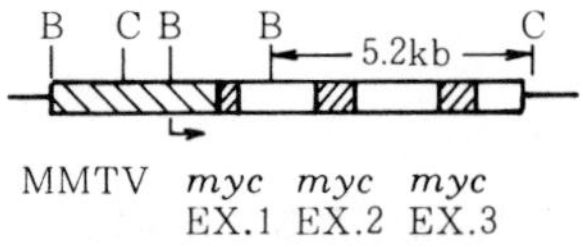

図11・5　活性化腫瘍遺伝子融合体
MMTV－H3 *myc*

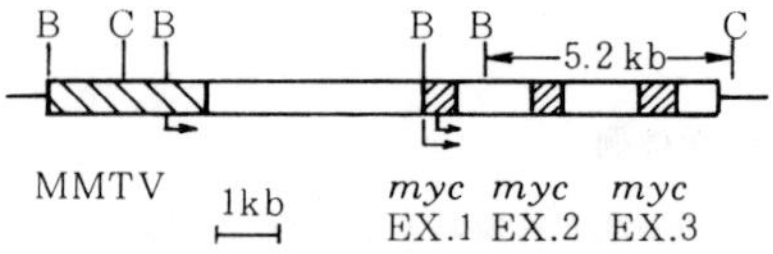

図11・6　活性化腫瘍遺伝子融合体
MMTV－*Stu myc*

図11・1に示した制限部位は*Stu* I（St），*Sma* I（Sm），*Eco* RI(R)，*Hind*Ⅲ(H)，*Pvu* I (P)，*Bam* HI(B)，*Xba* I (X)および*Cla* I (C)である。構造の下の実線矢印は，MMTV LTRと*myc*遺伝子とにおけるプロモータを示している。*Bam*HIおよび*Cla* Iでの切断により作成され，かつ*myc*プローブにハイブリッド化する主断片の寸法（kb）を，各構造につき示す。

MMTV－H3 *myc*（図11・5）は，2つの工程で作成した。まず最初に，*myc*配列の大部分を含有する4.7 kbの*Hind*Ⅲ *myc*断片を，クレノーポリメラーゼで鈍化させ，かつ，同様に処理されたpA9 *Sma* I－*Eco* RIベクターに結合させた。この構造は，*myc*遺伝子の正常な3′末端を欠如しているので，*myc*遺伝子の3′末端を導入するため，最初の*myc*イントロンの中央から切断MMTV－H3 *myc*におけるpBR322 *Pvu* I部位まで延在する*Pvu* I－*Pvu* I断片を，ネズミ*myc*サブクローンからの関連*Pvu* I－*Pvu* I断片で置換した。

MMTV－*Xba myc*構造（図11・3）は，まず，MMTV－*Sma myc*プラスミドを，*Sma* Iおよび*Xba* Iで切断して作成した。次いで，*Xba* I末端をクレノーポリメラーゼで鈍化させ，そして，線状分子をT4 DNAリガーゼにより再環化させた。

MMTV－*Stu myc*（図11・6）およびMMTV－*Sma myc*（図11・4）の構造は，p21タンパク質コード配列を，それぞれ*Stu* I－*Eco* RIまたは*Sma* I－*Eco* RI *myc*断片で置換して形成させた（*Eco* RI部位は*myc*サブクローンのpBR322配列内に存在する）。図11・1に示したように，*myc*遺伝子内には，1個のみの*Stu* I部位が存在する。

*myc*遺伝子内には2個以上の*Sma* I部位が存在するので（図11・4），部分的*Sma* I 切断を行って，多数のMMTV－*Sma myc*プラスミドを発生させた。図11・4に示したプラスミドを，転位を示さず，かつ*myc*近位制御領域を含むのに充分な長さの*myc*プロモータの領域5′（約1 kb)を含むもの，として選択した。

図11・4および図11・6の構造は，非活性化*myc*遺伝子より天然に先行する2種のプロモータを含んでいる。図11・5の構造は，両*myc*プロモータを喪失しているが，より短い転写物のキャップ部位を保持している。図11・3の構造は，第1 *myc*エクソンを含まないが，全タンパク質コード配列を含んでいる。図示した構造の全てにおける*myc*配列の3′末端は，*myc*ポリA付加部位に対し約1kb 3′の*Hind*Ⅲ部位に位置する。

これらの構造を全て多重制御酵素切断によって検査したところ，これら構造は，検出しうる転位を含まなかった。

②　MMTV－*myc*融合体を含有する遺伝子転移ネズミの産出

上記MMTV－*myc*プラスミドを*Sal* Iおよび*Eco* RI（そのそれぞれはpBR 322配列の内部で1回開裂する）によって切断し，受精した単細胞のネズミ卵の雄性核へ別々に注入した。この結果，前核1個当り約500個の線状化プラスミドのコピーが得られた。

次いで，注入した卵を，ワグナー等[1)]に記載されたように，偽妊娠の養育雌ネズミに移した。これら卵は，CD－1×C 57 B 1/6 Jの交配によって得た。

ネズミは，チャールス・リバー・ラボラトリーズ社から得たもの（CD^{R}－1－HR/I cr(CD－1)，異系交配白ネズミ）およびジャクソン・ラボラトリーズ社から得たもの（C 57 B 1/6 J）とし，これらを10時間暗くしかつ14時間照明するサイクルに維持した，環境制御された施設に収容した。

養育雌ネズミにおける卵を孵化するまで発育させた。

③　遺伝子転移ネズミの分析

(i)　注入遺伝子の保持

4週齢にて，各出産児を，サウザンハイブリッド化における，テールから採取したDNAを用いて，P^{32} DNAプローブ（ニック翻訳により標識）により分析した。それぞれの場合，テールからのDNAを*Bam* HIおよび*Cla* Iにより切断し，かつ正常な*myc*遺伝子（図11・1）からのP^{32}標識された*Bam* HI/*Hind*Ⅲプローブで試験した。

分析用のDNAは，デービス等[13)]によって記載された方法により，テールの0.1～1.5 cmセクションから抽出した。ただし，エタノール沈殿に先立ち，1回のクロロホルム抽出を行った。得られた核酸ペレットを80％エタノール中で1回洗浄し，乾燥し，そして300 μl の10 mMトリス（pH 7.4），0.1 mM EDTAに再懸濁させた。

テールDNA調製物10 μl（約10 μgのDNA）を完全に切断し，0.8％アガロースゲルを通して電気泳動させ，かつサウザーン[14)]によって記載されたように，ニトロセルロースへ移した。

これらのフィルタを，10％デキストラン硫酸塩の存在下で，プローブへ一晩ハイブリッド化させ，2×SSC，0.1％SDSにて室温で2回洗浄し，かつ0.1×SSC，0.1％SDSにて64℃で4回洗浄した。

このサウザンハイブリッド化は，10匹の創出ネズミが，注入されたMMTV－*myc*融合体を保持したことを示した。うち2匹の創出動物は，*myc*遺伝子を2つの異なる位置に一体化させて，2種の遺伝学上異なる遺伝子転移ネズミの系列を生成した。他のネズミは，一体化された*myc*遺伝子の2種の多形質型を形成し，したがって2種の遺伝学上異なる子孫を形成し，そのそれぞれは，異なる遺伝子の多形質型を有した。したがって，10匹の創出動物は13系列の遺伝子転移子孫を与えた。

創出動物を，注射していない動物へ交配させ，そして得られた13系列の遺伝子転移子孫のDNAを分析した。

この分析は，それぞれの場合，注射した遺伝子が胚芽ラインを介して転移されたことを示す。13系列のうち11系列は，さらに，少なくとも1つの，体組織において新たに獲得されたMM-TV－*myc*遺伝子を発現し，この発現が最も優性であった組織は唾液腺であった。

(ii) 注入遺伝子の転写

組織における新たに獲得した遺伝子の転写を，組織からRNAを抽出し，かつこのRNAをS1ヌクレアーゼ保護法にて，次のように分析することにより，決定した。

剔出した組織を，5.0 mlの冷ハン緩衝塩水で洗浄し，そして全RNAをクリウイン等[15]の方法により，CsCl濃度勾配変法を用いて単離した。RNAペレットを，エタノール中で再沈殿させて2回洗浄し，260 nmにおける吸光度により定量化した。

適当な単一鎖の均一標識したDNAプローブを，リー等[16]によって記載されたように作成した。たとえば，図11・6のMMTV－*Stu myc*融合体の転写につき試験するため，図11・7に示したプローブを使用した。

このプローブは，第1*myc*エクソンに対する*Sma* I部位5′から，第1*myc*エクソンの3′末端における*Sst* I部位まで延在する。内生*myc*プロモータからの転写は，プローブ353および520塩基対長さの断片を保護するRNAを産出し，MMTVプロモータからの転写は，このプローブを完全に保護すると共に，次のハイブリッド化工程において，942塩基対長さのバンドとして現われる。

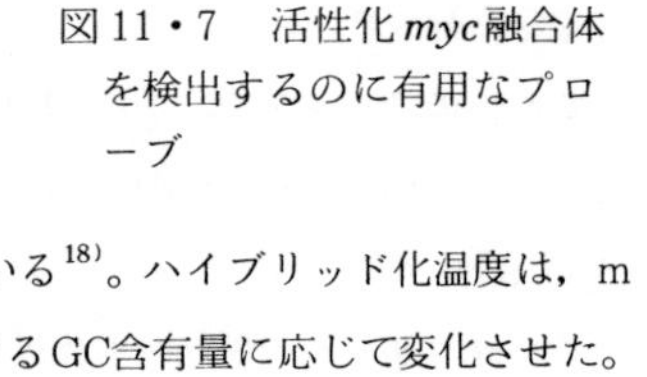

図11・7　活性化*myc*融合体を検出するのに有用なプローブ

標識された単一鎖のプローブ断片を，8 M尿素5％アクリルアミドゲルで単離し，電気溶出させ，かつバーク等[17]の変法で全RNAへハイブリッド化させた。

このハイブリッド化混合物は，50,000 cpm～100,000 cpmのプローブ（SA＝10^8 cpm / μg）と，10 μgの全細胞質RNAと，75％ホルムアミドと，500 mMのNaClと，20 mMのトリス（pH 7.5）と，1 mMのEDTAとを含有している[18]。ハイブリッド化温度は，mRNAにハイブリッド化すると思われるプローブの領域におけるGC含有量に応じて変化させた。

ハイブリッド化は，1,500単位のS1ヌクレアーゼ（ベーリンガー・マンハイム社）を添加して完了させた。S1ヌクレアーゼ切断は，37 ℃にて1時間行った。次いで，これら試料をエタノール沈殿させ，そして，薄い8 M尿素5％アクリルアミドゲルにて電気泳動にかけた。

さらに，ノーザンハイブリッド化分析を，次のように行った。

全RNAを1％ホルムアルデヒド0.8％アガロースゲルにて電気泳動にかけ，ニトロセルロースフィルタに吸い取らせ[19]，そして，タウブ等[20]によって記載されたように，ニック翻訳されたプローブにハイブリッド化させた。

分析した組織は，胸腺，膵臓，脾臓，腎臓，睾丸，肝臓，心臓，肺，骨格筋，脳，唾液腺および前立腺とした。

MMTV－*Stu myc*融合体（図11・6）の次の世代に一体化し，かつ転移している両系列のネズミは，唾液腺における融合体の転写を示したが，他の組織においては示さなかった。

MMTV－*Sma myc*融合体（図11・4）を有することが判明したネズミの2系列のうち一方は，検査した全ての組織において遺伝子融合を示し，この発現のレベルは唾液腺において特に高かった。他方の系列は，唾液腺，脾臓，睾丸，肺，脳および前立腺においてのみ遺伝子融合を示した。

4系列のネズミは，MMTV－H3 *myc*融合体（図11・5）を有した。1系列において，融合体は睾丸，肺，唾液腺および脳で転写され，第2の系列において，融合体は唾液腺においてのみ転写され，第3のものにおいては，融合体は試験した体組織のいずれにおいても転写されず，第4の系列においては，融合体は唾液腺と腸内組織において転写された。

MMTV－*Xba myc*融合体を有することが判明した2つのネズミ系列において，この融合体は睾丸および唾液腺において転写された。

④　RSV－*myc*融合遺伝子

RSV－S107と称するプラスミド（図11・8）は，S107形質球増加症の*myc*遺伝子[21]の*Eco*RI断片を，ゴーマン等[22]により記載されたラウス・サルコーマ・ウイルス（RSV）エンハンサ含有のプラスミド（pRSV cat）の誘導体中へ，RSVエンハンサ配列に対する*Eco*RI部位3′にて，標準組み換えDNA技術を用いて挿入することにより生成させた。

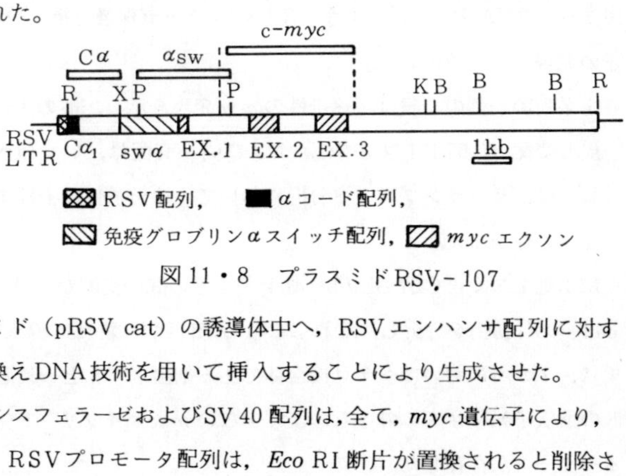

図11・8　プラスミドRSV－107

クロラムフェニコールアセチルトランスフェラーゼおよびSV40配列は，全て，*myc*遺伝子により，このベクターにおいて置換される。RSVプロモータ配列は，*Eco* RI断片が置換されると削除されて，RSVエンハンサを完全なまま残す。

S107形質球増加症における*myc*遺伝子の初期転座は，2種の正常な*myc*プロモータ並びに未翻訳の第1 *myc*エクソンの要部を削除し，5′対5′にて切断*myc*遺伝子をα免疫グロブリン重鎖スイッチ配列に隣接並置した。

図11・8で，RSV－S107 *myc* エクソンに整列する薄いラインは，pBR322配列を示してい

る。標識した制御酵素部位は，次の通りである。

(R) *Eco* RI；(X) *Xba* I；(P) *Pst* I；(K) *Kpn* I；(H) *Hind* Ⅲ；(B) *Bam* HI 。

ここに記載した分析に使用した3種のプローブ（C－α，α－swおよびc－*myc*）につき，使用した配列を図11・8に標識する。

⑤ 遺伝子転移ネズミの産出

RSV－S107 *myc*プラスミド（*myc*遺伝子に対し独特な*Kpn* I 部位3′にて線状化)の約500個のコピーを，C57BL／6J×CD－1交配から得られた卵の雄前核中へ注入した。ネズミは，チャールス・リバー・ラボラトリーズ社から得たもの（CD－1，異系交配の白ネズミ）およびジャクソン・ラボラトリーズ社からのもの（C57BL／6J）とした。

これら注入した卵を，偽妊娠の養育雌ネズミへ移し，孵化するまで発育させ，そして4週齢にて，出産動物を，上記と同様に，テールから抽出されたDNAのサウザンブロット分析により，注入配列の保持につき試験した。

分析した28匹のネズミのうち，2匹の雄が新たな遺伝子を保持したことが判明し，次いで，両者は，これら配列を，胚芽ラインを介して，メンデル遺伝法則にしたがう単一位置の比率で転移した。

これら創出ネズミのそれぞれの第1世代の遺伝子転移子孫を，主たる内部組織および器官から抽出されたRNAを，上記のようにS1ヌクレアーゼ保護分析で分析することにより，転位*myc*遺伝子の発現につき分析した。

1系列の子孫の心臓は，迷走性の*myc*発現を示し，他の13個の組織は示さなかった。

戻し交配（C57B1/6Jへの）および同系交配は，いく種かの遺伝子転移ネズミを産出したが，これらは，サウザンブロット分析において，遺伝子転移子孫またはその親と同じ制限部位パターンを示さなかった。

創出雄ネズミとC57BL／6J雌ネズミとの間の交配から誘導された第1世代の子孫において，34匹のF_1動物を分析し，これらのうち19匹が，新たに導入された遺伝子を受け継ぎ，その結果は，1カ所においてヘテロ接合体である創出ネズミと一致した。しかしながら，分析した19匹の遺伝子転移ネズミのうち，より少ない*myc*ハイブリッド化断片に関し，3種の性質的に異なるパターンが存在した。

これらのヘテロ遺伝型が，多重挿入および（または）創出ネズミにおける胚芽ラインモザイク現象の結果として生ずる可能性を試験するため，2匹のF_1ネズミ（1匹は7.8および12 kbの*Bam* HIバンドを有し，他方は7.8 kbの*Bam* HIバンドのみを有する）を交配させ，そしてF_2動物を分析した。

これら2匹の交配につき出産した1匹の雄ネズミは，2つの対立形質を受け継いだ候補と考えられる RSV－S 107 *myc*遺伝子の充分なコピーを有すると思われた。この雄ネズミを野性の雌ネズミと戻し交配させた結果，分析した23匹の戻し交配子孫のうち，23匹全部がRSV－S 107 *myc*遺伝子を受け継ぎ，これは，F_2雄ネズミ１カ所において２つの対立形質を受け継いだことを強く示唆している。さらに，予想通り，高分子量の断片（12kb）が単一の対立形質として分離した。

DNAレベルにて生ずる多形質性の他に，迷走性の*myc*発現も変位したかどうかを決定するため，野生雌動物に対して上記の二重ヘテロ接合体の交配により得られた８匹の動物につき，心臓mRNAを分析した。

その結果，８匹全部が*myc* mRNAの増加を示し，その量は動物間で変化すると思われた。より低いレベルの発現が，12 kbの*myc*ハイブリッド化バンドの存在により分離した。第２戻し交配世代の遺伝子転移ネズミの心臓における *myc* mRNA のレベルも変化した。

F_1雌動物をC 57 B 1/6 J雄動物へ戻し交配して，7匹の子供を産ませたところ，そのうち６匹がRSV－S 107 *myc*遺伝子を受け継いだ。これらネズミの７匹全部を発現につき分析したところ，３匹の遺伝子転移ネズミのうち３匹が，心臓における*myc* mRNA のレベルを上昇させたのに対し，他の３匹においては，心臓における*myc* mRNA のレベルが，RSV－S 107 *myc*遺伝子を持たないネズミから区別できなかった。

この結果は，高レベルの心臓制限*myc* mRNAを転写させた１つの多形質RSV－S 107 *myc*位置の他に，転写上休止している他の分離RSV－S 107 *myc*位置が存在しうることを示唆している。

⑥　発癌性試験

本発明の動物を使用して，発癌物質と疑われる物質を，次のように試験することができる。

発癌性が弱いと思われる物質を試験するために動物を使用する場合には，最も腫瘍を発生しやすいと予想される遺伝子転移ネズミを選択する。その際，このネズミを少量の公知発癌物質に露呈させ，かつ最初に腫瘍を発生したネズミを選択する。

選択された動物およびその子孫を試験動物として使用する。その際，これら動物を発癌物質であると疑われる物質に露呈させ，かつ発癌性の表示として新生物の生長を測定する。

感受性の低い動物を使用して，より強度の発癌性物質を試験する。選択過程に使用する公知発癌物質の種類および濃度を変化させて，所望感度の動物を選択することができる。

極端な感度が望ましい場合，選択された試験ネズミは，自然に腫瘍を発生するネズミで構成することができる。

⑦　癌防止試験

本発明の動物を使用して，新生物の発生に対し保護を与える能力につき，物質を試験することができる。

動物を，未処理比較の遺伝子転移動物と並行して，物質で処理する。処理動物における新生物発生の比較的低い発病率を，保護の表示として検出する。

⑧　**組織培養**

本発明の遺伝子転移動物を，細胞培養のための細胞源として使用することができる。

遺伝子転移ネズミの組織を，DNAもしくはRNAを直接分析するか，あるいは遺伝子により発現されたタンパク質につき組織を分析することにより，活性化腫瘍遺伝子の存在につき分析する。

遺伝子を有する組織の細胞を，標準組織培養技術により培養し，これらを使用して，たとえば心臓組織のような，一般に培養困難な組織からの細胞の機能を研究することができる。

⑨　**他の具体例**

本発明の範囲内において，他の具体例も可能である。

たとえば，遺伝子転移動物の任意の種類を使用することができる。

たとえば，ある場合には，望ましくは，発生的にネズミよりもヒトに近い赤毛猿のような霊長動物を動物種類として使用することができる。

(10)　寄　　託

図11・3〜図11・6および図11・8に示した融合遺伝子を有するプラスミドを，アメリカン・タイプ・カルチャー・コレクション（ミズーリ州，ロックビル在）に寄託し，それぞれATCC受託番号第39745号，第39746号，第39747号，第39748号および第39749号を受けている。

(11)　文　　献

1）E.F. Wagner *et al.*：*Proc. Natl. Acad. Sci. USA*, **78**, 5016 (1981)
2）T.A. Stewart *et al.*：*Science*, **217**, 1046 (1982)
3）F. Costantini *et al.*：*Nature*, **294**, 92 (1981)
4）E. Lacy *et al.*：*Cell*, **34**, 343 (1983)
5）G. S. McKnight *et al.*：*Cell*, **34**, 335 (1983)
6）R. L. Brinster *et al.*：*Nature*, **306**, 332 (1983)
7）R.D. Palmiter *et al.*：*Nature*, **300**, 611 (1982)
8）R.D. Palmiter *et al.*：*Cell*, **29**, 701 (1982)
9）R.D. Palmiter *et al.*：*Science*, **222**, 809 (1983)
10）P. Leder *et al.*：*Science*, **222**, 765 (1983)
11）A. L. Huang *et al.*：*Cell*, **27**, 245 (1981)
12）T. Maniatis *et al.*："Molecular Cloning：A Laboratory Manual", Cold Spring Harbor Laboratory (1982)
13）R. W. Davis *et al.*：*Methods in Enzymology*, **65**, 404 (1980)
14）E.M. Southern：*J. Mol. Biol.*, **98**, 503 (1975)

15)　J.Chirwin *et al.*：*Biochemistry*, **18**, 5294 (1979)
16)　T. J. Ley *et al.*：*Proc. Natl. Acad. Sci. USA*, **79**, 4775 (1982)
17)　A. J. Berk *et al.*：*Cell*, **12**, 721 (1977)
18)　G. Lenoir *et al.*：*Cell*, **34**, 779 (1983)
19)　H. Lehrach *et al.*：*Biochemistry*, **16**, 4743 (1977)
20)　R. Taub *et al.*：*Proc. Natl. Acad. Sci. USA*, **79**, 7837 (1982)
21)　I. R. Kirsh *et al.*：*Nature*, **293**, 585 (1981)
22)　C. M. Gorman *et al.*：*Proc. Natl. Acad. Sci. USA*, **79**, 6777 (1982)

3　出願中の特許

現在出願され公開されている国内特許5件，海外特許2件を，以下に紹介する。

3.1　フランス国立保健医学研究所出願の特許（特公昭62−248491）

フランス国立保健医学研究所（INSERM）のF. Cusieらによって発明されたものである。動物細胞内で染色体とは独立に増殖可能な，トランスジェニック動物作出のための細菌（または酵母）と動物とのシャトルベクターに関する特許である。

(1)　**発明の名称**

遺伝子伝達動物において外来遺伝子を自律状態に遺伝的に保持するためのベクター内で利用可能なDNAのフラグメント並びにその製造法及び生物学的利用方法

(2)　**公開番号**　昭62−248491（1987年10月29日公開）

(3)　**出願番号**　昭62−19682（1987年1月31日出願）

(4)　**優先権主張**　1986年1月31日，フランス（FR）8601391

(5)　**発明者**　フランソワ・キュジー（仏），ピエール・レオポルド（仏），ミヌー・ラッスールザデガン（仏），ジョエル・ヴァイリー（仏）

(6)　**出願人**　インスティチュート・ナショナル・ドゥ・ラ・サンテ・エ・ドゥ・ラ・ルシェルシェ・メディカル（仏）

(7)　**特許請求の範囲**

①自律状態での複製に必要な*ori*配列に結びつけられた，有糸分裂または減数分裂の際に規則的な分離を確保できる動原体機能を有するヌクレオチド配列，つまり，*cen*配列を内含していることを特徴とするDNAのフラグメント。

②特許請求の範囲第1項に記載のDNAフラグメントにおいて，それが脊椎動物，とくに牧畜動物の動原体機能をもつマウスの配列を用いた，その相同に基づく細胞DNAのクローニングにより得られるDNAフラグメント。

③ポリオーマウイルスのT抗原の発現に続いて環状ベクター内にマウスの細胞DNAを移植することにより得られるDNAフラグメントを含む，または，これに相当（対応）するDNAフラグメント。

④特許請求の範囲第1項から第3項までのいずれか一項に記載のDNAフラグメントにおいて，自然のおよび/または人工的に付加された制限サイトが，その一端または両端についているようなDNAフラグメント。

⑤特許請求の範囲第1項から第4項までのいずれか一項に記載のDNAフラグメントを含み，経済的または科学的な利益をもたらす，単数または複数の遺伝子に結びつけられた，自律性のある

環状のベクター，ならびにその配列。

⑥特許請求の範囲第1項から第4項のいずれか一項に記載のDNAフラグメントを，ポリオーマウイルスのT抗原の発現に続いて得られるような環状ベクターに基づくクローニングにより得る方法において，かかるクローニングには，ベクターの制限地図の規定，交雑などによる，細胞配列をもつフラグメントの識別，求められる制限フラグメントの電気泳動などによる純化，そしてそれに続く，特許請求の範囲第5項に記載のベクターの生成のためのベクター配列に対する人工的制限サイトの付加を目的とする，場合に応じて必要な一端または両端の補修（なお，このとき，DNAフラグメントは，単数または複数の遺伝子に結びつけられている）が含まれていることを特徴とする方法。

⑦ポリオーマウイルスの早熟遺伝子の転移後，生体内で生成された組換え分子に基づくクローニングまたは，かかる分子と構造的，機能的に均一で，これとは分子交雑により識別される分子のマウス以外の種の動物のDNAに基づくクローニングのための微量注入用ベクターとしての，特許請求の範囲第5項に記載のベクターの応用。

(8)　発明の要旨

本発明は，遺伝子伝達動物（トランスジェニック動物）内に外来遺伝子を伝達し保持するためのベクターにおいて用いることのできるDNAフラグメントを，その対象とする。

哺乳動物に遺伝子を挿入する従来の方法によると，受精卵内に注入されたDNAは，遺伝子伝達宿主の染色体内につねに組込まれ，このことは数多くの不都合を生み出す。

そこで，本発明は，特殊な自律性のあるベクターの形で外来遺伝子を転移させることのできる機構を用いて，これまでの技術のもつ欠点を少なくとも一部分補正することを，その目的とする。

具体的には，本発明のDNAフラグメントは，自律状態での複製に必要な*ori*配列を含み，有糸分裂または減数分裂の際に規則的な分離を確保できる動原体機能（function centromerigue）を有するヌクレオチド配列，つまり*cen*配列を内含していることを特徴とするものである。

このようなDNAフラグメントは，pPyLT 1，つまりpBR 322から派生したベクター細菌配列およびポリオーマ・ウイルスのlargeTタンパク質をコードする遺伝子を含むプラスミドの環状分子をマウスの受精卵内に微量注入（マイクロインジェクション）することにより得られる環状プラスミドに含まれる。また，同様な機能をもつDNAフラグメントは，脊椎動物，特に牧畜動物の細胞DNAに基づき，ゾンデとしてマウスへの移植により得られた配列を用いてのクローニングにより，さらに，ポリオーマウイルスのT抗原の発現に続いて環状ベクターにマウスの細胞DNAを移植することにより得られる。

これらのDNAフラグメントは，微量注入用ベクターの生成のために有利に利用され，遺伝子伝達動物内で外来遺伝子を伝達し，これを環状ベクターの状態に維持することができるようにする。

すなわち，これらのDNAフラグメントを，単数または複数の外来遺伝子と結びつけてベクターの中に挿入し，変性すべき動物種の生殖細胞系列内に導入し，動物種の改良や基礎研究に用いることができる。

なお，このようなDNAフラグメントには，外来遺伝子，ベクターなどその他のフラグメントに付着させることができるよう，一端または両端に，制限サイト（リンカー）を有するものがある。

また，使用されるベクター配列は，遺伝子伝達動物と，さらに，限定的にいって一つの細菌，たとえば*E.coli*，または*S. cerevisiae*のような酵母からなる宿主との間のシャトルベクターの役目を果たすことができなくてはならない。このようなシャトル特性は，ベクターの構造・安定性を確認することができ，また，興味深い1つの発現型について動物レベルでの選択を行うこともできる，という大きな利点を有する。

3.2 米国Integrated Genetics社出願の特許（特公昭63-291）

米国のK. GordonとS. Groetによって発明されたものである。希望するタンパク質をミルク中に分泌するトランスジェニック動物に関する特許である。

(1) 発明の名称

希望する蛋白質をミルク中へ分泌する遺伝子移殖動物

(2) 公開番号　昭63-291（1988年1月5日公開）

(3) 出願番号　昭62-87872（1987年4月9日出願）

(4) 優先権主張　1986年4月9日，米国（US）849815

(5) 発明者　キャサリン・ゴードン（米），スーザン・グロート（米）

(6) 出願人　インテグレーテッド・ジェネティックス・インコーポレーテッド（米）

(7) 特許請求の範囲

①哺乳動物のミルクタンパク質プロモーターと一緒にDNA配列中に存在して，該プロモーターの転写制御を受けるが，自然状態では該プロモーターの制御を受けることのないタンパク質コード遺伝子と，該タンパク質の分泌を可能ならしめるDNAとを含むDNA配列。

②分泌を可能ならしめるDNAが，遺伝子とプロモーターの間に存在する分泌シグナルコード配列を含む，特許請求の範囲第1項記載のDNA配列。

③ミルクタンパク質が乳清タンパク質またはカゼインタンパク質である，特許請求の範囲第1項記載のDNA配列。

④乳清タンパク質がホエイ酸性タンパク質である，特許請求の範囲第3項記載のDNA配列。

⑤シグナルをコードする配列が，タンパク質をコードする遺伝子と自然状態において関連しているシグナルコード配列である，特許請求の範囲第1項記載のDNA配列。

⑥シグナルをコードする配列が，哺乳動物のミルクタンパク質プロモーターと自然状態において関連しているシグナルコード配列である，特許請求の範囲第1項記載のDNA配列。

⑦DNA配列が転写停止配列も含む，特許請求の範囲第1項記載のDNA配列。

⑧停止配列がSV40ウイルスDNAに由来する，特許請求の範囲第7項記載のDNA配列。

⑨停止配列が，SV40のポリアデニル化配列中に存在するものである，特許請求の範囲第7項記載のDNA配列。

⑩特許請求の範囲第1項記載のDNA配列を含む核を持つ哺乳動物の胚。

⑪タンパク質がヒト組織プラスミノーゲンアクチベーターまたはB型肝炎表面抗原である，特許請求の範囲第1項記載のDNA配列。

⑫乳腺のゲノムがタンパク質をコードする遺伝子を含み，該遺伝子が，自然状態では該遺伝子の転写を制御することのない哺乳動物のミルクタンパク質プロモーターの転写制御下にあり，該ゲノムが，さらに，該遺伝子がコードするタンパク質の分泌を可能とするDNAを含む哺乳動物。

⑬哺乳動物が，ヒツジ，ブタ，ヤギ，ウシまたは他の哺乳動物である，特許請求の範囲第12項記載の哺乳動物。

⑭遺伝子が妊娠期よりも乳汁分泌期により多く発現する，特許請求の範囲第12期記載の哺乳動物。

⑮(a)自然状態ではその転写制御を受けることのないミルクタンパク質プロモーターの転写制御下にあるタンパク質をコードする遺伝子を含み，さらに，該タンパク質の分泌を可能ならしめるDNAを含むDNA配列を哺乳動物の胚へ挿入し，(b)該胚を発生させて成熟した哺乳動物に成長させ，(c)遺伝子，プロモーターおよびシグナル配列が乳腺組織ゲノムに存在する該哺乳動物において，または該哺乳動物の雌子孫において，乳汁分泌を誘発し，(d)該乳汁分泌期の哺乳動物のミルクを集め，そして(e)集められたミルクから該タンパク質を単離することからなる，タンパク質の生産方法。

(8)　発明の概要

本発明は，トランスジェニック動物に関するもので，あるDNA配列，そのようなDNA配列を含む培養システム（すなわちトランスジェニック動物），およびその培養システムによるタンパク質の生産方法からなる。

本発明の対象とするDNA配列は，哺乳類のミルクタンパク質プロモーター ── タンパク質の分泌を可能ならしめるDNA ── 希望するタンパク質をコードする遺伝子 ── 転写停止部位からなり，遺伝子は，このプロモーターによる転写制御を受けているが，自然状態では同じプロモーターによる転写制御を受けないような配列である。

プロモーターは，自然界において哺乳類のミルク中へ通常分泌されるタンパク質のプロモーターであれば，どのようなものでもよいが，カゼインタンパク質のプロモーターより，乳清タンパク質のプロモーターのほうが好ましい（授乳期においてのみ出現するため）。本発明においては，マウスのホエイ酸性タンパク質（WAP）のプロモーターを用いた。

タンパク質の分泌を可能ならしめるDNA，すなわち分泌シグナルをコードする配列としては，自然状態で，希望タンパク質あるいはプロモーターと関連しているものを用いうる。停止部位は，付加する場合には，SV40ウイルスのポリアデニル化配列中に存在するものを用いるのが望ましい。

希望するタンパク質としては，任意のものが生産できるが，本発明においては，t-PA（図11・9）やB型肝炎表面抗原を目的物とした。

本発明の対象とする培養システムとは，維持が容易かつ安定で，移動が可能なもの，すなわち生きた家畜であり，希望するタンパク質をミルク中に生産し，かつ，同じ能力を雌の子孫に伝達しうるものである。

すなわち，前出のDNA配列を導入した哺乳動物の胚，それより発生し成熟した哺乳動物（雌）である。

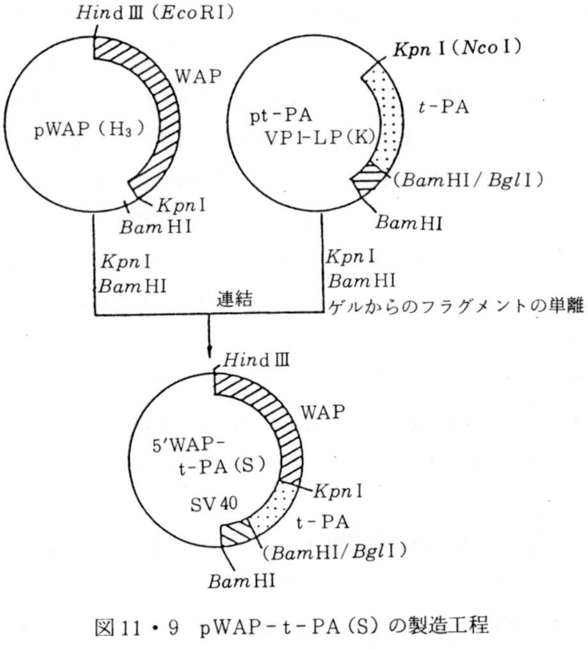

図11・9　pWAP-t-PA（S）の製造工程

DNAの胚への導入は，レトロウイルスにより行うか，マイクロインジェクション法によって行う。一細胞期の胚に対してなされることが好ましい。宿主哺乳動物としては，ウシ，ヒツジ，ヤギ，ブタなどが好ましい。

最後に，本発明の対象とするタンパク質の生産方法とは，この成熟したトランスジェニック雌動物を，交尾，出産させて，乳汁分泌を誘発し，そのミルクを集め，それより精製して得るというものである。

3.3　ベイラー医科大学出願の特許（特公昭63-309192）

米国のJ. M. Rosenによって発明されたものである。トランスジェニック動物の乳腺に効率的にタンパク質を分泌させるベクターに関しての特許である。

(1)　発明の名称

効率的な分泌のための乳腺に出される蛋白質におけるDNA配列

(2)　公開番号　昭63-309192（1988年12月16日公開）

(3)　出願番号　昭63-34933（1988年2月17日出願）

(4)　優先権主張　1987年2月17日，米国（US）014,952

(5)　発明者　ジェフリー・エム・ローゼン（米）

(6)　出願人　ベイラー・カレッジ・オブ・メディシン（米）

(7)　特許請求の範囲

①構成内容として，（a）プロモータ配列，（b）エンハンサー配列，（c）シグナルペプチド配列および（d）生物活性のある作用物をコードしている遺伝子から由来するコード配列，を含み，そのプロモータ配列，エンハンサー配列，シグナルペプチド配列が少なくとも1つの乳腺特異的な遺伝子に由来し，乳腺において，そのコード配列の発現を可能にする，組換えDNA遺伝子複合体。

②少なくとも1つの乳腺に特異的な遺伝子がα－カゼイン，β－カゼイン，γ－カゼイン，κ－カゼイン，α－ラクトアルブミン，β－ラクトグロブリン，ホエー酸性タンパクをコードしている遺伝子からなる群から選ばれる，特許請求の範囲第1項記載の組換えDNA遺伝子複合体。

③プロモーター配列，エンハンサー配列およびシグナルペプチド配列が同一遺伝子に由来するものである，特許請求の範囲第1項記載の組換えDNA遺伝子複合体。

④プロモータ配列，エンハンサー配列およびシグナルペプチド配列がβ－カゼイン遺伝子である，特許請求の範囲第3項記載の組換えDNA遺伝子複合体。

⑤コード配列がホルモン，薬物，タンパク，脂質，炭水化物，成長因子，抗菌物質から成る群から得られる，特許請求の範囲第1項記載の組換えDNA遺伝子複合体。

⑥コード配列がα－カゼイン，β－カゼイン，γ－カゼイン，κ－カゼイン，α－ラクトアル

ブミン，β－ラクトグロブリン，ホエー酸性タンパクおよびクロラムフェニコールアセチル系トランスフェラーゼをコードしている遺伝子から成る群に由来する，特許請求の範囲第１項記載の組換えDNA遺伝子複合体。

⑦コード配列がクロラムフェニコールアセチルトランスフェラーゼをコードしている遺伝子に由来する，特許請求の範囲第６項記載の組換えDNA遺伝子複合体。

⑧コード配列がβ－カゼインをコードしている遺伝子に由来する，特許請求の範囲第６項記載の組換えDNA遺伝子複合体。

⑨グルココルチコイド応答性の要素をさらに含む，特許請求の範囲第１項記載の組換えDNA遺伝子複合体。

⑩構成内容として特許請求の範囲第１項記載の組換えDNA遺伝子複合体を含む胚芽系統をもち，その胚芽系統が次の世代に移行できる，乳腺に生物学的作用物を合成するための，遺伝子導入された哺乳動物。

⑪遺伝子導入される哺乳動物がヒトでない，特許請求の範囲第10項記載の遺伝子導入された哺乳動物。

⑫(a) 5′－非翻訳mRNA配列と (b) 3′－非翻訳mRNA配列をさらに含み，その5′－非翻訳mRNA配列と3′－非翻訳mRNA配列が，それぞれコード配列の5′末端と3′末端についている，特許請求の範囲第１項記載の組換えDNA遺伝子複合体。

⑬5′－非翻訳mRNA配列と3′－非翻訳mRNA配列がβ－グロビン，β－カゼインおよびビテロゲニンから成る非翻訳mRNAの群に由来する，特許請求の範囲第12項記載の組換えDNA遺伝子複合体。

⑭5′－非翻訳mRNA配列と3′－非翻訳mRNA配列がβ－カゼイン遺伝子に由来する，特許請求の範囲第13項記載の組換えDNA遺伝子複合体。

⑮グルココルチコイド応答性の要素をさらに含んでいる，特許請求の範囲第12項記載の組換えDNA遺伝子複合体。

⑯構成内容として特許請求の範囲第12項記載の組換えDNA遺伝子複合体を含む胚芽系統で，その胚芽系統が次の世代に移行することのできる，乳腺で生物活性のある作用物を合成するための，遺伝子導入された哺乳動物。

⑰組換えDNA遺伝子複合体を哺乳動物の胚の胚芽系統の中に挿入するステップを含めて，少なくとも一つの特定の遺伝子の生物活性のある作用物の合成を乳腺にさし向ける方法。

⑱該胚を分化，成長させて哺乳動物にまでにするような環境において成長させるステップをさらに含む，特許請求の範囲第17項記載の方法。

⑲コード配列の発現について，哺乳動物の乳腺組織と乳を検査するステップをさらに含む，特

許請求の範囲第17項記載の方法。

⑳該遺伝子複合体を該胚芽系統に安定に取りこませるステップをさらに含む，特許請求の範囲第17項記載の方法。

㉑遺伝子複合体の適切な機能を確立するステップをさらに含む，特許請求の範囲第17項記載の方法。

㉒プロモータ配列，エンハンサー配列，シグナルペプチド配列が乳腺に特異的な遺伝子から選ばれ，コード配列が生物活性のある作用物をコードしている遺伝子であるような，プロモータ配列，エンハンサー配列，シグナルペプチド配列およびコード配列を結合するステップを含む，乳腺に特異的な組換えDNA遺伝子複合体を構築する方法。

㉓プロモータ配列，エンハンサー配列，シグナルペプチド配列がα－カゼイン，β－カゼイン，γ－カゼイン，κ－カゼイン，α－ラクトアルブミン，β－ラクトグロブリン，ホエー酸性タンパクから成る群から選ばれる，特許請求の範囲第22項記載の乳腺に特異的な組換えDNA遺伝子複合体を構築する方法。

㉔プロモータ配列，エンハンサー配列，シグナルペプチド配列がβ－カゼイン配列に由来し，そのシグナルペプチド配列が合成されたペプチドを乳腺の乳の中へ分泌させることのできるものである，特許請求の範囲第23項記載の乳腺に特異的な組換えDNA遺伝子複合体を構築する方法。

㉕コード配列がホルモン，薬剤，タンパク，脂質，炭水化物，抗菌物質をコードしている遺伝子からなる群に由来するものである，特許請求の範囲第24項記載の乳腺に特異的な組換えDNA遺伝子複合体を構築する方法。

㉖コード配列がクロラムフェニコールアセチルトランスフェラーゼ，α－カゼイン，β－カゼイン，γ－カゼイン，κ－カゼイン，α－ラクトアルブミン，β－ラクトグロブリン，ホエー酸性タンパクをコードしている遺伝子から成る群に由来するものである，特許請求の範囲第24項記載の乳腺に特異的な組換えDNA遺伝子複合体を構築する方法。

㉗コード配列がクロラムフェニコールアセチルトランスフェラーゼの遺伝子からとられる，特許請求の範囲第26項記載の乳腺に特異的な組換えDNA遺伝子複合体を構築する方法。

㉘コード配列がβ－カゼインの遺伝子からとられる，特許請求の範囲第26項記載の乳腺に特異的な組換えDNA遺伝子複合体を構築する方法。

㉙ 5′－非翻訳mRNA配列と3′－非翻訳mRNA配列を遺伝子複合体に結合するもう一つのステップを含み，その5′－非翻訳mRNAと3′－非翻訳mRNAが，そのコード配列の5′－および3′－末端のそれぞれに接続されているような，特許請求の範囲第22項記載の乳腺に特異的な組換えDNA遺伝子複合体を構築する方法。

㉚乳腺に特異的な遺伝子に由来するプロモータ配列，エンハンサー配列，シグナルペプチド配

列と，生物活性のある作用物をコードしている配列とを含む，組換えDNA遺伝子複合体を構築し；その遺伝子複合体を哺乳動物の胚の胚芽系統に挿入し；その胚を成熟するまで成長させ；その生物活性のある作用物のための遺伝子複合体をもった哺乳動物によって作られた乳を検査する；各ステップを含む，乳腺で生物活性のある作用物を合成する方法。

㉛哺乳動物の胚の胚芽系統に組換えDNA遺伝子複合体を挿入するステップを含む，乳の有害微生物の繁殖を抑える方法。

㉜遺伝子複合体が抗菌物質をコードしている遺伝子に由来するコード配列を含んでいる，特許請求の範囲第31項記載の乳の有害微生物の繁殖を抑える方法。

㉝オンコジーンを含む組換えDNA遺伝子複合体を哺乳動物の胚の胚芽系統に挿入し，その結果生じるガン性組織の発生を機構的に解析するステップを含む，乳腺ガンの機構を解明する方法。

㉞遺伝子導入した哺乳動物から作られた商業用の乳を酪農加工物の生産に取り入れるステップを含む，酪農生産物の生産を可能にする方法。

㉟遺伝子導入した哺乳動物から作られた商業用乳を含む食品。

㊱遺伝子導入した哺乳動物からの商業用乳製品を含む酪農産物。

㊲遺伝子導入した哺乳動物から作られる商業用乳から分離される生物学的に活性のある作用物。

(8) 発明の要旨

本発明は，トランスジェニック哺乳動物を作る方法に関するもので，主に，生物学的に活性のある作用物を乳の中に合成させる組換えDNA遺伝子複合体と，乳腺に生物学的に活性のある作用物を分泌する遺伝子導入哺乳動物を開発する方法からなる。後者の遺伝子導入動物が，医薬品，ガン研究，農業，食料生産に使われる改良された乳を分泌すること，自分自身を再生産すること，も含む。

本発明の対象とするのは，まず上記のような組換えDNA遺伝子複合体，および，それを構築する方法である。

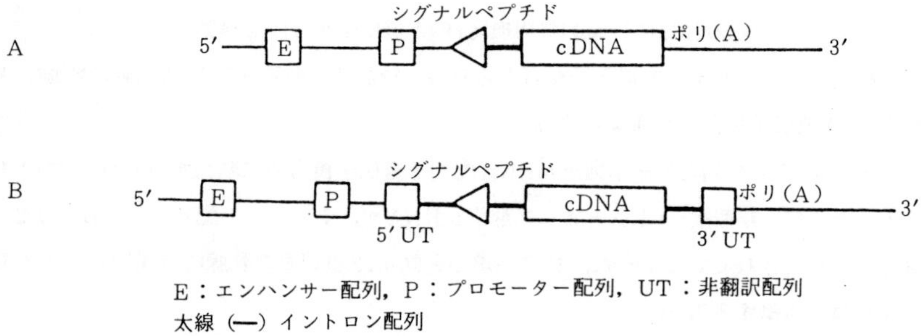

E：エンハンサー配列，P：プロモーター配列，UT：非翻訳配列
太線（—）イントロン配列

図11・10　組換えDNA遺伝子複合体

本発明の対象とする組換えDNA遺伝子複合体は，授乳期でのタンパクの効率的な分泌を目的としたもので，プロモーター配列，エンハンサー配列，シグナルペプチド配列，および生物活性物をコードしている遺伝子由来のコード配列を含んでいる（図11・10のA）。前3者の配列は，少なくとも一つの乳腺特異的遺伝子から由来し，コード配列の乳腺での発現を可能にしている。

さらに，コード配列の5′末端と3′末端のそれぞれに接合して，5′の非翻訳mRNA配列と3′の非翻訳mRNA配列を含めた組換えDNA遺伝子複合体（図11・10のB）は，このDNAより合成されるmRNAの安定性を増加させる。

本発明の目的は，上記のような組換えDNA複合体を，哺乳動物の卵子の系統（胚芽系統）に挿入し，その胚を成熟するまで成育させ，乳腺で生物活性物を合成させることである。

すなわち，このような遺伝子導入哺乳動物，およびその作出方法，さらに，それを成長させ，乳腺で生物活性物を合成させる方法も，本発明の対象となる。

遺伝子導入哺乳動物は，その胚芽系統を次の世代に移行しうるものである必要があり，作出方法には，乳を検定するステップなど多くのステップが含まれる。

さらに，本発明の対象となるものに，哺乳動物の胚に，抗菌物質をコードしている遺伝子由来のコード配列を含む組換えDNA遺伝子複合体を導入することにより，乳の細菌汚染を防ぐ方法，同じく，オンコジーンを含む組換えDNA遺伝子複合体を導入することにより，ガン性組織の発生を解析する方法，がある。

最後に，前出の方法で作られた遺伝子導入哺乳動物から商業用乳などの酪農生産物の生産を可能にする方法，およびその生産物，さらに，その商業用乳から分離される生物学的に活性のある作用物も，本発明の対象となる。

3.4　英国Pharmaceutical Proteins社出願の特許（特公昭64－500162）

英国のA. J. Clarkらによって発明されたものである。トランスジェニック動物の乳腺でタンパク質を効率的に分泌させる方法に関する特許である。

(1)　**発明の名称**　ペプチドの産生方法

(2)　**公開番号**　昭64-500162（1989年1月26日公開）

(3)　**出願番号**　昭62-503939（1987年6月30日出願）

(4)　**優先権主張**　1986年6月30日，イギリス（GB）8615942

(5)　**発明者**　アンソニー・ジョン・クラーク（英），リチャード・ラーセ（仏）

(6)　**出願人**　ファーマシューティカル・プロテインズ・リミテッド（英）

(7)　**特許請求の範囲**

①DNA配列を成人雌哺乳類の乳腺中に発現させるような方法で，乳清タンパク質に関してコー

ドする雌哺乳類の遺伝子内に，ポリペプチドに関してコードするDNA配列を取り込むことからなる，ポリペプチドからなる物質を産生する方法。

②該物質が実質的に該成人雌哺乳類のミルクから回収される，請求の範囲第1項に記載の方法。

③該物質が転写後の修飾後のミルクから回収される，請求の範囲第1項に記載の方法。

④ポリペプチドからなる該物質がタンパク質である，請求の範囲第1項に記載の方法。

⑤ポリペプチドからなる該物質がヒト血液タンパク質である，請求の範囲第1項に記載の方法。

⑥ポリペプチドからなる該物質がペプチドホルモンである，請求の範囲第1項に記載の方法。

⑦ポリペプチドからなる該物質が血液凝固因子または血液凝固因子のサブユニットである，請求の範囲第1項に記載の方法。

⑧ポリペプチドからなる該物質が酵素である，請求の範囲第1項に記載の方法。

⑨DNA配列を成人雌哺乳類の乳腺中で発現させ，その後，それが1以上の酵素の基質からの反応産生物の形成を触媒するような方法で，乳清タンパク質に関してコードする哺乳類の遺伝子内に，酵素に関してコードするDNA配列を取り込むことからなる，酵素の反応産生物である基質を産生する方法。

⑩該反応産生物が成人哺乳類のミルクから回収される，請求の範囲第9項に記載の方法。

⑪ポリペプチドに関してコードする該DNA配列を，融合遺伝子を形成するために，生体外で成人雌哺乳類の乳腺に発現可能である乳清タンパク質遺伝子内に取り込み，かつ，該融合遺伝子を，受精卵または哺乳類の胚子内への接種により胚芽系統内に取り込み，その後，該接種された受精卵または胚子を成人雌哺乳類内で発育させる，請求の範囲第1項または第9項に記載の方法。

⑫接種が2細胞胚子の核内になされる，請求の範囲第11項に記載の方法。

⑬DNAの線状分子を卵子の前核または核内に接種する，請求の範囲第11項に記載の方法。

⑭哺乳類が家畜哺乳類である，請求の範囲第1項または第9項に記載の方法。

⑮哺乳類がイノシシ科の一員，ヒツジ属の一員，ヤギ属の一員およびウシ属の一員から選ばれる，請求の範囲第14項に記載の方法。

⑯哺乳類が酪用ヒツジである，請求の範囲第1項または第9項に記載の方法。

⑰乳清タンパク質がベータ・ラクトグロブリンをコード化する，請求の範囲第1項または第9項に記載の方法。

⑱融合遺伝子がプロモータからなる，請求の範囲第11項に記載の方法。

⑲融合遺伝子が転写に関する出発部位からなる，請求の範囲第11項または第18項に記載の方法。

⑳融合遺伝子が1以上のミルクタンパク質遺伝子の末端5′調整配列からなる，請求の範囲第11項または第18項に記載の方法。

㉑融合遺伝子が，必要により内部調整配列を含有する構造のミルクタンパク質遺伝子配列から

なる，請求の範囲第11項または第18項に記載の方法。

㉒融合遺伝子がミルクタンパク質の側面に位置する3′配列からなる，請求の範囲第11項または第18項に記載の方法。

㉓融合遺伝子が，ミルクタンパク質をコード化する遺伝子の第1エクソン内に挿入された，重要なペプチドに関してコードするcDNA配列からなる，請求の範囲第11項または第18項に記載の方法。

㉔融合遺伝子がミルクタンパク質をコード化する遺伝子の配列の側面に位置する数個の5′からなる，請求の範囲第11項または第18項に記載の方法。

㉕融合遺伝子が重要なペプチドに関する信号ペプチドを含有する，請求の範囲第11項または第18項に記載の方法。

㉖乳清タンパク質遺伝子の信号ペプチドをコード化する配列が，産生物質における成熟ポリペプチドのN末端アミノ酸をコードするDNA配列のその部分に正確に融合する，請求の範囲第1項または第9項に記載の方法。

㉗DNA配列の3′末端が，その停止コドン後，それ自身固有のpolyA添加部位の前に末端をなす，請求の範囲第1項ないし第9項のいずれか1つに記載の方法。

㉘実質的に本明細書に記載されたポリペプチドからなる物質の産生方法。

㉙DNA配列が成人雌哺乳類の乳腺中に発現できるような方法で，乳清タンパク質に関してコードする哺乳類の遺伝子内に取り込まれたポリペプチドをコード化するDNA配列よりなる遺伝子学的構成体。

㉚請求の範囲第29項に記載の遺伝子学的構成体を含有する動物細胞。

㉛胚子細胞である請求の範囲第30項に記載の動物細胞。

㉜その遺伝子学的物質が請求の範囲第29項に記載の遺伝子学的構成体を含有する動物。

㉝請求の範囲第29項に記載の遺伝子学的構成体からなるプラスミド。

(8)　発明の要旨

本発明は，ポリペプチドからなる基質，タンパク質，または，その形成が酵素タンパク質で触媒される生物学的物質の産生方法に関するものである。

成人雌哺乳類の乳腺中で発現可能である乳清タンパク質をコードする哺乳類遺伝子内に，ポリペプチドをコードするDNA配列を取り込んで融合遺伝子を形成し，この融合遺伝子を哺乳類の受精卵内に接種し，その後，接種受精卵を成人雌哺乳類内で発育させ，ポリペプチドを産生させる。目的ポリペプチドは，成人雌哺乳類のミルクから回収される。

ポリペプチドとしては，食料用ペプチドホルモン，血液凝固因子またはそのサブユニット，β－グロビンなどの血液タンパク質，α_1－アンチトリプシンなどの血清タンパク，酵素を産生するのに利用できる。

宿主哺乳類としては，技術はマウスにおいて発達しているが，商業的見地より，より多くのミルクを産生する傾向のある家畜類，ブタ，ヤギ，ヒツジおよびウシが好ましい。

高レベルの組織特異発現およびmRNA安定化を媒介することから，本発明においては，乳清タンパク質遺伝子として，ヒツジβ－ラクトグロブリン遺伝子が使用される。

また，融合遺伝子は，プロモーター－転写出発部位－ミルクタンパク質遺伝子の末端5′調整配列－ミルクタンパク質遺伝子構造配列－側面3′配列からなり，ペプチドをコードする配列は乳清タンパク質の第1エクソン内に挿入される。さらに，融合遺伝子は，信号ペプチドをコードするDNA配列を含むこと，3′末端は，その停止コドン後，それ自身個有のpolyA添加部位の前に末端をなすことが好ましい。

本発明は，以上のような方法の他に，上記のようなペプチド産出を実現する遺伝子学的構成体，その構成体を含む動物細胞（胚細胞），動物，プラスミドも対象とする。

3.5 オーストラリアのルミニス社出願の特許（特公平1-503039）

成長ホルモンなどの特性決定ホルモンの遺伝子をウマ，ウシ，ヒツジ，ヤギ，ブタ，シチメンチョウ，海洋動物などに導入したトランスジェニック動物を作出する方法に関する特許である。

(1) **発明の名称**　トランスジェニック動物

(2) **公開番号**　平1-503039（1989年10月19日公開）

(3) **出願番号**　昭63-503454（1988年4月14日出願）

(4) **優先権主張**　1987年4月14日，オーストラリア（AU）PI 1427

(5) **発明者**　ロバート・フレデリック・シーマーク（豪），ジュリアン・リチャード・エステ・ウェルズ（豪）

(6) **出願人**　ルミニス・プロプライアタリー・リミテッド（豪）

(7) **特許精求の範囲**

①(a)受精したばかりの卵子を採取し；(b)上記卵子と相同の特性決定ホルモンの遺伝子試料を分離し；(c)この遺伝子試料を，雌性核と融合して単一細胞期胚を形成する前の上記卵子の雄性核中へ導入し；そして(d)上記卵子を適切に調製された雌性動物中へ移植することよりなる，新品種の動物の育成法。

②動物がウマ，ウシ，ブタ，ヒツジ，ヤギ，シチメンチョウおよび海洋動物から選ばれる，請求の範囲第1項に記載の方法。

③特性決定ホルモンがブタ成長ホルモンである，請求の範囲第2項に記載の方法。

④動物がブタである，請求の範囲第3項に記載の方法。

⑤非ブタプロモーター領域をコードする第1クローン化DNA配列，およびブタ成長ホルモン活性をコードする第2クローン化配列を含むプラスミドクローニングベクターからなるプラスミド発現ベクター。

⑥プラスミドクローニングベクターがpUC 19またはpKT 52から選ばれる，請求の範囲第5項に記載のプラスミド発現ベクター。

⑦第1クローン化DNA配列がヒトメタロチオネインプロモーター（hMT－ⅡA）をコードする，請求の範囲第5項または第6項に記載のプラスミド発現ベクター。

⑧第1クローン化DNA配列がプラスミドクローニングベクター内で*Eco*RI-*Hin*dⅢ挿入配列を形成し，約810～823bpの長さである，請求の範囲第5項ないし第7項のいずれか1項に記載のプラスミド発現ベクター。

⑨第2クローン化配列がプラスミドクローニングベクター内で*Eco*RI－*Eco*RI 挿入配列を形成し，約522bpの長さである，請求の範囲第5項ないし第8項のいずれか1項に記載のプラスミド発現ベクター。

⑩第2クローン化配列中に挿入された第3クローン化DNA配列を含む，請求の範囲第5項ないし第9項のいずれか1項に記載のプラスミド発現ベクター。

⑪第3クローン化配列がブタ成長ホルモン遺伝子の3′末端からなる，請求の範囲第10項に記載のプラスミド発現ベクター。

⑫第3クローン化配列が第2クローン化配列内で長さ約1,000bpの*Sma*: *Bam*/*Sma*挿入配列を形成する，請求の範囲第10項に記載のプラスミド発現ベクター。

⑬3′末端が反復配列であると同定された領域を欠失させることにより修飾された，請求の範囲第10項または第11項に記載のプラスミド発現ベクター。

⑭pHMPG.4からなる，請求の範囲第5項に記載のプラスミド発現ベクター。

⑮一適切なプラスミドクローニングベクター，非ブタプロモーターを含む第1DNA断片，およびブタ成長ホルモンをコードする第2DNA断片を用意し；一第1DNA断片をプラスミドクローニングベクターの適切な部位に挿入し；そして一第2DNA断片をプラスミドクローニングベクターの適切な部位に挿入する；ことよりなる，請求の範囲第5項ないし第14項のいずれか1項に記載のプラスミド発現ベクターの製法。

⑯（a）雌性動物からの受精したばかりの卵子を用意し；（b）請求の範囲第5項ないし第14項のいずれかに記載のプラスミド発現ベクターを調製し；（c）このプラスミドを，雌性核と融合して単一細胞期胚を形成する前の雄性前核に注入し，そして（d）次いで卵子を適切に調製された雌性動物に移植することを含む，トランスジェニック動物の育成法。

⑰動物がブタである，請求の範囲第16項に記載の方法。

(8) 発明の要旨

本発明は畜産学，特に，目的とする特性，たとえば，高められた体重増加，飼料効率，乳汁産生，または疾病抵抗性を備えた新品種の動物を育成する方法に関するものである。

本発明の目的は，トランスジェニック動物作出の先行技術方法に関連する1または2以上の難点および/または欠点を克服することである。

受精したばかりの卵子を採取し，この卵子と相同の特性決定ホルモンの遺伝子試料を分離し，この遺伝子試料を，雌性核と融合して単一細胞期胚を形成する前の卵子の雄性核へ導入し，この卵子を，適切に調製された雌性動物中へ移植することにより，新品種の動物を育成する。

目的とする卵子がブタであり，目的とする特性が成長促進である場合，遺伝子試料はブタ成長ホルモンからなる。

受精したばかりの卵子には，ウマ，ウシ，ブタ，ヒツジ，ヤギ，シチメンチョウなどの農場動物，およびアワビなどの海洋動物のものが含まれる。

本発明においては，上記遺伝子試料として，非ブタプロモーター領域をコードする第1クローン化DNA配列，およびブタ成長ホルモン活性をコードする第2クローン化配列を含むプラスミドクローニングベクターからなるプラスミド発現ベクターを用いた。

このようなプラスミド発現ベクターとしては，プラスミドクローニングベクターがpUC19またはpKT 52から選ばれるもの，第1クローン化DNA配列がヒトメタロチオネインプロモーター（hMT－ⅡA）をコードするもの，第1クローン化DNA配列がプラスミドクローニングベクター内で*Eco*RⅠ－*Hin*dⅢ挿入配列を形成するものを用いうるし，第2クローン化配列がプラスミドクロ

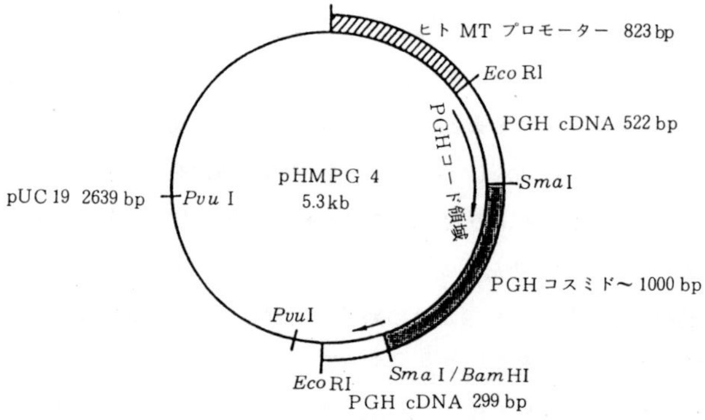

図11・11　ブタ成長ホルモン発現ベクター，pHMPG.4

ーニングベクター内で*Eco*RI－*Eco*RI 挿入配列を形成するもの，ブタ成長ホルモン遺伝子の3′末端を含み第2クローン化DNA断片中で*Sma*：*Bam*/*Sma*挿入配列を形成する第3クローン化DNA配列を含むもの，反復配列であると同定された領域を欠失させることにより修飾された3′末端をもつものも用いうるし，このような特定のプラスミドとしてpHMPG. 4（図11・11）も用いうる。

3.6　西独 Transgene 社出願の特許

西独のO. Rottmann と P. Höferによって発明されたものである。精子を利用した卵への遺伝子の導入法についての特許である。

(1)　発明の名称

A Method for Transferring Organic and/or Inorganic Substances to Egg Cells and/or Somatic Cells of Animals and Compositions for use Therein

(2)　出 願 番 号　西独（DE）P 3606891. 8（1986. 3. 3 出願）
〃　P 3636991. 8（1986. 10. 30 出願）

(3)　国際出願番号　PCT/EP 87/00123（1987. 3. 2）

(4)　国際公開番号　WO 87/05325（1987. 9. 11 公開）

(5)　発 明 者　Oswald Rottmann（西独），Paul Höfer（西独）

(6)　出 願 人　Transgene GmbH（西独）

(7)　発明の要旨

卵子または/あるいは生殖細胞に，有機物または/あるいは無機物を移入する方法に関する特許。

目的とする有機物または無機物を含む小胞や粒子を，（場合によっては，化学的あるいは物理的方法で修飾した）精子と結合させて，体内あるいは体外の環境下で，卵子に導入する。

本発明は，この方法で用いるのに適した混合物および，その前駆体も対象とする。さらに，本発明は，この方法によって作出されたトランスジェニック動物も対象とする。

3.7　マサチューセッツ・ゼネラル病院出願の特許

米国のR. F. SeldenとH. M. Goodmanによって発明されたものである。ヒトのインシュリン遺伝子を導入され，インシュリンを体内に生産するマウスについての特許である。

(1)　発明の名称

Transgenic Mouse containing Human Insulin Gene（ヒトインシュリン遺伝子を有するトランスジェニックマウス）

(2)　出 願 番 号　米国（US）865, 120（1986. 5. 20 出願）

(3) **国際出願番号**　PCT/US87/01154（1987. 5. 20）

(4) **国際公開番号**　WO 87/07298（1987. 12. 3 公開）

(5) **発　明　者**　Richard F. Selden（米），Howard M. Goodman（米）

(6) **出　願　人**　Massachusetts General Hospital（米）

(7) **発明の要旨**

ヒトインシュリン遺伝子を含み，そして発現するトランスジェニックマウスの製造プロセス。

このインシュリン遺伝子は，トランスジェニックマウスの膵臓のみで発現し，グルコース，グルカゴン等のインシュリン作用物質によって，正常マウスのそれと区別がつかないような様式で，調節される。

このトランスジェニックマウスの子孫は，このヒトインシュリン遺伝子をメンデルの法則に従って受け継ぎ，それぞれの雌から生まれた子の約50％がヒトインシュリン遺伝子を発現する。

このトランスジェニックマウスの体重，成長率，摂食行動，繁殖能力，寿命は，正常マウスのそれとほとんど変らない。

このマウスは，インシュリン発現の代謝動態の研究，薬物とグルコース恒常性との相互作用の研究，に有用である。

第12章　組み換えＤＮＡ実験のガイドライン

1 日　本

組み換えDNAを導入するトランスジェニック動物作成に関する実験は，日本では，規定外の実験に属し，申請にもとづいて個別に審査される。

筆者は，組み換えDNAのマウス受精卵への導入に関する実験については，様式2の2「組み換えDNAの実験指針に記載以外の宿主・ベクター系を用い，基準が示されているDNA供与体を用いる実験に関する実験計画書」を，DNAを導入した受精卵を仮親雌に移植する実験については，様式2の4「実験動植物個体への組換え体の感染を含む実験に関する実験計画表」を科学技術庁に提出し，トランスジェニックマウス作出実験の認可を受けた。

その際，①実験計画は初代から三代目のマウスまでとすること，②トランスジェニックマウスには，耳を一部切断する耳マーク，焼印等により，一生消えない方法で標識をつけること，③マウスが外界へ逃げないよう，ケイジ，ネズミガエシを出入口につけた飼育室，ドアのついた廊下に囲まれた飼育室，と三重の障壁を備えた飼育室に限定して飼うこと，④マウスの廃棄物等は，オートクレーブを通じて飼育室の外部に出し，外から飼育室に入れる物の導線と交叉しないこと，を基本条件に審査され，現場視察のうえ認可された。

以下に，現行の「組換えDNA 実験指針」を全文掲載する。

トランスジェニック動物に関連する条項としては，第3章第3節4に「実験動植物個体への組換え体の接種を含む実験」として触れられているだけである。

組換えＤＮＡ実験指針

昭和５４年８月２７日　決定
昭和５５年４月７日　改訂
昭和５５年１１月７日　改訂
昭和５６年４月１日　改訂
昭和５７年８月３１日　改訂
昭和５８年９月８日　改訂
昭和６０年８月２４日　改訂
昭和６１年８月２０日　改訂
昭和６２年９月１６日　改訂

内閣総理大臣

我が国における組換えＤＮＡ実験の安全を確保するために必要な基本的要件として、組換えＤＮＡ実験指針を次のとおり定める。

第1章　総　　則

第1　目　的

本指針の目的は，組換えＤＮＡ研究の推進を図るため，組換えＤＮＡ実験の安全を確保するために必要な基本的要件を示すことにある。

第2　定　義

この指針の解釈に関しては，次の定義に従うものとする。

1　「組換えＤＮＡ実験」とは，ある生細胞内で増殖可能なＤＮＡ（遺伝子の本体であるデオキシリボ核酸をいう。以下同じ。）と異種のＤＮＡとの組換え分子を酵素などを用いて試験管内で作成し，それを生細胞に移入し，異種のＤＮＡを増殖させる実験（この実験の結果，ＤＮＡの組換え分子が移入された生細胞（以下「組換え体」という。）を用いて行う実験を含む。）をいう。（ただし，移入された生細胞と同等の遺伝子構成をもつ生細胞が自然界に存在する場合は除く。）

2　「大量培養実験」とは，組換えＤＮＡ実験のうち２０ℓより大きい規模で行うものをいう。

3　「宿主」とは，組換えＤＮＡ実験において，ＤＮＡの組換え分子を移入される生細胞をいう。

4　「ベクター」とは，組換えＤＮＡ実験において，宿主に異種のＤＮＡを運ぶＤＮＡをいう。

5　「宿主－ベクター系」とは，宿主とベクターの組合せをいう。

6　「ＤＮＡ供与体」とは，ベクターに挿入しようとするＤＮＡを提供する細胞，微生物等をいう。ＲＮＡを鋳型として合成されたＤＮＡをベクターに挿入する場合には，そのＲＮＡを提供する細胞，微生物等をいう。

7　「純化ＤＮＡ」とは，ＤＮＡ供与体から調製した同定されているＤＮＡをいい，クローン化されたＤＮＡ及び化学合成されたＤＮＡを含むものとする。

8　「非純化ＤＮＡ」とは，ＤＮＡ供与体から調製した同定されていないＤＮＡをいう。

9　「実験室」とは，組換えＤＮＡ実験を実施する部屋をいう。

10　「実験区域」とは，出入を管理するための前室によって他の区域から隔離された実験室，廊下等からなる区域をいう。

11　「特別な実験区画」とは，実験区域内に設けられる生命維持装置を備えた気密構造の区画をいう。

12　「安全キャビネット」とは，その中で行う実験操作により発生する汚染エアロゾルが外部に漏出しないように設計された別表１に掲げる箱型の設備をいう。

13　「実験従事者」とは，組換えＤＮＡ実験の実施に携わる者をいう。

14　「実験責任者」とは，実験従事者中，個々の実験計画の遂行について責任を負う者をいう。

15　「試験研究機関の設置者」とは，試験研究機関を監督する各省庁の大臣，地方公共団体の長及び法人の代表者をいう。

第３　組換えＤＮＡ実験の安全確保

組換えＤＮＡ実験（以下「実験」という。）は，その安全を確保するため，病原微生物学実験室で一般に用いられる標準的な実験方法を基本とし，実験の安全度評価に応じて，物理的封じ込め及び生物学的封じ込めの２種の封じ込めの方法を適切に組み合わせて計画し，実施されなければならない。ただし，大量培養実験を実施する場合には，これに加えて大規模な発酵装置を始めとする各種の密閉型装置を使用する整備された実験施設と同程度の施設を用いなければならない。ただし，生物学的安全性が特に高いことが確認された組換え体を用いて行う大量培養実験を実施する場合には，よく整備された大規模な培養装置等を使用する施設と同程度の施設を用いることができる。

第４　実験従事者の責務

実験従事者は，実験の計画及び実施に当たっては，安全確保について十分に自覚し，必要な配慮をするとともに，あらかじめ，病原微生物に係る標準的な実験方法並びに実験に特有な操作方法及び関連する技術に精通し，習熟していなければならない。

第５　試験研究機関の長の責務

試験研究機関の長は，実験の安全確保を図るための体制を整える等当該試験研究機関において行われる実験の安全確保に努めなければならない。

第６　実験の安全確保のための手続

実験の安全を具体的に確認することの重要性にかんがみ，すべての実験は，当該試験研究機関に置かれた安全委員会（仮称）の審査を経て，試験研究機関の長の承認を受けなければならない。

第２章　封じ込めの方法

第１節　物理的封じ込め

第１　物理的封じ込めの目的

物理的封じ込めの目的は，組換え体を施設，設備内に閉じ込めることにより，実験従事者その他のものへの伝播及び外界への拡散を防止しようとするものである。

第２　２０ℓ以下の規模で行う実験に係る物理的封じ込め

１　２０ℓ以下の規模で行う実験に係る物理的封じ込めは，封じ込めの設備，実験室の設計及び実験実施要項の３要素からなり，その封じ込めの程度に応じ，Ｐ１，Ｐ２，Ｐ３及びＰ４の４つのレベルに区分される。

２　物理的封じ込めのレベル

(1)　Ｐ１レベル

1)　封じ込めの設備・実験室の設計

実験室は，整備された通常の微生物学実験室と同じ程度の設備を備え，かつ，設計が施されていること。

2)　実験実施要項

①　実験中，実験室の窓及び扉は閉じておくこと。

②　実験台は，毎日，実験終了後消毒すること。また，実験中汚染が生じた場合には，直ちに消毒すること。

③　実験に係る生物に由来するすべての廃棄物は，廃棄前に消毒すること。その他の汚染された機器等は，洗浄，再使用及び廃棄の前に消毒すること。

④　機械的ピペットの使用が望ましいこと。口によりピペットを操作するときには，綿栓付ピペットを使用すること。

⑤　実験室内での飲食，喫煙及び食品の保存はしないこと。

⑥　組換え体を取り扱った後，及び実験室を出るときは手を洗うこと。

⑦　すべての操作においてエアロゾルの発生を最小限にするよう注意を払うこと。

⑧　汚染した物質等の汚染を実験室以外の他の場所で除去しようとするときは，堅固で洩れのない容器に入れ，実験室で密閉してから搬出すること。

⑨　実験室の昆虫，げつ歯類等の防除をすること。

⑩　他の方法がある場合には，注射器の使用は避けること。

⑪　実験用の被服等の使用は，実験責任者の指示に従うこと。

⑫　その他実験責任者の定める事項を遵守すること。

(2)　Ｐ２レベル

1)　封じ込めの設備

①　組換え体の処理を行うため，ブレンダー，凍結乾燥器，超音波細胞破砕装置，遠心分離機等のエアロゾルが発生しやすい機器を使用するときには，それらを収容する安全キャビネットを設置すること。ただし，エアロゾルが外部に洩れない設計が施されている機器を使用するときにはこの限りでない。

②　安全キャビネットの設置に際しては，定期検査，ＨＥＰＡフィルター（高性能微粒子除去装置）の交換，ホルムアルデヒドによる燻蒸等が安全キャビネットを移動しないで実施できるよう配慮すること。また，安全キャビネットは，設置直後及び定期的に年１回，次の検査を行うこと。ただし，実験室内へ排気する安全キャビネットについては，年２回とする。

ア　風速，風量試験

イ　密閉度試験

ウ　ＨＥＰＡフィルター性能試験

2)　実験室の設計

実験室は，汚染物及び廃棄物の消毒のための高圧滅菌器を備えた建物内に置くこと。

3) 実験実施要項

① 実験中，実験室の窓及び扉は閉じておくこと。

② 実験台及び安全キャビネットは，毎日，実験終了後消毒すること。また，実験中汚染が生じた場合には，直ちに消毒すること。

③ 実験に係る生物に由来するすべての廃棄物は，廃棄前に消毒すること。その他の汚染された機器等は，洗浄，再使用及び廃棄の前に消毒すること。

④ 機械的ピペットを使用すること。

⑤ 実験室内での飲食，喫煙及び食品の保存はしないこと。

⑥ 組換え体を取り扱った後，及び実験室を出るときは手を洗うこと。

⑦ すべての操作においてエアロゾルの発生を最小限にするよう注意を払うこと。例えば，熱した接種用白金耳や接種針を培地中に挿入したり，はねるほど強く炎であぶったり，ピペットや注射器から液体を強く噴出させる等の行為は避けること。

⑧ 汚染した物質等の汚染を実験室以外の他の場所で除去しようとするときは，堅固で洩れのない容器に入れ，実験室で密閉してから搬出すること。

⑨ 実験室の昆虫，げっ歯類等の防除をすること。

⑩ 他の方法がある場合には，注射器の使用は避けること。

⑪ 実験室内では実験用の被服等を着用し，退室時にはこれを脱ぐこと。

⑫　実施されている実験の性質を知らない者を実験室に入れないこと。

⑬　実験が進行中の場合には，Ｐ２レベル実験中の表示を実験室の入口に掲げること。

また，組換え体を保管する冷凍庫，冷蔵庫等にもその旨表示すること。

⑭　実験室は常に整理し，清潔に保ち，実験に関係ないものは置かないこと。

⑮　安全キャビネットのＨＥＰＡフィルターについては，その交換直前及び定期検査時並びに実験内容の変更時に，安全キャビネットを密閉し，１０g／m³のホルムアルデヒドにより燻蒸した後約１時間放置し，汚染を除去すること。

⑯　封じ込めのレベルがＰ１でよいとされる他の実験を同じ実験室で同時に行う場合には，明確に区域を設定して注意深く行うこと。

⑰　その他実験責任者の定める事項を遵守すること。

(3)　Ｐ３レベル

1)　封じ込めの設備

①　組換え体を取り扱う場合には，エアロゾルを生ずるような操作及び機器の使用がその中で行える安全キャビネットを設置すること。

ただし，エアロゾルが外部に洩れない設計が施されている機器を使用するときにはこの限りでない。

②　安全キャビネットの設置に際しては，定期検査，ＨＥＰＡフィルターの交換，ホルムアルデヒドによる燻蒸等が安全キャビネッ

トを移動しないで実施できるよう配慮すること。また，安全キャビネットは，設置直後及び定期的に年1回，次の検査を行うこと。ただし，実験室内へ排気する安全キャビネットについては年2回とする。

ア　風速，風量試験

イ　密閉度試験

ウ　HEPAフィルター性能試験

2)　実験室の設計

①　実験区域を設けることとし，前室は両方が同時には開かない扉を前後に持ち，更衣室を備えること。

②　実験区域は，汚染物及び廃棄物の消毒のための高圧滅菌器を備える建物内に置くこと。

③　実験区域の床，壁及び天井の表面は，容易に洗浄及び燻蒸ができる構造及び材質とすること。

④　実験室及び実験区域の主な出口には，足若しくはひじで，又は自動的に操作できる手洗い装置を設けること。

⑤　実験区域の窓は密封状態とすること。

⑥　実験区域の扉は自動的に閉じる構造とすること。

⑦　真空吸引装置は，実験専用のものとし，実験区域以外の区域とは別に独立して設けること。吸引口にはフィルター及び消毒液によるトラップを設けること。

⑧　実験区域には空気の排出換気装置を設けること。このシステムは，空気の流れが前室から実験区域へ向うように設計すること。実験区域からの排気は濾過その他の処理をした後排出すること。

3) 実験実施要項

① 実験中，実験室の扉は閉じておくこと。

② 実験台及び安全キャビネットは，毎日，実験終了後消毒すること。また，実験中汚染が生じた場合には，直ちに消毒すること。

③ 実験に係る生物に由来するすべての廃棄物は，廃棄前に消毒すること。その他の汚染された機器等は，洗浄，再使用及び廃棄の前に消毒すること。

④ 機械的ピペットを使用すること。

⑤ 実験区域内での飲食，喫煙及び食品の保存はしないこと。

⑥ 組換え体を取り扱った後，及び実験区域を出るときは手を洗うこと。

⑦ すべての操作においてエアロゾルの発生を最小限にするよう注意を払うこと。例えば，熱した接種用白金耳や接種針を培地中に挿入したり，はねるほど強く炎であぶったり，ピペットや注射器から液体を強く噴出させる等の行為は避けること。

⑧ 汚染した物質等の汚染を実験区域以外の他の場所で除去しようとするときは，堅固で洩れのない容器に入れ，実験区域で密閉してから搬出すること。

⑨ 実験区域の昆虫，げっ歯類等の防除をすること。

⑩ 他の方法がある場合には，注射器の使用は避けること。

⑪ 実験区域内では長袖で前の開かないもの，ボタンなしで上からかぶるもの等の形式の実験着を着用し，実験区域を出るときにはこれを脱ぐこと。また，この実験着は洗たく前に消毒すること。

⑫ 実験区域への出入は前室を通じて行い，実施されている実験の性質を知らない者を入れないこと。

⑬　実験が進行中の場合には，Ｐ３レベル実験中の表示を実験室及び実験区域の入口に掲げること。

また，組換え体を保管する冷凍庫，冷蔵庫等にもその旨表示すること。

⑭　実験区域は常に整理し，清潔に保ち，実験に関係のないものは置かないこと。

⑮　安全キャビネットのＨＥＰＡフイルターについては，その交換直前及び定期検査時並びに実験内容の変更時に，安全キャビネットを密閉し，１０ｇ／㎥のホルムアルデヒドにより燻蒸した後約1時間放置し，汚染を除去すること。

⑯　試料を扱う場合には，実験用手袋を使用すること。使用した手袋は作業終了後直ちに，他のものを汚染しないよう取りはずし，消毒すること。

⑰　実験中，当該実験室内では，封じ込めレベルがＰ２以下でよいとされる他の実験を同時に行わないこと。

⑱　その他実験責任者の定める事項を遵守すること。

(4)　Ｐ４レベル

1)　封じ込めの設備

①　組換え体を取り扱うためのクラスⅢの安全キャビネットを設置すること。ただし，特別な実験区画において，生命維持装置によって換気され，かつ，陽圧に維持されている上下続きの実験着を着用する場合には，安全キャビネットはクラスⅠ又はクラスⅡのもので代えることができる。

②　安全キャビネットの設置に際しては，定期検査，ＨＥＰＡフイ

ルターの交換，ホルムアルデヒドによる燻蒸等が安全キャビネットを移動しないで実施できるよう配慮すること。また，安全キャビネットは，設置直後及び定期的に年1回，次の検査を行うこと。ただし，実験室内へ排気する安全キャビネットについては年2回とする。

ア　風速，風量試験

イ　密閉度試験

ウ　HEPAフィルター性能試験

2)　実験室の設計

①　実験専用の建物又は建物内において他と明確に区画された一画を実験区域とし，当該区域に実験従事者以外の者が近づくことを制限できるようにすること。

②　前室は同時には開かない扉を前後に持ち，更衣室及びシャワー室を備えること。

③　更衣室を経由することなく，試料その他の物品を実験区域に搬入しようとする場合は，紫外線が照射され，かつ，同時には開かない扉を前後に持つ通り抜け式の前房を通すこと。

④　実験区域の床，壁及び天井は容易に洗浄及び燻蒸ができ，昆虫，げっ歯類等の侵入を防ぐ構造であるとともに，蒸気状態の消毒剤を恒圧で，全体として適切に閉じ込め得るものであること。ただし，このことは必ずしも気密であることを意味するものではない。

⑤　実験室及び実験区域の主な出口には，足若しくはひじで，又は自動的に操作できる手洗い装置を設けること。

⑥　実験区域の扉は，自動的に閉じる構造とすること。

⑦　中央真空系統を設置する場合は，実験区域専用のものとし，各使用場所及び点検コックのできるだけ近くにＨＥＰＡフイルターを配備すること。このＨＥＰＡフイルターはそのままで消毒可能であり，また交換ができるように設置すること。

⑧　実験区域に供給される水，ガス等の配管には逆流を防ぐ装置を備えること。

⑨　実験区域から搬出する物品を滅菌するために，両方が同時には開かない扉を前後に持つ通り抜け式の高圧滅菌器（以下単に「高圧滅菌器」という。）を備えること。

⑩　実験区域から搬出する加熱滅菌が不適切な試料その他の物品を滅菌するために，消毒液の入ったくぐり抜け式の浸漬槽（以下単に「浸漬槽」という。）又は両方が同時には開かない扉を前後に持つ通り抜け式の燻蒸消毒室（以下単に「燻蒸消毒室」という。）を備えること。

⑪　実験区域専用の給排気装置を備えること。この装置は，外部から空気が流入する場合，次第に危険度の高くなる区域へと流れて行くように，圧力差を維持するとともに，空気の逆流を防ぐように設計すること。また，装置の誤動作を知らせる警報装置を付けること。

⑫　個々の実験室での空気の再循環は，ＨＥＰＡフイルターで濾過すること。

⑬　実験区域からの排気は，ＨＥＰＡフイルターで濾過した後，近くにある建物及び空気取入口を避けて拡散するように排出すること。このＨＥＰＡフイルターはそのままで消毒可能であり，また，

交換後性能検査ができるように設置すること。

⑭　クラスⅢの安全キャビネットからの処理された排気は戸外へ排出すること。クラスⅠ又はクラスⅡの安全キャビネットからの処理された排気は実験室内へ排出することができる。もし，これらの排気が実験区域専用の排気装置を通じて排出される場合には，安全キャビネット又は実験区域の換気系の空気バランスを乱さないように結合すること。

⑮　実験区域内に設けられる特別な実験区画は，次の要件を満たすこと。

ア　生命維持装置は警報装置及び緊急用の空気タンクを備えること。

イ　入口に気密扉によるエアロックを設けること。

ウ　着衣に付着した汚染物を退去時に除去するための化学薬品シャワー室を設けること。

エ　当該区画からの排気は，ＨＥＰＡフイルターで二段濾過すること。

オ　安全のため，排気用換気装置を二系統とすること。

カ　緊急用の動力源，灯火及び通信装置を備えること。

キ　当該区画以外の実験区域に対し，常に陰圧を保持すること。

ク　当該区画外へ排出する廃棄物を滅菌するための高圧滅菌器を備えること。

3)　実験実施要項

①　実験中，実験室の扉は閉じておくこと。

②　実験台及び安全キャビネットは，毎日，実験終了後消毒するこ

と。また，実験中汚染が生じた場合には，直ちに消毒すること。

③　実験に係る生物に由来するすべての廃棄物は，廃棄前に消毒すること。その他の汚染された機器等は，洗浄，再使用及び廃棄の前に消毒すること。

④　機械的ピペットを使用すること。

⑤　実験区域内での飲食，喫煙及び食品の保存はしないこと。

⑥　組換え体を取り扱った後，及び実験区域を出るときは手を洗うこと。

⑦　すべての操作においてエアロゾルの発生を最小限にするよう注意を払うこと。例えば，熱した接種用白金耳や接種針を培地中に挿入したり，はねるほど強くあぶったり，ピペットや注射器から液体を強く噴出させる等の行為は避けること。

⑧　クラスⅢの安全キャビネット及び実験区域から生物試料を生きたままの状態で搬出する場合には，堅固で洩れのない容器に入れた後，浸漬槽又は燻蒸消毒室を通すこと。クラスⅢの安全キャビネットに搬入する場合も同様とする。

⑨　クラスⅢの安全キャビネット及び実験区域から試料又は物品を搬出する場合（⑧の場合を除く。）には，高圧滅菌器を通すこととし，高温や蒸気によってこわされるおそれのあるものについては，浸漬槽又は燻蒸消毒室を通すこと。クラスⅢの安全キャビネットに搬入する場合も同様とする。

⑩　実験区域の昆虫，げっ歯類等の防除をすること。

⑪　他の方法がある場合には，注射器の使用は避けること。

⑫　実験又はその安全確認に必要な者以外の者を実験区域に入れな

いこと。

⑬　実験区域への出入は前室を通じて行い，出入に際してはシャワーを浴びること。

⑭　実験区域では，下着，ズボン，シャツ，作業衣，靴，頭巾，手袋等からなる完全な実験着を着用し，実験区域から出るときは，シャワー室に入る前にこれらを脱ぎ，収集箱に収めること。

⑮　実験区域のすべての扉及び組換え体を保管する冷凍庫，冷蔵庫等には，国際的に使用されている生物的危険表示を掲げること。

⑯　実験区域は常に整理し，清潔に保ち，実験に関係のないものは置かないこと。

⑰　安全キャビネットのＨＥＰＡフィルターについては，その交換直前及び定期交換時並びに実験内容の変更時に，安全キャビネットを密閉し，１０g/m^3のホルムアルデヒドにより燻蒸した後約1時間放置し，汚染を除去すること。

⑱　安全キャビネット及び実験室流しからの廃液は加熱滅菌すること。シャワー及び手洗い装置からの排水は化学処理により消毒すること。

⑲　実験中，当該実験室内では，封じ込めレベルがＰ３以下でよいとされる他の実験を同時に実施しないこと。

⑳　その他実験責任者の定める事項を遵守すること。

第３　大量培養実験に係る物理的封じ込め

１　大量培養実験に係る物理的封じ込めは，封じ込めの設備，設計及び実験実施要項からなり，その封じ込めの程度に応じ，ＬＳ－Ｃ，ＬＳ－１及びＬＳ－２の３つのレベルに区分される。

2　物理的封じ込めのレベル

(1)　ＬＳ－Ｃレベル

1）封じ込めの設備・設計

① 培養装置その他の装置，機器は，よく整備された状態を保持すること。

② 組換え体の培養装置の排気ガスは，組換え体の漏出を最小限にするように排出される設計とすること。

2）実験実施要項

① 大量培養実験に係る生物に由来するすべての廃棄物及び廃液は，大量培養実験終了後，廃棄前に不活化すること。この不活化操作の有効性は，あらかじめ，大量培養実験に用いる宿主に対して確認すること。

② 培養装置に組換え体を植菌する場合，及び培養装置から組換え体を試料用に採取する場合には，培養装置の外壁等の汚染を最小限にするように注意を払うこと。

③ 培養装置から他の装置，機器に組換え体を移す場合は，組換え体の漏れによる汚染を最小限にするように注意を払うこと。

④ 大量培養実験を行うための区域（以下「大量培養実験区域」という。）を清潔に保つこと。また，同区域の昆虫，げっ歯類等の駆除に努めること。

⑤ 大量培養実験が進行中の培養装置等には，ＬＳ－Ｃレベル大量培養実験中の表示を掲げること。

⑥ 大量培養実験用の被服等の使用は，実験責任者の指示に従

うこと。

⑦ その他実験責任者の定める事項を遵守すること。

(2) ＬＳ－１レベル

1）封じ込めの設備・設計

① 組換え体の外部への漏出が防止できるように設計され，かつ閉じた状態のままで内部の滅菌操作を行い得る培養装置を設置すること。また，当該培養装置は，設置直後及び定期的に年１回密閉度の検査を行うこと。

② 組換え体の処理を行うため，ブレンダー，凍結乾燥器，超音波細胞破砕装置，遠心分離機等のエアロゾルが発生しやすい機器を使用するときには，それらを収容する安全キャビネット又はそれに相当する封じ込め機能を有する装置（以下「安全キャビネット等」という。）を設置すること。ただし，エアロゾルが外部に漏れない設計が施されている機器を使用するときには，この限りでない。また，安全キャビネット等は，設置直後及び定期的に年１回性能の検査を行うこと。

③ 組換え体の培養装置の排気ガスは，除菌用フィルター又はそれに相当する効果を有する除菌用機器（「除菌用フィルター等」という。2）⑮において同じ。）を通じてのみ排出される設計とすること。また，除菌用フィルター等は，設計直後及び定期的に年１回性能の検査を行うこと。

④ 装置及び機器について，封じ込めの状態に関係する部分の改造又は交換を行った場合は，その都度，当該装置及び機器の密閉度・性能の検査を行うこと。

2）実験実施要項

①　大量培養実験区域を明確に設定すること。

②　培養装置その他の汚染された装置及び機器並びに大量培養実験に係る生物に由来するすべての廃棄物及び廃液は，大量培養実験終了後，廃棄前に滅菌すること。この滅菌操作の有効性は，あらかじめ，大量培養実験に用いる宿主に対して確認すること。

③　機械的ピペットの使用が望ましいこと。口によりピペットを操作するときには，綿栓付ピペットを使用すること。

④　大量培養実験区域内での飲食，喫煙及び食品の保存はしないこと。

⑤　組換え体を取り扱った後，及び大量培養実験区域を出るときは手を洗うこと。

⑥　すべての操作においてエアロゾルの発生を最小限にするよう注意を払うこと。

⑦　培養装置に組換え体を植菌する場合，及び培養装置から組換え体を試料用に採取する場合には，培養装置の外壁等が汚染しないようにすること。汚染が発生した場合には，直ちに消毒すること。

⑧　培養装置から他の培養装置又は他の密閉された装置，機器に組換え体を移す場合は，堅固で漏れのない容器に入れて行うこと。この場合，移し換えの際に，容器の外壁等が汚染しないようにすること。汚染が発生した場合は，直ちに消毒すること。

⑨ 安全キャビネット等の中で取り出す場合並びに⑦及び⑧に定められた場合を除き，組換え体を含む培養液は，滅菌操作を施さないで培養装置等から取り出さないこと。この滅菌操作の有効性は，あらかじめ，大量培養実験に用いる宿主に対して確認すること。

⑩ 汚染した物質等の汚染を大量培養実験区域以外の他の場所で除去しようとするときは，堅固で漏れのない容器に入れ，大量培養実験区域で密閉してから搬出すること。

⑪ 大量培養実験区域の昆虫，げつ歯類等の防除をすること。

⑫ 大量培養実験が進行中の場合は，ＬＳ－１レベル大量培養実験中の表示を大量培養実験区域に掲げること。

また，組換え体を保管する冷凍庫，冷蔵庫等にもその旨表示すること。

⑬ 大量培養実験用の被服等の使用は，実験責任者の指示に従うこと。

⑭ 大量培養実験の進行中は，毎日１回以上培養容器の密閉度等の状況を確認すること。

⑮ 安全キャビネット等及びその他の装置の除菌用フィルター等は，その交換直前及び定期検査時に滅菌すること。

⑯ 封じ込めのレベルがＰ１でよいとされる他の実験を同時に行う場合には，明確に区域を設定して注意深く行うこと。

⑰ その他実験責任者の定める事項を遵守すること。

(3) ＬＳ－２レベル

1）封じ込めの設備・設計

① 組換え体の外部への漏出が防止できるように設計され，かつ閉じた状態のままで内部の滅菌操作を行い得る培養装置を設置すること。特に，培養装置に直接接続する回転シール，配管弁その他の部品は，組換え体の漏出の防止に対して十分に配慮した設計とすること。また，当該培養装置は，設置直後及び大量培養実験の都度，密閉度の検査を行うこと。

② 組換え体の処理を行うため，ブレンダー，凍結乾燥器，超音波細胞破砕装置，遠心分離機等のエアロゾルが発生しやすい機器を使用するときには，それらを収容するクラスⅡの安全キャビネット又はそれに相当する封じ込め機能を有する装置（以下「クラスⅡの安全キャビネット等」という。）を設置すること。ただし，エアロゾルが外部に漏れない設計が施されている密閉された機器を使用するときには，この限りでない。

③ 組換え体の培養装置の排気ガスは，除菌用フィルター（除菌効率がＨＥＰＡフィルターと同等以上のフィルターに限る。）又はそれに相当する効果を有する除菌用機器（「除菌用フィルター等」という。④，2）⑰において同じ。）を通じてのみ排出される設計とすること。また，除菌用フィルター等は，設置直後及び定期的に年１回，性能の検査を行うこと。

④ クラスⅡの安全キャビネット等の設置に際しては，定期検査，除菌用フィルター等の交換，ホルムアルデヒドによる燻蒸等がクラスⅡの安全キャビネット等を移動しないで実施できるよう配慮すること。また，クラスⅡの安全キャビネット

等は，設置直後及び定期的に年1回，次の検査を行うこと。ただし，実験室内へ排気するクラスⅡの安全キャビネット等については，年2回とする。

ア　風速，風量試験

イ　密閉度試験

ウ　除菌用フィルター等の性能試験

⑤　培養装置及びそれに直接接続する機器等，クラスⅡの安全キャビネット等の封じ込め設備には，大量培養実験中の密閉度を監視するための装置を備えること。

⑥　すべての設備及び機器には，一連の識別番号を付し，厳重な管理の下におくこと。この番号は，検査記録，操作記録を含むすべての記録に記載すること。

⑦　実験室は，汚染物及び廃棄物の消毒のための高圧滅菌器を備えた建物内に置くこと。

⑧　装置及び機器について封じ込めの状態に関係する部分の改造又は交換を行った場合は，その都度，当該装置及び機器の密閉度，性能の検査を行うこと。

2）実験実施要項

①　大量培養実験中，実験室の窓は，閉じておくこと。また，実験室の扉の開閉は，最小限にすること。

②　培養装置その他の汚染された装置及び機器並びに大量培養実験に係る生物に由来するすべての廃棄物は，大量培養実験終了後，廃棄前に滅菌すること。この滅菌操作の有効性は，あらかじめ，大量培養実験に用いる宿主に対して確認するこ

と。

③　機械的ピペットを使用すること。

④　実験室内での飲食，喫煙及び食品の保存はしないこと。

⑤　組換え体を取り扱った後，及び実験室を出るときは手を洗うこと。

⑥　すべての操作においてエアロゾルの発生を最小限にするよう注意を払うこと。例えば，熱した接種用白金耳や接種針を培地中に挿入したり，はねるほど強く炎であぶったり，ピペットや注射器から液体を強く噴出させる等の行為は避けること。

⑦　培養装置から組換え体を試料用に採取する場合には，培養装置の外壁等が汚染しないようにすること。汚染が発生した場合には，直ちに消毒すること。

⑧　培養装置から他の培養装置，又は他の密閉された装置及び機器に組換え体を移す場合には，堅固で漏れのない容器に入れて行うこと。この場合，移し換えの際に，容器の外壁等が汚染しないようにすること。汚染が発生した場合には，直ちに消毒すること。

⑨　クラスⅡの安全キャビネット等の中で取り出す場合並びに⑦及び⑧に定められた場合を除き，組換え体を含む培養液は，滅菌操作を施さないで培養装置等から取り出さないこと。この滅菌操作の有効性は，あらかじめ，大量培養実験に用いる宿主に対して確認すること。

⑩　汚染した物質等の汚染を実験室以外の他の場所で除去しようとするときは，堅固で漏れのない容器に入れ，実験室で密

閉してから搬出すること。

⑪　実験室の昆虫，げつ歯類等の防除をすること。

⑫　実験室内では大量培養実験用の被服等を着用し，退出時にはこれを脱ぐこと。

⑬　実施されている大量培養実験の性質を知らない者を実験室に入れないこと。

⑭　大量培養実験が進行中の場合には，ＬＳ－２レベル大量培養実験中の表示を実験室の入口に掲げること。

また，組換え体を保管する冷凍庫，冷蔵庫等にもその旨表示すること。

⑮　実験室は常に整理し，清潔に保ち，大量培養実験に関係ないものは置かないこと。

⑯　大量培養実験が進行中は，培養装置及びそれに直接接続する機器，クラスⅡの安全キャビネット等の封じ込め設備の状況を常時，監視装置により確認すること。

⑰　クラスⅡの安全キャビネット等及びその他の装置の除菌用フィルター等については，その交換直前及び定期検査時並びに大量培養実験内容の変更時に，装置を密閉し，１０ｇ／m^3のホルムアルデヒドで燻蒸した後約１時間放置するなどの処理により汚染を除去すること。

⑱　封じ込めのレベルがＰ１，Ｐ２でよいとされる実験又はＬＳ－１でよいとされる他の大量培養実験を同時に行う場合には，明確に区域を設定して注意深く行うこと。

⑲　その他実験責任者の定める事項を遵守すること。

第2節　生物学的封じ込め

第1　生物学的封じ込めの目的等

1　生物学的封じ込めの目的は，特殊な培養条件下以外では生存しない宿主と実験用でない他の生細胞に移行しないベクターを組み合わせた宿主－ベクター系を用いることにより，組換え体の環境への伝播（は）・拡散を防止するか，又は生物学的安全性が極めて高いものと認められた宿主－ベクター系を用いることにより，組換え体の生物学的安全性を高く維持し，もって実験の安全を確保しようとするものである。

2　生物学的封じ込めの目的を達成するためには，実験従事者は，実験の開始前はもとより実験中においても常時，実験に用いられる宿主，ベクター等が生物学的封じ込めの条件を満たすものであることを厳重に確認する必要がある。

3　生物学的封じ込めのレベルは，その宿主－ベクター系の安全性の程度に応じ，Ｂ１及びＢ２の２つのレベルに区分する。

第2　生物学的封じ込めのレベル

1　Ｂ１レベル

自然条件下での生存能力が低い宿主と宿主依存性が高く他の細胞に移行しにくいベクターを組み合わせて用いることにより組換え体の環境への伝播（は）・拡散を防止できると認められる宿主－ベクター系又は遺伝学的及び生理学的性質並びに自然条件下での生態学的挙動に基づいて人類等に対する生物学的安全性が高いと認められる宿主－ベクター系については，その生物学的封じ込めのレベルをＢ１レベルとし，別表２(1)に掲げる宿主－ベクター系はＢ１レベルに属するものとする。ただし，国の指導の下に安全性が特に高い動植物培養細胞宿主－ベクター系を用いる実験を実施する場合については，当該宿主－ベクター系をＢ２レベルの宿主－ベクター系として扱い得るものとする。

2　Ｂ２レベル

Ｂ１レベルの条件を満たし，かつ，自然条件下での生存能力が特に低い宿主と宿主依存性が特に高いベクターを組み合わせて用いることにより，組換え体の環境への伝播・拡散を防止できると認められる宿主－ベクター系については，その生物学的封じ込めのレベルをＢ２レベルとし，別表２(2)に掲げる宿主－ベクター系はＢ２レベルに属するものとする。

第３章　実験の安全度評価に応じた封じ込め方法の基準

第１節　実験の安全度評価

第１　実験の安全度評価の原則

実験の実施に当たっては，実験計画の内容について安全度評価を行い，その評価に応じた封じ込めの方法を選定するものとする。実験の安全は，病原微生物学実験室で一般に用いられる標準的な実験方法を基本とし，選定した封じ込めの方法を適用することによって確保するものとする。また，大量培養実験の安全は，これに加えて，大規模な発酵装置を始めとする各種の密閉型装置を使用する整備された実験施設と同程度の施設を用いることによって確保するものとする。ただし，生物学的安全性が特に高いことが確認された組換え体を用いて行う大量培養実験を実施する場合には，よく整備された大規模な培養装置等を使用する施設と同程度の施設を用いることによって確保することができるものとする。

別表２に掲げる宿主－ベクター系を用いる実験計画の安全度は，ベクターに挿入しようとするＤＮＡが宿主に移入された場合にどのような生物学的性質を新たに宿主に与え得るかによって評価するものとする。したがって，非純化ＤＮＡを用いる実験で，ＤＮＡ供与体細胞の性質のいずれもが組換え体によって発現される可能性を否定できない場合には，ＤＮＡ供与体細胞の生物学的性質によって安全度評価を行うものとし，本節第２に掲げる安全度評価に係るＤＮＡ供与体細胞の生物学的性質が組換え体において発現する可能性がないことが確認された場合又はそのような生物学的性質の発現にあずかる遺伝子が含まれない純化ＤＮＡを用いる場合には，その安全度はＤＮＡ供与体細胞の安全度より高いものと評価するものとする。

別表２に掲げる宿主－ベクター系を用いる実験のうち，ある種のＤＮＡ供与体を用いる実験について，その安全性が特に高いことを明らかにする研究が進展し，広く確認された場合には，その実験の安全度は特に高いものと評価するものとする。

第２　ベクターに挿入するＤＮＡによって発現する生物学的性質による安全度評価

ベクターに挿入するＤＮＡによって発現する生物学的性質のうちで，安全度評価に係るものとしては，次の各項に該当する諸性質が挙げられる。安全度評価に当たっては，これらの諸性質の程度を総合的に判断する。

(1)　病原性

(2)　毒素産生能

(3)　寄生性，定着性

(4)　発がん性

(5)　薬剤耐性

(6)　代謝系への影響

(7)　生態系への影響

第３　非純化ＤＮＡを実験に使用する場合のＤＮＡ供与体別の安全度評価

１　真核生物（下等真核生物に属するものを除く。）

組換え体を直接取り扱うのがヒトであることを配慮し，系統的にヒトに近い動物のＤＮＡについては植物のＤＮＡよりも注意して扱うこととする。

２　下等真核生物及び原核生物

下等真核生物及び原核生物のうち別表３に掲げるもの以外のものは，従来からの知見に基づき安全度が高いものと評価するものとする。下等真核生物及び原核生物のウィルスの安全度は，それらを保有している下等真核生物及び原核生物の安全度で評価するものとする。

３　真核生物（下等真核生物に属するものを除く。）のウイルス，リケッチア及びクラミジア

真核生物（下等真核生物に属するものを除く。）のウイルス，リケッチア及びクラミジアはいずれも独立した生活環をもたず，その増殖が特定の細胞に依存して行われる点が特徴であり，これらから得られるＤＮＡ及びその断片を用いる実験はＤＮＡ供与体そのものを用いる実験よりも安全度が高いものと評価するものとする。

第４　純化ＤＮＡのみを実験に使用する場合の安全度評価

純化ＤＮＡは，機能が明らかでかつ安全な特定の遺伝子であることが確認された場合には安全度は高いものと評価するものとする。

第５　クローン数の多少及び培養規模の大小による安全度評価

１　クローン数

非純化ＤＮＡを用いてクローン化を行う場合，扱われるクローン数が少なければ，有害遺伝子を含む確率も低くなるので，安全度は高くなるものと評価するものとする。

2　培養規模

培養規模が小さい場合は，有害遺伝子が含まれていても，その総量が少なくなるので，安全度は高くなるものと評価するものとする。

第２節　実験の安全度評価に応じた封じ込め方法の基準

実験の安全度評価に応じて，封じ込め方法の基準を次のとおり定める。ただし，第３章第３節に掲げる実験については，封じ込め方法の基準を示さない。

1　ＤＮＡ供与体の生物学的性質による安全度評価に応じたＤＮＡ供与体別の封じ込め方法の基準は，非純化ＤＮＡを使用する実験（大量培養実験を除く。）の場合には，次の表のとおりとする。

ＤＮＡ供与体	使用される生物学的封じ込めのレベルと組み合わせるべき物理的封じ込めのレベル	
	Ｂ１の場合	Ｂ２の場合
(1) 動物（下等真核生物に属するものを除く。）	Ｐ２	Ｐ１
(2) 植物（下等真核生物に属するものを除く。）	Ｐ１	Ｐ１
(3) 下等真核生物及び原核生物のうち別表３—(1)に掲げるもの及び病原性のあることが新たに認められたもの並びにそれらが保有するウイルス	第３章第３節参照	
(4) 下等真核生物及び原核生物のうち別表３－(2)に掲げるもの並びにそれらが保有するウイルス	Ｐ３	Ｐ２
(5) 下等真核生物及び原核生物のうち別表３－(3)に掲げるもの並びにそれらが保有するウイルス	Ｐ２	Ｐ１
(6) 下等真核生物及び原核生物のうち(3)から(5)までに該当しないもの並びにそれらが保有するウイルス	Ｐ１	Ｐ１
(7) 真核生物（下等真核生物に属するものを除く。以下この表において同じ。）のウイルス，リケッチア及びクラミジアのうち別表４—(1)に掲げるもの	Ｐ３	Ｐ２
(8) 真核生物のウイルス，リケッチア及びクラミジアのうち別表４－(2)に掲げるもの	Ｐ２	Ｐ１
(9) 真核生物のウイルス，リケッチア及びクラミジアのうち別表４－(3)に掲げるもの	Ｐ１	Ｐ１
(10) 真核生物のウイルス，リケッチア及びクラミジアのうち(7)から(9)までに該当しないもの	第３章第３節参照	

2　次の(1)又は(2)の場合は，１の表においてＰ２レベル以上の物理的封じ込めのレベルが示されている物理的封じ込めのレベルを一段下げ得るものとする。

(1)　クローン数が極めて少ない場合（例えば，哺乳類の染色体断片で平均分子量10^6程度のものについては，１００クローン以下。）

(2)　純化ＤＮＡを使用する場合

3　大量培養実験における封じ込め方法の基準は，次のとおりとする。

(1)　２０ℓ以下の規模で行う場合にＰ１レベルの物理的封じ込めを必要とする実験を２０ℓより大きい規模で行う場合は，ＬＳ－１レベルの物理的封じ込めを適用する。また，２０ℓ以下の規模で行う場合にＰ２レベルの物理的封じ込めを必要とする実験を２０ℓより大きい規模で行う場合は，ＬＳ－２レベルの物理的封じ込めを適用する。

(2)　ただし，前項の基準が示されている大量培養実験のうち，生物学的安全性が特に高いことが確認された組換え体を用いて行う実験については，国の指導の下に次の①又は②によりこれを実施できるものとする。

①　ＬＳ－Ｃレベルの物理的封じ込め

②　第２章第１節第３に示す物理的封じ込めのレベル以外の特別の物理的封じ込め方法

4　別表２に掲げる宿主－ベクター系を使用する実験のうち，別表５左欄に掲げる実験については，その安全性が特に高いことが確認されたものとして，１の表の定めるところによらず，別表５右欄に示す物理的封じ込めのレベルにより実施できるものとする。

5　別表６左欄に掲げる宿主－ベクター系を使用する実験については，同表中欄に掲げるＤＮＡ供与体を使用する場合に限り，安全性が特に高いことが確認されたものとして，同表右欄に示す物理的封じ込めのレベルにより実施できるものとする。ただし，同表中欄に掲げるＤＮＡ供与体以外のＤＮＡ供与体について国の指導の下に安全度評価を行い，同表中欄に掲げるＤＮＡ供与体と安全度評価が同等であることが確認されれ場合は，当該ＤＮＡ供与体を同表中欄に掲げるＤＮＡ供与体として扱うことができるものとする。

第３節　基準が示されていない実験

基準が示されていない以下の実験については，その必要性に応じ，安全性を確認しつつ順次基準の追加を図ることとする。

なお，基準の追加に係る安全性評価のための実験その他特に科学的知見の増大を目的とする実験が必要な場合には，国の指導の下にこれを行う。

1　別表２に掲げる宿主－ベクター系以外の宿主－ベクター系を使用する実験（第３章第２節５により安全性が特に高いことが確認された実験を除く。）

2　第３章第２節１の表中(3)及び (10) に掲げるものをＤＮＡ供与体とする実験

3　脊椎動物に対する蛋白性毒素産生能を有する遺伝子のクローン化実験

4　実験動植物個体への組換え体の接種を含む実験

5　大量培養実験（次の(1)及び(2)の実験を除く（ただし，２０ℓ以下の規模で行う場合にＰ３又はＰ４レベルの物理的封じ込めを必要とする実験を２０ℓより大きい規模で行う場合を含む。）。）

(1)有用蛋白質の産生能等の有用な機能を有し，安全な特定の遺伝子であることが確認された純化ＤＮＡを，別表２に掲げる宿主－ベクター系に組み込んだ組換え体を用いて行う実験

(2)有用蛋白質の産生能等の有用な機能を有し，安全な特定の遺伝子であることが確認された純化ＤＮＡのうち，別表６に掲げるＤＮＡ供与体又はこれと安全度評価が同等であることが確認さ

れたＤＮＡ供与体に由来するものを，別表６に掲げる宿主－ベクター系に組み込んだ組換え体を用いて行う実験

６　組換え体の自然界への散布を含む実験

第４章　組換え体の取扱い

第１　組換え体の増殖実験

別表２に掲げる宿主－ベクター系を用いて得られた組換え体の増殖実験について，試験研究機関の長は，その機関の安全委員会（仮称）の審査を経て，クローン化された特定のＤＮＡが用いられ，当該実験の安全性が特に高いと確認された場合には，前章第２節においてＰ２レベル以上とされた物理的封じ込めのレベルを一段下げて実験を承認することができるものとする。

第２　組換え体の保管

１　組換え体を含む材料は，「組換え体」であることを明示し，その組換え体を用いる実験に関して定められた物理的封じ込め方法の基準の条件を満たす実験室，実験区域又は大量培養実験区域に安全に保管すること。

２　実験責任者は，この組換え体を含む保管物の明細目録を作成し，保存すること。

第３　組換え体の運搬

１　組換え体を含む材料を実験室，実験区域又は大量培養実験区域の外に運搬する場合には，組換え体を含む材料をびん又は缶に入れ，これを内容品が漏出しないよう密封したうえ，外部の圧力に耐える堅固な箱に納め，箱には，万一容器が破損しても完全に漏出物を吸収するよう綿その他の柔軟な物をつめること。ただし，ＬＳ－Ｃレベル又は第３章第２節３⑵②で用いる組換え体を含む材料を大量培養実験区域の

外に運搬する場合には，組換え体を含む材料をびん又は缶に入れ，これを内容品が漏出しないよう密封して取り扱うことができる。

2　また，包装物の表面のみやすい所に「取扱い注意」の朱文字を明記すること。

3　実験責任者は，運搬の都度に，運搬する組換え体の名称，数量，運搬先（試験研究機関名及び実験責任者名）を記録し，保存すること。

4　なお，P３以上の物理的封じ込めを必要とする組換え体を含む材料を郵送する場合には，郵便規則第８条三，外国郵便規則第６８条及び第６９条並びに万国郵便条約の施行規則第１１９条及び第１２０条に準ずること。（記録及びその保存は3に同じ。）

第5章　教育訓練及び健康管理

第1　教育訓練

実験責任者及び試験研究機関の長は，実験開始前に実験従事者に対し，指針を熟知させるとともに，次の事項に関する教育訓練を行わなければならない。

⑴　危険度に応じた微生物安全取扱い技術

⑵　物理的封じ込めに関する知識及び技術

⑶　生物学的封じ込めに関する知識及び技術

⑷　実施しようとする実験の危険度に関する知識

⑸　事故発生の場合の措置に関する知識（大量培養実験においては，組換え体を含む培養液が漏出した場合における化学的処理による殺菌等の措置に特に配慮を払うこと。）

第2　健康管理

1　試験研究機関の長は実験従事者に対し，実験の開始前及び開始後１

年を超えない期間ごとに健康診断を行わなければならない。

2　試験研究機関の長は，実験従事者が病原微生物を取り扱う場合には，実験開始前に予防治療の方策についてあらかじめ検討し，必要に応じ抗生物質，ワクチン，血清等の準備をしなければならない。また，実験開始後6ヶ月を超えない期間ごとに1回特別定期健康診断を行わなければならない。

3　試験研究機関の長は，P3レベル以上の実験区域で実験が行われる場合には，実験開始前に実験従事者の血清を採取し，実験終了後2年間はこれを保存しなければならない。

4　試験研究機関の長は，実験室内又は大量培養実験区域内における感染の虞がある場合は，直ちに健康診断を行い，適切な措置をとらなければならない。

5　試験研究機関の長は，健康診断の結果を記録し，保存しなければならない。

6　試験研究機関の長は，実験従事者が次の一に該当するとき又は7に規定する報告を受けたときは直ちに調査するとともに，必要な措置をとらなければならない。

(1)　組換え体を誤って飲み込み，又は吸い込んだとき。

(2)　組換え体により皮膚が汚染されたとき。

(3)　組換え体により実験室，実験区域又は大量培養実験区域が著しく汚染された場合に，その場にいあわせたとき。

7　実験従事者は絶えず自己の健康について注意しなければならない。

実験従事者は，健康に変調を来した場合又は重症若しくは長期にわたる病気にかかった場合には，その旨試験研究機関の長に報告しなければならない。上記の事実を知り得た者はこれと同様とする。

第6章　実験の安全を確保するための組織

第1　実験責任者

実験責任者は，この指針を熟知するとともに，生物災害の発生を防止するための知識及び技術並びにこれらを含む関連の知識及び技術に習熟した者であり，次の任務を果たすものとする。

1　実験計画の立案及び実施に際しては，この指針を十分に遵守し，安全主任者との緊密な連絡の下に，実験全体の適切な管理・監督に当たること。

2　実験従事者に対して前章第1に定める教育訓練を行うこと。

3　実験計画を試験研究機関の長に提出し，その承認を受けること。実験計画を変更しようとする場合も同様とする。

4　その他実験の安全確保に関して必要な事項を実施すること。

第2　試験研究機関の長

試験研究機関の長は，実験従事者が行う実験の安全確保について責任を負うものであり，次の任務を果たすものとする。

1　安全委員会（仮称）の委員及び安全主任者（仮称）を任命すること。

2　実験の実施について安全委員会の審査を経て，承認を与え又は与えないこと。

3　安全委員会の助言を得て，前章第2に定める実験従事者の健康管理に当たること。

4　大量培養実験を実施する場合においては，次の資料を実験を実施した日以降5年間はこれを保存すること。また，当該資料を求めに応じ，適宜，国に提供すること。

(1)　大量培養実験がこの指針に適合していることの確認の根拠となった資料

(2)　安全委員会の審議記録

(3)　実験設備，実験方法，実験結果等に関する事項のうち安全の確保に関係する事項の資料

5　その他実験の安全確保に関して必要な事項を実施すること。

第3　安全委員会（仮称）

1　試験研究機関に安全委員会を置くものとする。

2　安全委員会は，高度に専門的な知識及び技術並びに広い視野に立った判断が要求されることを十分に考慮し，適切な分野の者により構成するものとする。

3　安全委員会は，試験研究機関の長の諮問に応じて次の事項について調査・審議し，及びこれらの事項に関して試験研究機関の長に対し，助言又は勧告するものとする。

(1)　実験計画のこの指針に対する適合性

(2)　実験に係る教育訓練及び健康管理

(3)　事故発生の際の必要な処置及び改善策

(4)　その他実験の安全確保に関する必要な事項

4　安全委員会は，必要に応じ実験責任者及び安全主任者に対し，報告を求めることができる。

第4　安全主任者（仮称）

1　試験研究機関に試験研究機関の長を補佐する組織として安全主任者を置くものとする。

2　安全主任者は，この指針を熟知するとともに，生物災害の発生を防

止するための知識及び技術並びにこれらを含む関連の知識及び技術に高度に習熟した者であり，次の任務を果たすものとする。

(1) 実験がこの指針に従って適正に遂行されていることを確認すること。

(2) 実験責任者に対し指導助言を行うこと。

(3) その他の実験の安全確保に関する必要な事項の処理に当たること。

3 安全主任者は，その任務を果たすに当たり，安全委員会と十分連絡をとり，必要な事項について安全委員会に報告するものとする。

第5　試験研究機関の設置者

試験研究機関の設置者は，実験の安全確保に関して試験研究機関の長への指導等必要な措置を講じることとする。

別表1　安全キャビネットの規格

第1　クラスI及びクラスII

1　概　　要	クラスIの安全キャビネットは実験従事者を保護することを目的とするもので、前面に実験操作のための固定式開口部（以下「開口部」という。)を持ち、実験操作により発生する汚染エアロゾルがキャビネット外へ漏出しないように、気流が外から内側へ向って流れ、また排気はHEPAフィルターを通して排出するように設計されたものであること。 クラスIIの安全キャビネットは実験従事者及び安全キャビネット内の実験試料を保護することを目的とするもので、クラスIの設計に加えて、安全キャビネット内で常に清浄空気が上部から下部へ流れる設計が施されたものであること。
2　開口部における気流の平均面速の基準	キャビネット内へ吸い込まれる気流の平均面速は0.4m／sec. 以上とすること。この性能は安全キャビネット単体で維持されるだけでなく、安全キャビネットをダクトに継ぎ込んだ状態でも維持されなければならない。 開口部における気流の平均面速は、ダクト内の風速の測定値から排気量を求め、これを開口部面積により除して求めるものとする。
3　下向層流の基準（クラスII）	クラスIIの安全キャビネット内にはHEPAフィルターで濾過した清浄空気を下向層流として流し、循環させること。その気流の風速については、安全キャビネット内の15～30点を開口部上端の高さで測定し、各点の値が0.2m/sec. 以上で、かつその値のばらつきが±20%以内とする。
4　密閉度の基準	開口部と排気口を塞いだときの密閉度の基準は次のとおりとする。 (1)　大気圧との差圧を50mmH_2Oとしたとき、継ぎ目等に石鹸水を塗布して発泡しないこと。 (2)　50mmH_2Oにフレオンガスで加圧したとき、継ぎ目から漏出するフレオンガス量は表面から5mmで10^{-4}cc／sec. 以下であること。
5　胞子による気流試験（クラスII）	クラスIIの安全キャビネットの開口部における気流の測定は次の方法により行う。 (1)　安全キャビネット内で胞子（*B. subtilis* var. *niger*）を噴霧し、安全キャビネット外への漏出を測定する。 (2)　安全キャビネット外で胞子を噴霧し、安全キャビネット内への混入を測定する。 (3)　安全キャビネット内の1か所で噴霧したときの安全キャビネット内での広がりを測定する。
6　HEPAフィルターの性能	HEPAフィルターはそこを通過する空気に含まれる0.3μ以上の粒子を99.97%以上除去する性能を有すること。HEPAフィルターの漏洩試験はDOP（dioctyl phthalate）の0.3μ粒子発生機と粒子測定機によって行うものとする。
7　液体受皿の容量	安全キャビネットの液体受皿の容量は4ℓ以上とし、漏れがない構造とすること。

第2　クラスIII

クラスIIIの安全キャビネットは密閉構造とし、高圧滅菌器及び浸漬槽又は燻蒸消毒室を備えるものとする。実験操作は安全キャビネットに装備された腕の長さのゴム手袋により安全キャビネットの外から行えるものとする。換気設備を持ち、あらゆる空気はHEPAフィルターで濾過した後キャビネット内に供給されるものとする。また、排気はHEPAフィルターで二段濾過するか、又は焼却滅菌装置を通過させてから外界に排出するものとする。キャビネット内部は、外部に比較して、水圧計で1.5cmの陰圧に保持すること。

別表2　B１及びB２レベル宿主－ベクター系

(1)　B１レベル宿主－ベクター系

イ　EK1（遺伝学的及び生理学的によく知られており，毒性がなくまた自然条件下での生存能力も低い大腸菌の一種 *E. coli* K12株又はその誘導体を宿主とし，接合能力がなく他の菌に伝達されないプラスミド又はバクテリオファージをベクターとする宿主－ベクター系。この場合、宿主は接合能力のあるプラスミド又は一般導入バクテリオファージをもたないものとする。）
ロ　SC1（酵母菌 *S. cerevisiae* の実験室保存株を宿主とし，プラスミド又はミニクロモソームをベクターとする宿主－ベクター系）
ハ　BS1（枯草菌 *B. subtilis* Marburg 168株の誘導体でアミノ酸又は核酸塩基に対する複数の栄養要求性突然変異をもつ株を宿主とし，接合能力がなく他の菌に伝達されないプラスミド又はバクテリオファージをベクターとする宿主－ベクター系　）
ニ　動植物培養細胞を宿主とする宿主－ベクター系（ただし，感染性ウイルス粒子が生じる場合を除く。）

(2)　B２レベル宿主－ベクター系

イ　EK２（EK１の条件を満たし，かつ遺伝的欠陥をもつため特殊な培養条件下以外での生存率が極めて低い次の表の左欄に掲げる宿主と，宿主依存性が特に高く，他の生細胞への伝達性が極めて低い同表の右欄に掲げるベクターを組み合わせ用いることにより，特殊な培養条件下以外において，DNAの組換え分子をもつ生細胞が２４時間経過後１億分の１以下に減少するような宿主－ベクター系）

宿　　主	ベ　ク　タ　ー
χ１７７６	pSC１０１ pCR１ pMB９ pBR３１３ pBR３２２ pBR３２５ pBR３２７ pDH２４ pGL１０１ YIp１ YEp２ YEp４ YIp５ YEp６ YRp７ YEp２０

宿　　主	ベ　ク　タ　ー
	ＹＥｐ２１ ＹＥｐ２４ ＹＩｐ２６ ＹＩｐ２７ ＹＩｐ２８ ＹＩｐ２９ ＹＩｐ３０ ＹＩｐ３１ ＹＩｐ３２ ＹＩｐ３３ ｐＫＹ２６６２ ｐＫＹ２７３８ ｐＫＹ２８００
ＤＰ５０ sup Ｆ	λＷＥＳλＢ λｇｔＡＬＯλＢ Charon ２１Ａ
E. coli Ｋ１２	λ gtv ＪＺ－Ｂ
ＤＰ５０ ＤＰ５０ sup Ｆ	Charon ３Ａ Charon ４Ａ Charon １６Ａ Charon ２３Ａ Charon ２４Ａ

別表3　実験においてＤＮＡ供与体として使用する下等真核生物及び原核生物の安全度分類

(1)　ＤＮＡ供与体として使用する際の封じ込め基準を示さないもの

Bartonella	*B. bacilliformis*
Clostridium	*C. botulinum*
	C. tetani
Corynebacterium	*C. diphtheriae*
Mycoplasma	*M. mycoides*
Pasteurella	*P. multocida* (B:6，E:6，A:5，A:8，A:9)
Pseudomonas	*P. mallei*（*Actinobacillus mallei*）
	P. pseudomallei
Shigella	*S. dysenteriae*
Yersinia	*Y. pestis*（*Y. pseudotuberculosis* subsp. *pestis*）

(2)　ＤＮＡ供与体として使用する際Ｐ３－Ｂ１又はＰ２－Ｂ２の封じ込めを必要とするもの

Bacillus	*B. anthracis*
Brucella	*B. abortus*
	B. melitensis
	B. suis
Coccidioides	*C. immitis*
Cryptococcus	*C. neoformans*
Francisella	*F. tularensis*

Histoplasma	*H. capsulatum*
	H. duboisii
Mycobacterium	*M. africanum*
	M. bovis
	M. tuberculosis
Salmonella	*S. paratyphi*－A
	S. typhi

(3)　ＤＮＡ供与体として使用する際Ｐ２－Ｂ１又はＰ１－Ｂ２の封じ込めを必要とするもの

Actinobacillus	*A. mallei*（*Pseudomonas mallei*）を除く全種	
Actinomyces	*A. bovis*	*A. israelii*
	A. naeslundii	
Aermonas	*A. hydrophila*（毒素原性株）	
	A. punctata（毒素原性株）	
Arizona	*A. hinshawii*（全抗原型）	
Bacillus	*B. cereus*（毒素原性株）	*B. thuringiensis*
Blastomyces	*B. dermatitidis*	
Bordetella	全　種	
Borrelia	全　種	
Brucella	*B. canis*	
Calymmatobacterium	*C. granulomatis*	
Campylobacter	全　種	

Clostridium	*C. chauvoei*	*C. difficile*
	C. equi	*C. haemolyticum*
	C. histolyticum	*C. novyi*
	C. perfringens（毒素原性株）	
	C. septicum	
Corynebacterium	*C. equi*	*C. haemolyticum*
	C. pseudotuberculosis	
	C. pyogenes	*C. renale*
Entamoeba	*E. histolytica*	
Erysipelothrix	*E. rhusiopathiae*	*E. insidiosa*
Escherichia	*E. coli*（全腸内病原性の抗原型）	
Haemophilus	*H. ducreyi*	*H. influenzae*
Hartmanella	全　種	
Herellea	*H. vaginicola*	
Klebsiella	全　種	
Legionella	*L. pneumophila*	
Leishmania	全　種	
Leptospira	*L. interrogans*（全抗原型）	
Listeria	*L. monocytogenes*	
Mima	*M. polymorpha*	
Moraxella	全　種	
Mycobacterium	*M. avium*－*M. intracellulare* complex	
	M. kansasii	*M. marinum*
	M. paratuberculosis	

	M. scrofulaceum	*M. ulcerans*
Mycoplasma	*M. pneumoniae*	
Naegleria	全　種	
Neisseria	*N. gonorrhoeae*	*N. meningitidis*
Nocardia	*N. asteroides*	*N. brasiliensis*
	N. caviae	*N. farcinica*
Paracoccidioides	*P. brasiliensis*	
Pasteurella	*P. multocida* を除く全種	
Plasmodium	*P. falciparum*	*P. malariae*
	P. ovale	*P. vivax*
	Simian malarial parsites	
Plesiomonas	*P. shigelloides*	
Salmonella	*S. paratyphi*－A及び*S. typhi*を除く全血清型	
Shigella	*S. dysenteriae*を除く全種	
Sphaerophorus	*S. necrophorus*	
Staphylococcus	*S. aureus*	
Streptobacillus	*S. moniliformis*	
Streptococcus	*S. pneumoniae*	*S. pyogenes*
Treponema	*T. carateum*	*T. pallidum*
	T. pertenue	
Trichinella	*T. spiralis*	
Toxocara	*T. canis*	
Toxoplasma	*T. gondii*	
Trypanosoma	*T. cruzi*	*T. gambiense*

	T. rhodesiense
Vibrio	*V. cholerae*（Biotype El Torを含む。）
	V. parahaemolyticus
Yersinia	*Y. enterocolitica*
	Y. pseudotuberculosis（*Y. pestis*（*Y. pseudotuberculosis* subsp. *pestis*）を除く。）

別表４　実験においてＤＮＡ供与体として使用する真核生物（下等真核生物に属するものを除く。）のウイルス，リケッチア及びクラミジアの安全度分類

(1)　ＤＮＡ供与体として使用する際Ｐ３－Ｂ１又はＰ２－Ｂ２の封じ込めを必要とするもの

California encephalitis virus

Chikungunya virus

Chlamydia psittaci

Herpesvirus ateles

Herpesvirus saimiri

ＨＩＶ

Hog cholera virus

ＨＴＬＶ－Ⅰ（ＡＴＬＶ）

ＨＴＬＶ－Ⅱ

Japanese encephalitis virus

La Crosse virus

LCM virus

Monkeypox virus

Murray Valley encephalitis virus

O'nyong-nyong virus

Powassan virus

Rabies street virus

St. Louis encephalitis virus

Tacaribe virus

Vesicular stomatitis virus

West Nile virus

(2)　ＤＮＡ供与体として使用する際Ｐ２－Ｂ１又はＰ１－Ｂ２の封じ込めを必要とするもの

Avian reticuloendotheliosis virus

Batai virus

BK virus

Bovine papilloma virus

Chlamydia trachomatics

Cowpox virus

Coxsackie virus （A，B）

Cytomegalovirus （human，animal）

Dengue virus （1 － 4）

Eastern equine encephalitis virus

EB virus

Echovirus （1 － 34）

Ectromelia virus

Enterovirus （68 － 71）

Equine infectious anemia virus

Equine rhinopneumonitis virus

Hepatitis A virus

Hepatitis B virus

Hepatitis non A non B virus

Herpes simplex virus (1, 2)

Human adenovirus

Human influenza virus (A, B, C)

Human wart virus (Human papilloma virus)

HVJ

JC virus

Mammalian retrovirus（HIV, HTLV－I（ATLV）及び HTLV－IIを除く。）

Measles virus

Molluscum contagiosum virus

Mouse hepatitis virus

Mumps virus

NDV

Parainfluenza virus (1 － 4)

Pichinde virus

Poliovirus (1 － 3)

Polyoma virus

Pseudorabies virus

Rabies (fixed, attenuated)virus

Rhinovirus

Rinderpest virus (vaccine strain)

Rotavirus

Rubella virus

Semliki Forest virus

SSPE agent

SV 40

Tanapox virus

Vaccinia virus

Varicella virus

Western equine encephalitis virus

Yaba virus

(3)　ＤＮＡ供与体として使用する際Ｐ１－Ｂ１又はＰ１－Ｂ２の封じ込めを必要とするもの

Aino virus

Akabane virus

Avian adenovirus

Avian encephalomyelitis virus

Avian enterovirus

Avian influenza virus

Avian poxvirus

Avian retrovirus（Avian reticuloendotheliosis virus を除く。）

Bluetongue virus

Bovine adenovirus

Bovine enterovirus

Bunyamwera virus

Canine distemper virus

Coronavirus

Duck hepatitis virus

Equine influenza virus

Getah virus

Langat virus

Live virus vaccine strains (Rinderpest vaccine strainを除く。)

Lucke virus

Mareck's disease virus

Parvovirus

Poikilothermal vertebrate retrovirus

Porcine adenovirus

Reovirus (1－3)

Ross River virus

Shope fibroma virus

Simbu virus

Sindbis virus

Swine influenza virus

Swinepox virus

Viroids

Fish viruses (IPN, IHN, EVA, EVE, LVに限る。)

Insect viruses (Arbovirus等脊椎動物に感染性のあるものを除く狭義のもの。)

Plant viruses

別表5　別表2に掲げる宿主―ベクター系を使用する実験のうち安全性が特に高いことが確認された実験

実　験　の　種　類	実験を実施できる物理的封じ込めのレベル
（現時点においては，該当する実験は示されていない。）	

別表6　特定のDNA供与体を用いる場合に限り安全性が特に高いことが確認された宿主－ベクター系

宿主－ベクター系	DNA供与体	実験を実施できる物理的封じ込めのレベル
イ　AA系（*Acetobacter* 属細菌 *A. aceti* を宿主とし，プラスミド又はバクテリオファージをベクターとする宿主－ベクター系） ロ　BA系（*Bacillus* 属細菌 *B. amyloliquefaciens* を宿主とし，プラスミド又はバクテリオファージをベクターとする宿主－ベクター系） ハ　BB系（*Bacillus* 属細菌 *B. brevis* を宿主とし，プラスミド又はバクテリオファージをベクターとする宿主－ベクター系） ニ　BF系（*Brevibacterium* 属細菌 *B. flavum* を宿主とし，プラスミド又はバクテリオファージをベクターとする宿主－ベクター系） ホ　BL系（*Brevibacterium* 属細菌 *B. lactofermentum* を宿主とし，プラスミド又はバクテリオファージをベクターとする宿主－ベクター系） ヘ　BSt系（*Bacillus* 属細菌 *B. stearothermophilus* を宿主とし，プラスミド又はバクテリオファージをベクターとする宿主－ベクター系） ト　CG系（*Corynebacterium* 属細菌 *C. glutamicum* を宿主とし，プラスミド又はバクテリオファージをベクターとする宿主－ベクター系） チ　CH系（*Corynebacterium* 属細菌 *C. herculis* を宿主とし，プラスミド又はバクテリオファージをベクターとする宿主－ベクター系） リ　PP系（*Pseudomonas* 属細菌 *P. putida* を宿主とし，プラスミド又はバクテリオファージをベクターとする宿主－ベクター系） ヌ　SK系（*Streptomyces* 属放線菌 *S. kasugaensis* を宿主とし，プラスミド又はバクテリオファージをベクターとする宿主－ベクター系） ル　SL系（*Streptomyces* 属放線菌 *S. lividans* を宿主とし，プラスミド又はバクテリオファージをベクターとする宿主－ベクター系） ヲ　SP系（*Schizosaccharomyces* 属酵母菌 *S. pombe* を宿主とし，プラスミド又はミニクロモソームをベクターとする宿主－ベクター系） ワ　ZR系（*Zygosaccharomyces* 属酵母菌 *Z. rouxii* を宿主とし，プラスミド又はミニクロモソームをベクターとする宿主－ベクター系）	第3章第2節1の表におけるDNA供与体欄中の(6)に該当するもの	P1

2 米　国

米国でも，現在のところ，トランスジェニック動物実験に関するガイドラインはない。

しかし，NIHで検討された，動植物個体を対象とする組み換えDNAの実験指針案は，アメリカでの，家畜を含むトランスジェニック動物実験の基準となっており，今後，日本での指針にも参考資料として考慮される可能性があるので，以下に紹介したい。

著者の手元にある原案は，1987年8月11日に書かれ，RAC（Recombinant DNA Advisory Comittee）に検討資料として提出されたもので，1986年に出されたUSDA（アメリカ農務省）のバイオテクノロジー研究指針案を改訂したものである。NIHの組み換えDNAの実験指針に，植物と動物個体を受容体とする組み換えDNA研究を付加する目的で，RACに提出された。

公的機関によって日本語に訳された資料は，少なくとも，著者の手元にはない。私的な翻訳によって不必要なトラブルを引きおこすことは避けたいので，以下に簡単な注と共に，トランスジェニック動物に関連する部分のみを原文で示す。

（この項に関連しては，USDAのRobert Wall博士の不断の情報提供に負うところが多く，感謝いたします。）

federal register

Tuesday
August 11, 1987

Part V

Department of Health and Human Services

National Institutes of Health

Recombinant DNA; Notice of Advisory Committee Meeting and Proposed Actions Under Guidelines for Research

1. Section II of the NIH Guidelines

6. "For research with animals that are of a size or have growth requirements that preclude the use of conventional primary containment systems used for small laboratory animals, four biosafety levels (BL1–N to BL4–N) are described in Appendix Q."

7. "Biosafety Level 1 for animals (BL1-N) describes containment which is used for animals in which the germ line has been modified through recombinant DNA techniques.
and is designed to eliminate the possibility of sexual transmission of the modified genome or transmission of recombinant-DNA-derived viruses known to be transmitted only vertically (i.e., transmitted from animal parent to offspring only by sexual reproduction). Procedures, practices, and facilities follow classical methods of avoiding genetic exchange between animals."

8. "**Biosafety Level 2 for animals** (BL2–N) describes containment which is used for transgenic animals and animals associated with recombinant-DNA-derived organisms and is **designed to eliminate the possiblity of vertical or horizontal transmission**. Procedures, practices, and facilities follow classical methods of avoiding genetic exchange between animals or controlling arthropod transmission."

9. "**Biosafety Level 3 for animals** (BL3–N) and Biosafety Level 4 for animals (BL4–N) describe higher levels of containment which are used for research with certain transgenic animals and **with agents posing a recognized hazard.**"

10. Section III of the NIH Guidelines.

14. Section III–B–1–a currently reads:

15. "Experiments involving the introduction of recombinant DNA into Class 2 agents can be carried out at BL2 containment."

16. It is proposed that the following text be added to the end of Section III–B–1–a:

17. "Experiments with such agents shall be carried out with whole animals at BL2 or BL2–N containment."

18. Section III–B–1–b currently reads:

19. "Experiments involving the introduction of recombinant DNA into Class 3 agents can be carried out at BL3 containment."

注

6.　対象となる動物。安全基準の４つのレベル。

7.　レベル１：BL１－N。
縦の伝播（親から子への伝達）のみを対象とする基準。

8.　レベル２：BL２－N。
縦と横の伝播（昆虫等による媒介）を対象とする基準。

9.　レベル３：BL－N。
レベル４：BL－N。
明らかな危険が予測できる因子を対象とする基準。

14～17.　BL２－Nと従来のBL２との対応。

18～21.　BL３－Nと従来のBL３との対応。

20. It is proposed that the following text be added at the end of Section III–B–l–b:

21. "Experiments with such agents can be carried out with whole animals at BL3 or BL3–N containment."

22. Section III–B–l–c currently reads:

22～25.　BL 4－Nと従来のBL 4との対応。

23. "Experiments involving the introduction of recombinant DNA into Class 4 agents can be carried out at BL4 containment."

24. It is proposed that the following text be added at the end of Section III–B–l–c:

25. "Experiments with such agents shall be carried out with whole animals at BL4 or BL4–N containment."

26. Section III–B–l–d currently reads:

27. "Containment conditions for experiments involving the introduction of recombinant DNA into Class 5 agents will be set on a case-by-case basis following ORDA review. A U.S. Department of Agriculture (USDA) permit is required for work with Class 5 agents [18, 20]."

28. It is proposed that the following text be added at the end of Section III–B–l–d:

28～32.　特殊な場合。

29. "Experiments with such agents shall be carried out with whole animals at BL4 or BL4–N containment."

30. Proposed changes in Section III–B–4, ***Recombinant DNA Experiments Involving Whole Animals or Plants***. These changes clarify the organisms to which this section applies and the containment recommended for research.

31. It is proposed that the title of Section III–B–4 be changed to read:

32. "*Recombinant DNA Experiments Involving Whole Animals*" since Item #43 proposes a new Section III–B–5 entitled: "*Recombinant DNA Experiments Involving Whole Plants.*"

34. "This section covers experiments involving whole animals, both those in which the animal's genome has been altered by stable introduction of DNA into the germ line (transgenic animals) and experiments involving viable recombinant-DNA-modified microorganisms tested on whole animals. For the latter, other than viruses which are only vertically transmitted the experiments may not be carried out at BL1-N containment: a minimum containment of BL1 or BL2-N is required."

34.　トランスジェニック動物と安全基準。

35. Section III–B–4–a currently reads: "Recombinant DNA, or RNA molecules derived therefrom, from any source except for greater than two-thirds of a eukaryotic viral genome may be transferred to any non-human vertebrate organism and propagated under conditions of physical containment comparable to BL1 and appropriate to the organism under study [2]. It is important that the investigator demonstrate that the fraction of the viral genome being utilized does not lead to productive infection. A USDA permit is required for work with Class 5 agents [18,20]."

36. It is proposed that Section III–B–4–a be revised to read as follows:

37. "**Recombinant DNA, or RNA molecules derived therefrom, from any source except for a eukaryotic viral genome may be transferred to any non-human vertebrate or any invertebrate organism and propagated under conditions of physical containment comparable to BL1 or BL1–N and appropriate to the organism under study** [2]. Animals containing sequences from viral vectors are exempt if the sequences do not lead to transmissible infection either directly or indirectly as a result of complementation or recombination in animals. For experiments involving recombinant DNA modified Class 2, 3, 4, or 5 organisms (1) using whole animals, see Section III–B–1."

35〜37.　トランスジェニック動物とBL1−N。
トランスジェニック動物とウイルスベクター。

38. Section III–B–4–b currently reads:

39. "For all experiments involving whole animals and plants and not covered by Section III–B–4–a, the appropriate containment will be determined by the IBC (22)."

40. It is proposed that Section III–B–4–b be changed to read:

41. "For experiments involving whole animals and not covered by Section III–B–1 or Section III–B–4–a, the appropriate containment will be determined by the IBC (22,23)."

38〜41.　特殊な場合。

182. "Appendix Q."

183. "**Appendix Q.** ***Physical and Biological Containment for Recombinant DNA Research Involving Animals.***"

184. "This appendix of the NIH Guidelines specifies containment and confinement practices for research involving recombinant DNA molecules in animals or for microorganisms associated with animals. All provisions of the NIH Guidelines shall apply to animal research activities with the following modifications:"

185. "Appendix Q shall replace Appendix G when the research animals are of a size or have growth requirements that preclude the use of containment for laboratory animals. Some animals may require other types of containment (4). The animals covered in Appendix Q are those species normally categorized as animals including but not limited to cattle, swine, sheep, goats, horses, and poultry."

186. "The Institutional Biosafety Committee (IBC) shall include at least one scientist with expertise in animal containment principles when experiments utilizing Appendix Q require IBC prior approval."

187. "The institution shall establish and maintain a health surveillance program for personnel engaged in animal research involving viable recombinant DNA-containing microorganisms which require BL3 or greater containment in the laboratory."

188. "Appendix Q-1. *General Consideration.*"

189. "Appendix Q-1-A. *Containment Levels.* The containment levels required for research involving recombinant DNA molecules in or associated with animals is based on classification of experiments in Section III of the NIH Guidelines. For the purpose of animal research, four levels of containment are established. These are referred to as BL1-N, BL2-N, BL3-N, and BL4-N and are described in the following sections of Appendix Q. The descriptions include: (1) standard practices, (2) special practices for physical and biological containment, and (3) special animal containment facilities."

190. "Appendix Q-I-B. *Disposal of Animals.*"

191. "When an animal covered by Appendix Q containing recombinant DNA or a recombinant DNA-derived organism is euthanized or dies, the carcass must be disposed of to avoid its use as food for human beings or animals unless food use is specifically authorized by an appropriate Federal agency. A record must be maintained of the experimental use and disposal of each animal or group of animals for three years."

183　物理的，生物学的封じ込めと対象とする動物（ウシ，ブタ，ヒツジ，ヤギ，ウマ，鳥類を含む）。

188～191　封じ込めの一般的基準：委員会，健康管理，研究施設，動物の廃棄。

192. "Appendix Q–II. *Physical and Biological Containment Levels.*"

193. "Appendix Q–II–A. ***Biosafety Level 1 for Animals—BL1–N.***"

193～203　BL1－N レベルの封じ込め。

194. "Appendix Q–II–A–1. *Standard Practices—BL1–N.*"

195. "Appendix Q–II–A–1–a. Access to the containment area shall be limited or restricted when experimental animals are being held."

196. "Appendix Q–II–A–1–b. All genetically engineered neonates will be permanently marked within 72 hours after birth, if their size permits. If their size does not permit marking, their containers should be marked. In addition, transgenic animals should contain distinct assayable DNA sequences which allow identification of transgenic animals from among non-transgenic animals."

196　動動の標識。

197. "Appendix Q–II–A–2. *Special Practices—BL1–N.*"

198. "Appendix Q–II–A–2–a. The containment areas will be locked."

198　施錠。

199. "Appendix Q–II–A–2–b. The containment area will be patrolled or monitored at frequent intervals."

199　巡回。

200. "Appendix Q–II–A–2–c. A double barrier shall be provided to separate male(s) and female(s) animals, unless reproductive studies are part of the experiment or other measures are taken that avoid reproductive transmission."

200　雄と雌の隔離。

201. "Appendix Q–II–A–2–d. Reproductive incapacitation can be utilized if needed."

202. "Appendix Q–II–A–2–e. The animal containment area shall be in accordance with Federal law and animal care requirements."

203. "Appendix Q–II–A–3. *Special Animal Facilities—BL1–N.* **Animals must be confined in securely fenced areas or otherwise confined but do not have to be in enclosed structures (animal rooms) to minimize the possibility of theft or unintentional release.**"

203　飼育施設。
盗難防止。
逃亡防止。

204. "Appendix Q–II–B. *Biosafety Level 2 for Animals—BL2-N.*"

205. "Appendix Q–II–B–1. *Standard Practices—BL2-N.*"

206. "Appendix Q–II–B–1–a. All genetically engineered neonates will be permanently marked within 72 hours after birth, if their size permits. If their size does not permit marking, their containers should be marked. In addition, transgenic animals should contain distinct and biochemically assayable DNA sequences which allow identification of transgenic animals from among non-transgenic animals.

207. "Appendix Q–II–B–1–b. Appropriate steps should be taken to prevent horizontal transmission or exposure of laboratory personnel. If the agent used as vector is known to be transmitted by a particular route, such as an arthropod, special attention should be given to preventing spread by that route. In the absence of specific knowledge of a particular route of transmission, all potential means of horizontal transmission, such as arthropods, contaminated bedding, or animal waste, etc., should be prevented."

208. "Appendix Q–II–B–1–c. Eating, drinking, smoking, and applying cosmetics are not permitted in the work area."

209. "Appendix Q–II–B–1–d. Persons shall wash their hands after handling materials involving organisms containing recombinant DNA molecules and animals, and when they leave the containment area."

210. "Appendix Q–II–B–2. *Special Practices—BL2-N.*"

211. "Appendix Q–II–B–2–a. The containment areas will be locked."

212. "Appendix Q–II–B–2–b. The containment area will be patrolled or monitored at frequent intervals."

213. "Appendix Q–II–B–2–c. A double barrier shall be provided to separate male(s) and female(s) animals, unless reproductive studies are part of the experiment or other measures are taken that avoid reproductive transmission."

214. "Appendix Q–II–B–2–d. Reproductive incapacitation can be utilized if needed."

215. "Appendix Q–II–B–2–e. The containment building will be controlled and have a lockable access."

216. "Appendix Q–II–B–2–f. Contaminated materials that are to be decontaminated at a site away from the laboratory shall be placed in a durable leakproof container which shall be closed before being removed from the laboratory."

217. "Appendix Q–II–B–2–g. The director shall establish policies and procedures whereby only persons who have been advised of the potential hazard and who meet any specific entry requirements (e.g., vaccination) may enter the laboratory or animal rooms."

218. "Appendix Q–II–B–2–h. When the animal research requires special provisions for entry (e.g., vaccination), a hazard warning sign incorporating the universal biohazard symbol shall be posted on all access doors to the animal work area."

219. "The hazard warning sign shall identify the agent, animal species, list the name and telephone number of the director or other responsible person(s), and indicate the special requirement(s) for entering the laboratory."

220. "Appendix Q–II–B–2–i. Laboratory coats, gowns, smocks, or uniforms shall be worn while in the animal area or attached laboratory. Before leaving for nonlaboratory areas (e.g., cafeteria, library, administrative offices), this protective clothing shall be removed and left in the work entrance area.

221. "Appendix Q–II–B–2–j. Animals of the same or different species not involved in the work being performed shall not be permitted in the animal area."

222. "Appendix Q–II–B–2–k. Special care shall be taken to avoid skin contamination with microorganisms containing recombinant DNA. Impervious and/or protective gloves shall be worn handling experimental animals and when skin contact with the infectious agent is unavoidable."

223. "Appendix Q–II–B–2–l. Hypodermic needles and syringes shall be used only for parenteral injection and aspiration of fluids from laboratory animals and diaphragm bottles. Only needle-locking syringes or disposable syringe-needle units (i.e., needle is integral to the syringe) shall be used for the injection or aspiration of fluids containing organisms that contain

recombinant DNA. Extreme caution shall be used when handling needles and syringes to avoid autoinoculation and the generation of aerosols during use and disposal. Needles shall not be bent, sheared, replaced in the needle sheath or guard or removed from the syringe following use. The needles and syringe shall be promptly placed in a puncture-resistant container and docontaminated, preferably by autoclaving, before discard or reuse."

224. "Appendix Q–II–B–2–m. All incidences involving spills and accidents which result in environmental release or exposures of animals or laboratory workers to organisms containing recombinant DNA molecules shall be immediately reported to the director. Medical evaluation, surveillance, and treatment shall be provided as appropriate and written records shall be maintained. If necessary, the area will be appropriately decontaminated."

225. "Appendix Q–II–B–2–n. When appropriate and giving consideration to the agent(s) handled, baseline serum samples shall be collected and stored for animal care and other at-risk personnel. Additional serum specimens may be collected periodically depending on the agents handled or the function of the facility."

226. "Appendix Q–II–B–2–o. A biosafety manual shall be prepared or adopted. Personnel shall be advised of special hazards and shall be required to read instructions on practices and procedures and to follow them."

227. "Appendix Q–II–B–2–p. Biological materials to be removed from the animal containment area in a viable or intact state shall be transferred to a nonbreakable, sealed primary container and then enclosed in a nonbreakable, sealed secondary container. All containers, primary and secondary, shall be disinfected before removal from the facility. Advance approval for transfer of material must be obtained from the director. Such packages containing viable agents can only be opened in a facility having equivalent or higher physical containment unless the agent is biologically inactivated or is nonreproductive."

228. "Appendix Q–II–B–3, *Special Animal Facilities—BL2–N.*"

229. "Appendix Q–II–B–3–a. All animals shall be contained within an enclosed structure (animal room or equivalent) to avoid the possibility of theft or unintentional release and avoid access of arthropods. The special provision to avoid the entry or escape of arthropods from the animal areas may be waived if the agent in use is known not to be transmitted by arthropods."

230. "Appendix Q–II–B–3–b. The animal laboratory area shall be designed so that is can be easily cleaned."

231. "Appendix Q–II–B–3–c. Surfaces shall be impervious to water and resistant to acids, alkalis, organic solvents, and moderate heat."

232. "Appendix Q–II–B–3–d. If the building has windows that open, they shall be fitted with fly screens."

233. "Appendix Q–II–B–3–e. An autoclave for decontaminating laboratory wastes shall be available."

204～233　BL2－Nレベルの封じ込め。

205～209　標準作業。
トランスジェニック動物の標識。
横の伝達の防止。
作業所内での禁止行動。

210～227　特殊作業。
施錠。巡回。
雌雄の融離。
廃棄物等のもち出し。
作業員の服装・行動。
微生物汚染。
注射針の扱い。
汚染事故の届出。

228～233　飼育施設。
昆虫等の除去。
オートクレーブ。

234. "Appendix Q–II–C. *Biosafety Level 3 for Animals—BL3–N.*"

235. "Appendix Q–II–C–1. *Standard Practices—BL3–N.*"

236. "Appendix Q–II–C–1–a. All genetically engineered neonates will be permanently marked within 72 hours after birth, if their size permits. If their size does not permit marking, their containers should be marked. In addition, transgenic animals should contain distinct and biochemically assayable DNA sequences which allow identification of transgenic animals among non-transgenic animals."

237. "Appendix Q–II–C–1–b. Appropriate steps should be taken to prevent horizontal transmission or exposure of laboratory personnel. If the agent used as vector is known to be transmitted by a particular route, such as an arthropod, special attention should be given to preventing spread by that route. In the absence of specific knowledge of a particular route of transmission, all potential means of horizontal transmission, including arthropods, contaminated bedding, or animal waste should be prevented."

238. "Appendix Q–II–C–1–c. Eating, drinking, smoking, and applying cosmetics are not permitted in the work area."

239. "Appendix Q–II–C–1–d. If experiments involving other organisms which require lower levels of containment are to be conducted in the same area concurrently with experiments requiring BL3–N containment, they shall be conducted in accordance with BL3–N practices."

240. "Appendix Q–II–C–1–e. Persons shall wash their hands after handling materials involving organisms containing recombinant DNA molecules and animals and when they leave the animal area."

241. "Appendix Q–II–C–1–f. Animal holding areas shall be decontaminated at least once a day and after any spill of viable material."

242. "Appendix Q–II–C–1–g. All procedures shall be performed carefully so as to minimize the creation of aerosols."

243. "Appendix Q–II–C–2. *Special Practices—BL3–N.*"

244. "Appendix Q–II–C–2–a. The containment areas will be locked."

245. "Appendix Q–II–C–2–b. The area will be patrolled or monitored at frequent intervals."

246. "Appendix Q–II–C–2–c. A double barrier shall be provided to separate male(s) and female(s) animals unless reproductive studies are part of the experiment or other measures are taken that avoid reproductive transmission. Reproductive incapacitation can be utilized if needed."

247. "Appendix Q–II–C–2–d. The containment building will be controlled and have a lockable access."

248. "Appendix Q–II–C–2–e. All animals must be euthanized at the end of their experimental usefulness and the carcasses shall be decontaminated before disposal in an approved manner. Documents regarding animal experimental use and disposal shall be maintained in a permanent log book."

249. "Appendix Q–II–C–2–f. The director shall establish policies and procedures whereby only persons who have been advised of the potential hazard and who meet any specific entry requirements (e.g., vaccination) and who comply with all entry requirements may enter the laboratory or animal rooms."

250. "Appendix Q–II–C–2–g. When the animal research requires special provisions for entry (e.g., vaccination), a hazard warning sign incorporating the universal biohazard symbol shall be posted on all access doors to the animal work area. The hazard warning sign shall identify the agent, animal species, list the name and telephone number of the director, or other responsible person(s) and indicate the special requirement(s) for entering the laboratory.

251. "Appendix Q–II–C–2–h. Full protective clothing that protects the individual (e.g., scrub suits, coveralls, uniforms) shall be worn in the animal area. Clothing shall not be worn outside the animal containment zone, and it shall be decontaminated before being laundered.

252. "Appendix Q–II–C–2–i. Animals of the same or different species not involved in the work being performed shall not be permitted in the animal area."

253. "Appendix Q–II–C–2–j. Special care shall be taken to avoid skin contamination with microorganisms containing recombinant DNA.

Impervious and/or protective gloves shall be worn when handling experimental animals and when skin contact with the infectious agent is unavoidable.

254. "Appendix Q-II-C-2-k. Hypodermic needles and syringes shall be used only for parenteral injection and aspiration of fluids from laboratory animals and diaphragm bottles. Only needle-locking syringes or disposable syringe-needle units (i.e., needle is integral to the syringe) shall be used for the injection or aspiration of fluids containing organisms that contain recombinant DNA molecules. Extreme caution shall be used when handling needles and syringes to avoid autoinoculation and the generation of aerosols during use and disposal. Needles shall not be bent, sheared, replaced in the needle sheath or guard or removed from the syringe following use. The needle and syringe shall be promptly placed in a puncture-resistant container and decontaminated, preferably by autoclaving, before discard or reuse."

255. "Appendix Q-II-C-2-l. All incidences involving spills and accidents which result in environmental release or exposures of animals or laboratory workers to organisms containing recombinant DNA molecules shall be immediately reported to the laboratory director. Medical evaluation, surveillance, and treatment shall be provided as appropriate and written records shall be maintained. If necessary, the area will be appropriately decontaminated.

256. "Appendix Q-II-C-2-m. When appropriate, and giving consideration to the agent(s) handled, baseline serum samples shall be collected and stored for animal care and other at-risk personnel. Additional serum specimens may be collected periodically depending on the agents handled or the function of the facility."

257. "Appendix Q-II-C-2-n. A biosafety manual shall be prepared or adopted. Personnel shall be advised of special hazards and shall be required to read instructions on practices and procedures and to follow them."

258. "Appendix Q-II-C-2-o. Biological materials to be removed from the animal containment laboratory in a viable or intact state shall be transferred to a nonbreakable, sealed primary container and then enclosed in an nonbreakable, sealed secondary container. All containers, primary and secondary, shall be disinfected before removal from the facility. Advance approval for transfer of material must be obtained from the director. Such packages containing viable agents can only be opened in another BL3-N facility unless the agent is biologically inactivated or is nonreproductive. Special safety testing, decontamination procedures, and IBC approval are required to move agents or tissue/organ specimens from a BL3-N facility to one with a lower containment classification."

259. "Appendix Q-II-C-2-p. Animal room doors and gates or other closures shall be kept closed when experiments are in progress."

260. "Appendix Q-II-C-2-q. The work surfaces of containing equipment shall be decontaminated when work with organisms containing recombinant DNA molecules is finished. Where feasible, plastic-backed paper toweling shall be used on nonporous work surfaces to facilitate clean-up."

261. "Appendix Q-II-C-2-r. Molded surgical masks or respirators shall be worn in rooms containing experimental animals."

262. "Appendix Q-II-C-3. *Special Animal Facilities—BL3-N.*"

263. "Appendix Q-II-C-3-a. All animals shall be contained within an enclosed structure (animal room or equivalent) to avoid the possibility of theft or unintentional release and avoid access of arthropods. The special provision to avoid the entry or escape of arthropods from the animal areas may be waived if the agent in use in known not to be transmitted by arthropods."

264. "Appendix Q-II-C-3-b. The interior surfaces of walls, floors, and ceilings shall be impervious to water and resistant to acids, alkalis, organic solvents, and moderate heat, so that they can be easily cleaned. Penetrations in these surfaces shall be sealed to facilitate decontaminating the area."

265. "Appendix Q-II-C-3-c. Windows in the laboratory shall be closed, sealed, and breakage resistant."

266. "Appendix Q-II-C-3-d. An autoclave for sterilizing animals and wastes shall be available, preferably within the containment area. If feasible,

a double door autoclave is preferred and should be positioned to allow removal of material from the containment zone."

267. "Appendix Q-II-C-3-e. The animal area shall be separated from all other areas. Passage through two sets of doors is the basic requirement for entry into the animal area from access corridors or other contiguous areas. Physical separation of the animal containment area from access corridors or other laboratories or activities will be provided by a double-doored clothes change room, equipped with integral showers and airlock."

268. "Appendix Q-II-C-3-f. Liquid effluent from containment equipment, sinks, biological safety cabinets, animal rooms, primary barriers, floor drains, and sterilizers are decontaminated by heat treatment before being released into sanitary system(s). The procedure used for heat decontamination of liquid wastes is to be monitored with a recording thermometer. The waste is to be monitored for biological activity by introducing an appropriate indicator microorganism with a defined heat susceptibility pattern, and culturing samples of treated waste for presence of the organism."

269. "Appendix Q-II-C-3-g. All perimeter joints and opening must be sealed to form an insect-proof structure."

270. "Appendix Q-II-C-3-h. Access doors to the containment area shall be self-closing."

271. "Appendix Q-II-C-3-i. An exhaust air ventilation system is provided. This system creates directional airflow that draws air into the animal room through the entry area. The building exhaust can be used for this purpose if the exhaust air is not recirculated to any other area of the building, is discharged to the outside, and is dispersed away from occupied areas and air intakes. Personnel must verify that direction of the airflow (into the animal room) is proper. The exhaust air from the animal room that does not pass through biological safety cabinets or other primary containment equipment can be discharged to the outside without being filtered or otherwise treated. If the agent is transmitted by aerosol, then the exhaust air must pass through a HEPA filter. Heating, Ventilation, Air Conditioning (HVAC) supply and exhaust ducts should comply with the NIH Laboratory Safety Monograph or superseding volumes."

272. "Appendix Q-II-C-3-j. Vacuum lines shall be protected with high efficiency particulate air (HEPA) filters and liquid disinfectant traps."

273. "Appendix Q-II-C-3-k. In lieu of open housing in the special animal room, animals held in a BL3-N area may be housed in partial-containment caging systems, such as Horsfall units or gnotobiotic systems, or other special containment primary barriers. Prudent judgment must be exercised to implement this ventilation system and its discharge location and the animal species."

274. "Appendix Q-II-C-3-l. Each animal area shall contain a sink for handwashing. The sink shall be foot, elbow, or automatically operated and shall be located near the exit door."

275. "Appendix Q-II-C-3-m. Restraining devices for animals may be required to avoid damage to the integrity of the containment facility."

234～275　BL 3－Nレベルの封じ込め。

235～242　標準作業。

BL 2－Nの指針に加えて；

飼育室の汚染除去。

243～261　特殊作業。

BL 2－Nの指針に加えて；

実験終了後の動物の処理。

飼育室への出入りの管理。

262～275　飼育施設。

壁，床等の表面。

窓の密閉構造。

使用機器，廃棄物の熱処理。

空気の管理。

廃水の管理。

276. "Appendix Q–II–D. *Biosafety Level 4 for Animals—BL4–N.*"

277. "Appendix Q–II–D–1. *Standard Practices—BL4–N.*"

278. "Appendix Q–II–D–1–a. All genetically engineered neonates will be permanently marked within 72 hours after birth if their size permits. If their size does not permit marking, their containers should be marked. In addition, transgenic animals should contain distinct and biochemically assayable DNA sequences which allow identification of transgenic animals from among nontransgenic animals."

279. "Appendix Q–II–D–1–b. All contaminated liquid or solid wastes shall be decontaminated before disposal."

280. "Appendix Q–II–D–1–c. Eating, drinking, smoking, and applying cosmetics are not permitted in the work area."

281. "Appendix Q–II–D–1–d. If experiments involving other organisms which require lower levels of containment are to be conducted in the same area concurrently with experiments requiring BL4–N containment, they shall be conducted in accordance with BL4–N practices."

282. "Appendix Q–II–D–1–e. Persons shall wash their hands after handling materials involving organisms containing recombinant DNA molecules and animals, and when they leave the animal area."

283. "Appendix Q–II–D–1–f. Animal holding areas shall be decontaminated at least once a day and after any spill of viable material."

284. "Appendix Q–II–D–1–g. All procedures shall be performed carefully so as to minimize the creation of aerosols."

285. "Appendix Q–II–D–1–h. Persons under 18 years of age shall not be permitted to enter the animal area."

286. "Appendix Q–II–D–1–i. The work surfaces of containment equipment shall be decontaminated when work with organisms containing recombinant DNA molecules is finished. Where feasible, plastic-backed paper toweling shall be used on nonporous work surfaces to facilitate clean-up."

287. "Appendix Q–II–D–2. *Special Practices—BL4–N.*"

288. "Appendix Q–II–D–2–a. The containment areas will be locked."

289. "Appendix Q–II–D–2–b. The area will be patrolled or monitored at frequent intervals."

290. "Appendix Q–II–D–2–c. A double barrier shall be provided to separate male and female animals. Animal isolation barriers shall be sturdy and be accessible for cleaning."

291. "Appendix Q–II–D–2–d. Reproductive incapacitation can be utilized if needed."

292. "Appendix Q–II–D–2–e. The animal containment area shall be in accordance with Federal law and animal care requirements."

293. "Appendix Q–II–D–2–f. The containment building will be controlled and have a lockable access."

294. "Appendix Q–II–D–2–g. All wastes from animal rooms and laboratories shall be appropriately decontaminated before disposal."

295. "Appendix Q–II–D–2–h. No materials, except for biological materials that are to remain in a viable or intact state, shall be removed from the maximum containment laboratory unless they have been autoclaved or decontaminated. Equipment or material which might be damaged by high temperatures or steam shall be decontaminated by gaseous or vapor methods in an airlock or chamber designed for this purpose."

296. "Appendix Q–II–D–2–i. The director shall establish policies and procedures whereby only persons who have been advised of the potential hazard and who meet any specific entry requirements (e.g., vaccination) may enter the laboratory or animal room."

297. "Appendix Q–II–D–2–j. When the animal research requires special provisions for entry (e.g., vaccination), a hazard warning sign incorporating the universal biohazard symbol shall be posted on all access doors to the animal work area. The hazard warning sign shall identify the agent, animal species, list the name and telephone number of the director, or other responsible person(s) and indicate the special requirement(s) for entering the laboratory."

298. "Appendix Q–II–C–2–k. Personnel shall enter and leave the facility only through the clothing change and shower rooms. Street clothing shall

be removed in the outer clothing change room and kept there. Complete laboratory clothing, including undergarments, pants, and shirts or jumpsuits, and shoes shall be provided and used by all personnel entering the facility. When leaving the BL4–N zone and before proceeding into the shower area, personnel shall remove their laboratory clothing in the inner change room and with appropriate discard for sterilization. Personnel shall shower each time they leave the facility. Personnel shall use the airlocks to enter or leave the laboratory only in an emergency."

299. "Appendix Q–II–D–2–l. When personnel ventilated suits are required, the animal personnel shower entrance/exit zone will be equipped with a chemical disinfectant shower to decontaminate the surface of the suit before the worker leaves the area. A neutralization or water dilution device will be integral with the chemical desinfectant discharge piping before it enters the heat sterilization system. Entry to this area is through an airlock fitted with airtight doors."

300. "Appendix Q–II–D–2–m. The ventilated head hood or a one-piece positive pressure suit that is ventilated by a life-support system shall be worn by all personnel entering the rooms containing experimental animals when appropriate."

301. "Appendix Q–II–C–2–n. The life support system for the ventilated suit or head hood will be equipped with alarms and emergency back-up breathing air tanks. The exhaust air from the suit area is filtered by two sets of HEPA filters installed in series or incinerated. A duplicate filtration unit, exhaust fan, and an automatically starting emergency power source are provided. The air pressure within the suit area is to be greater than that of any adjacent area. Emergency lighting and communication systems are provided. A double-doored autoclave is provided for decontaminating waste materials to be removed from the suit area."

302. "Appendix Q–II–D–2–o. Hypodermic needles and syringes shall be used only for parenteral injection and aspiration of fluids from laboratory animals and diaphragm bottles. Only needle-locking syringes or disposable syringe-needle units (i.e., needle is integral to the syringe) shall be used for the injection or aspiration of fluids containing organisms that contain recombinant DNA molecules. Extreme caution shall be used when handling needles and syringes to avoid autoinoculation and the generation of aerosols during use and disposal. Needles shall not be bent, sheared, replaced in the needle sheath or guard or removed from the syringe following use. The needles and syringe shall be promptly placed in a puncture-resistant container and decontaminated, preferably by autoclaving, before discard or reuse."

303. "Appendix Q–II–D–2–p. A system shall be set up for reporting laboratory accidents and exposures which result in overt exposures to organisms containing recombinant DNA molecules, employee absenteeism and for the medical surveillance of potential laboratory-associated illnesses. Written records are prepared and maintained. An essential adjunct to such a reporting-surveillance system is the availability of a facility for quarantine, isolation, and medical care of personnel with potential or known laboratory-associated illnesses."

304. "Appendix Q–II–D–2–q. When appropriate with giving consideration to the agents handled, basdine serum samples shall be collected and stored for animal care and other at-risk personnel. Additional serum specimens may be collected periodically depending on the agents handled or the function of the facility."

305. "Appendix Q–II–D–2–r. A biosafety manual shall be prepared or adopted. Personnel shall be advised of special hazards and shall be required to read instructions on practices and procedures and to follow them."

306. "Appendix Q–II–D–2–s. Biological materials to be removed from the animal maximum containment laboratory in a viable or intact state shall be transferred to a nonbreakable, sealed primary container and then enclosed in a nonbreakable, sealed secondary container which shall be removed from the facility through a disinfectant dunk tank, fumigation chamber, or an airlock designed for this purpose. Advance approval for transfer of material must be obtained from the director. Such packages containing viable agents can

only be opened in another BL4–N facility unless the agent is biologically inactivated or is nonreproductive. Special safety testing, decontamination procedures, and IBC approval are required to move agents or tissue/organ specimens from a BL4–N facility to one with a lower containment classification."

307. "Appendix Q–II–D–2–t. Animal room doors and gates shall be kept closed when experiments are in progress."

308. "Appendix Q–II–D–2–u. Molded surgical masks or respirators shall be worn in rooms containing experimental animals."

309. "Appendix Q–II–D–2–v. Vacuum lines shall be protected with high efficiency particulate air (HEPA) filters and liquid disinfectant traps."

310. "Appendix Q–II–D–2–w. A log book signed by all personnel shall indicate the date and time of each entry and exit."

311. "Appendix Q–II–D–2–x. Supplies and materials needed in the facility shall be brought in by way of the double-doored autoclave, fumigation chamber, or airlock which is appropriately decontaminated between each use. After securing the outer doors, personnel within the facility shall retrieve the materials by opening the interior doors of the autoclave, fumigation chamber, or airlock. These doors shall be secured after materials are brought into the facility."

312. "Appendix Q–II–D–3. *Special Animal Facilities—BL4–N.*"

313. "Appendix Q–II–D–3–a. All animals shall be contained within an enclosed structure (animal room or equivalent) to minimize the possibility of theft or unintentional release and avoid access of nonexperimental arthropods."

314. "Appendix Q–II–C–3–b. The interior surfaces of walls, floors, and ceilings shall be impervious to water and resistant to acids, alkalis, organic solvents, and moderate heat so that they can be easily cleaned. Penetrations in these surfaces shall be sealed to facilitate decontaminating the area."

315. "Appendix Q–II–D–3–c. Windows in the laboratory shall be closed, sealed, and breakage resistant."

316. "Appendix Q–II–D–3–d. An autoclave, incinerator, or other effective means to decontaminate animals and wastes shall be available, preferably within the containment area. If feasible, a double-door autoclave is preferred and positioned to allow removal of material from the containment zone."

317. "Appendix Q–II–D–3–e. Liquid effluent from containment equipment, sinks, biological safety cabinets, animal rooms, primary barriers, floor drains, and sterilizers is decontaminated by heat treatment before being released into sanitary system(s). Liquid wastes from shower rooms and toilets may be decontaminated with chemical disinfectants or by heat in the liquid waste decontamination system by methods shown to be effective. The procedure used for heat decontamination of liquid wastes is to be monitored with a recording thermometer and waste is to be monitored for biological activity by introducing an appropriate indicator microorganism with a defined heat susceptibility pattern, and culturing samples of treated waste for presence of the organism. If liquid wastes from the shower room are decontaminated with chemical disinfectants, the chemical used is of demonstrated efficiency against the target or indicator microorganisms. Chemical disinfectants must be neutralized or diluted before release into general effluent waste systems."

318. "Appendix Q–II–D–3–f. All equipment and floor drains will be equipped with deep traps (minimally 5 inches). Floor drains will be fitted with isolation plugs or fitted with automatic water fill devices."

319. "Appendix Q–II–D–3–g. All perimeter joints and openings must be sealed to form an insect-proof structure."

320. "Appendix Q–II–D–3–h. Access doors to the containment area shall be self-closing."

321. "Appendix Q–II–D–3–i. The BL4–N laboratory shall provide a double barrier to prevent the release of recombinant DNA containing microorganisms into the enviornment. Design of the facility will provide that, should the barrier of the inner facility be breached, the outer barrier will prevent release into the environment. The

animal area shall be separated from all other areas. Passage through two sets of doors is the basic requirement for entry into the animal area from access corridors or other contiguous areas. Physical separation of the animal containment area from access corridors or other laboratories or activities will be provided by a double-doored clothes change room equipped with integral showers and airlock."

322. "Appendix Q–II–D–3–j. A necropsy room will be provided within the BL4–N containment area."

323. "Appendix Q–II–D–3–k. Each animal area shall contain a sink for handwashing. The sink shall be foot, elbow, or automatically operated and shall be located near the exit door."

324. "Appendix Q–II–D–3–l. A ducted exhaust air ventilation system shall be provided. This system shall create directional airflow that draws air into the laboratory through the entry area. The exhaust air shall not be recirculated to any other area of the building, shall be discharged to the outside, and shall be dispersed away from the occupied areas and air intakes. Personnel must verify that the direction of the airflow (into the animal rooms) is proper."

325. "Appendix Q–II–D–3–m. Exhaust air from BL4–N containment zone must be double HEPA filtered or treated by passing through a certified HEPA filter and an air incinerator before release to the atmosphere. Double HEPA filters are required in the supply air system in a BL4–N containment zone. Heating Ventiliation Air Conditioning (HVAC) supply and exhaust ducts and filter housing should comply with the NIH Laboratory Safety Monograph or supeseding volumes."

326. "Appendix Q–II–D–3–n. Restraining devices for animals may be required to avoid damage to the integrity of the containment facility."

327. "Appendix Q–II–D–3–o. All HEPA filters' frames and housings must be certified to have nodetectable smoke [dioctylphthalate (DOP)] leaks when the exit face (direction of flow) of the filter is scanned above 0.01 percent when measured by a linear or logarithmic photometer. The instrument shall have a threshold sensitivity of at least 1×10^{-3} micrograms per liter for 0.3 micrometer diameter DOP particles and a challenge concentration of 80–120 micrograms per liter. The air sampling rate should be at least 1 cfm (28.3 liters per minute)."

328. "Appendix Q–II–D–3–p. If an air incinerator is used in lieu of the second HEPA filter(s), it must be biologically challenged to prove all viable test agents are sterilized. The biological challenge must be minimally 1×10^{8} organisms per cubic foot of airflow through the incinerator. It is universally accepted if bacterial spores are used to challenge and verify that the equipment is capable of sterilizing spores then assurance is provided that all other known agents will also be sterilized by the parameters established to operate the equipment. Test spores meeting this criterion are *Bacillus subtilis var. Niger* or *Bacillus Stearothermophilis*. The operating temperature of the incinerator shall be continously monitored and recorded during use."

329. "Appendix Q–II–D–3–q. The supply water distribution system must be fitted with a backflow preventer or break tank."

330. "Appendix Q–II–D–3–r. All utilities, liquid and gas services, are protected with devices that avoid backflow."

331. "Appendix Q–II–D–3–s. Sewer and other atmospheric ventilation lines must be equipped with minimally a single HEPA filter. Condensate drains from these type housings must be appropriately connected to a contaminated or sanitary drain system. The drain position in the housing will dictate which system is to be used."

276～331　BL 4－Nレベルの封じ込め。

277～286　標準作業。

BL 3－Nの指針に加えて；

18才以下の立入り禁止。

オートクレーブ。

287～311　特殊作業。

BL 3－Nの指針に加えて；

出入時の作業衣の着換。

作業衣。

空気の洗浄。

廃水。

飼育室への搬入物の管理。

312～331　飼育施設。
動物と廃棄物の汚染除去。
空気の管理。
液体の管理。

332. "Appendix Q–III. *Footnotes and References for Appendix Q.*"

333. "[1] If recombinant DNA is derived from a Class 2 organism requiring BL2 for laboratory research, personnel shall have specific training in handling pathogenic agents and are to be directed by knowledgeable scientists."

334. "[2] Personnel who handle pathogenic and potentially lethal agents must have specific training and must be supervised by knowledgeable scientists who are experienced in working with these agents. BL3–N containment also minimizes escape of recombinant DNA-containing organisms from exhaust air or waste material from the containment zone."

335. "[3] Microorganisms in Classes 4 and/or 5 pose a high individual risk of life-threatening diseases to personnel and/or animals. Special approval must be obtained from USDA/APHIS to import class 5 agents."

336. Laboratory staff have specific and thorough training in handling extremely hazardous infectious agents, and they understand the primary and secondary containment functions of the standard and special practices, the containment equipment, and the laboratory design characteristics. They are supervised by knowledgeable scientists who are trained and experienced in working with these agents and in the special containment facilities."

337. "Within work areas of the facility, all activities are confined to the specially equipped animal rooms or support areas. The maximum animal containment area and support areas have special engineering and design features to avoid microorganisms being disseminated into the environment via exhaust air or waste disposal."

338. "[4] Other research with nonlaboratory animals that may not appropriately be conducted under conditions described in Appendix Q can be conducted safety by applying practices routinely used for controlled culture of these biota. In aquatic systems, for example, BL1 equivalent conditions could be met by utilizing growth tanks that provide adequate physical means to avoid the escape of the aquatic species, its gametes, and introduced exogenous genetic material. A mechanism should be provided to ensure that neither the organisms nor their gametes can escape into the supply or discharge system of the rearing container (e.g, tank, aquarium, etc.). Acceptable barriers include appropriate filter, irradiation, heat treatment, chemical treatment, etc. Moreover, the top of the rearing container should be covered to avoid escape of the organism and its gametes. In the event of tank rupture, leakage, or overflow, the construction of the room containing these tanks should prevent the organisms and gametes from entering the building's drains before the organism and its gametes have been inactivated."

339. "Other types of non-laboratory animals may be accommodated by laboratory Biosafety levels 1 to 4 specified in Appendix G or Biosafety Levels 1–3 for plants described in Appendix P. Examples might include certain nematodes, insects and certain forms of smaller animals."

332～339　物理的，生物学的封じ込めに関する付記事項。
作業員の教育。　微生物の管理。
監督，管理。　特殊な動物の管理。

《著者略歴》

結城　惇（ゆうき　あつし）

1938年　東京に生まれる

1962年　東京大学農学部卒業
（カーネイションモザイクウイルスの精製と同定）

1967年　東京大学応用微生物研究所にて農学博士号取得
（大腸菌male specific phageの分子遺伝学的分類）

1967年　マイアミ大学分子進化学研究所
（原子地球でのマイクロスフェア生成過程における核酸の役割）

1969年　イリノイ大学
（大腸菌リボゾームＲＮＡの試験管内成熟）

1971年　マックスプランク分子遺伝学研究所
（大腸菌リボゾームのＲＮＡタンパク質の相互作用。
Ｔ７ＤＮＡの複製課程におけるＲＮＡの役割とその構造）

1976年　ヨーロッパ分子生物学機構（ＥＭＢＯ）奨励研究員
〔ＭＲＣ分子生物学研究室〕
（Ｔ７ＤＮＡ primaseによるＤＮＡ塩基配列決定法の開発）

1978年　サイエンスセンター
（マウスⅣ型コラーゲンｍＲＮＡの解析）

1979年　イリノイ大学
（ＳＶ40とクローニングベクター）

1985年　雪印乳業株式会社　生物化学研究所
（遺伝子探索とタンパク質生産へのトランスジェニック技術の応用）

トランスジェニック動物の開発　(B616)

1990年2月28日　初版第1刷発行
2001年7月27日　普及版第1刷発行

著　者　結城　惇　Printed in Japan
発行者　島　健太郎
発行所　株式会社　シーエムシー
東京都千代田区内神田 1-4-2（コジマビル）
電話　03 (3293) 2061

定価は表紙に表示してあります。
落丁・乱丁本はお取替えいたします。

ISBN4-88231-723-0 C3047

*CMCテクニカルライブラリー*のご案内

バイオ検査薬と機器・装置 監修／山本重夫 ISBN4-88231-709-5　B602 A5判・322頁　本体4,000円＋税（〒380円） 初版1996年10月　普及版2001年1月	**構成および内容**：〈DNAプローブ法-最近の進歩〉〈生化学検査試薬の液状化-技術的背景〉〈蛍光プローブと細胞内環境の測定〉〈臨床検査用遺伝子組み換え酵素〉〈イムノアッセイ装置の現状と今後〉〈染色体ソーティングとDNA診断〉〈アレルギー検査薬の最新動向〉〈食品の遺伝子検査〉　他 **◆執筆者：寺岡　宏／高橋豊三／小路武彦　他33名**
カラーPDP技術 ISBN4-88231-708-7　B601 A5判・208頁　本体3,200円＋税（〒380円） 初版1996年7月　普及版2001年1月	**構成および内容**：〈総論〉電子ディスプレイの現状〈パネル〉AC型カラーPDP／パルスメモリー方式DC型カラーPDP〈部品加工・装置〉パネル製造技術とスクリーン印刷／フォトプロセス／露光装置／PDP用ローラーハース式連続焼成炉〈材料〉ガラス基板／蛍光体／透明電極材料　他 **◆執筆者：小島健博／村上宏／大塚晃／山本敏裕　他14名**
防菌防黴剤の技術 監修／井上嘉幸 ISBN4-88231-707-9　B600 A5判・234頁　本体3,100円＋税（〒380円） 初版1989年5月　普及版2000年12月	**構成および内容**：〈防菌防黴剤の開発動向〉〈防菌防黴剤の相乗効果と配合技術〉防菌防黴剤の併用効果／相乗効果を示す防菌防黴剤／相乗効果の作用機構〈防菌防黴剤の製剤化技術〉水和剤／可溶化剤／発泡製剤〈防菌防黴剤の応用展開〉繊維用／皮革用／塗料用／接着剤用／医薬品用　他 **◆執筆者：井上嘉幸／西村民男／高麗寛記　他23名**
快適性新素材の開発と応用 ISBN4-88231-706-0　B599 A5判・179頁　本体2,800円＋税（〒380円） 初版1992年1月　普及版2000年12月	**構成および内容**：〈繊維編〉高風合ポリエステル繊維（ニューシルキー素材）／ピーチスキン素材／ストレッチ素材／太陽光蓄熱保温繊維素材／抗菌・消臭繊維／森林浴効果のある繊維〈住宅編，その他〉セラミック系人造木材／圧電・導電複合材料による制振新素材／調光窓ガラス　他 **◆執筆者：吉田敬一／井上裕光／原田隆司　他18名**
高純度金属の製造と応用 ISBN4-88231-705-2　B598 A5判・220頁　本体2,600円＋税（〒380円） 初版1992年11月　普及版2000年12月	**構成および内容**：〈金属の高純度化プロセスと物性〉高純度化法の概要／純度表〈高純度金属の成形・加工技術〉高純度金属の複合化／粉体成形による高純度金属の利用／高純度銅の線材化　／単結晶化・非晶化　／薄膜形成〈応用展開の可能性〉高耐食性鋼材および鉄材／超電導材料／新合金／固体触媒〈高純度金属に関する特許一覧〉　他
電磁波材料技術とその応用 監修／大森豊明 ISBN4-88231-100-3　B597 A5判・290頁　本体3,400円＋税（〒380円） 初版1992年5月　普及版2000年12月	**構成および内容**：〈無機系電磁波材料〉マイクロ波誘電体セラミックス／光ファイバ〈有機系電磁波材料〉ゴム／アクリルナイロン繊維〈様々な分野への応用〉医療／食品／コンクリート構造物診断／半導体製造／施設園芸　／電磁波接着・シーリング材／電磁波防護服　他 **◆執筆者：白崎信一／山田朗／月岡正至　他24名**
自動車用塗料の技術 ISBN4-88231-099-6　B596 A5判・340頁　本体3,800円＋税（〒380円） 初版1989年5月　普及版2000年12月	**構成および内容**：〈総論〉自動車塗装における技術開発〈自動車に対するニーズ〉〈各素材の動向と前処理技術〉〈コーティング材料開発の動向〉防錆対策用コーティング材料〈コーティングエンジニアリング〉塗装装置／乾燥装置〈周辺技術〉コーティング材料管理　他 **◆執筆者：桐生春雄／鳥羽山満／井出正／岡襄二　他19名**
高機能紙の開発 監修／稲垣　寛 ISBN4-88231-097-X　B594 A5判・286頁　本体3,400円＋税（〒380円） 初版1988年8月　普及版2000年12月	**構成および内容**：〈機能紙用原料繊維〉天然繊維／化学・合成繊維／金属繊維〈バイオ・メディカル関係機能紙〉動物関連用／食品工業用〈エレクトリックペーパー〉耐熱絶縁紙／導電紙〈情報記録用紙〉電解記録紙〈湿式法フィルターペーパー〉ガラス繊維濾紙／自動車用濾紙　他 **◆執筆者：尾鍋史彦／篠木孝典／北村孝雄　他9名**

※書籍をご購入の際は、最寄りの書店にご注文いただくか、
㈱シーエムシーのホームページ（http://www.cmcbooks.co.jp/）にてお申し込み下さい。